ueBIM 技术应用

主　编　黄新耀　饶英凯

副主编　杨书建　邓映香　宋晓卫

张　酝　梁必晟　姜　浩

唐益粒

合肥工业大学出版社

前　言

2018 年 5 月 28 日，习近平总书记在中国科学院第十九次院士大会、中国工程院第十四次院士大会上强调："实践反复告诉我们，关键核心技术是要不来、买不来、讨不来的。只有把关键核心技术掌握在自己手中，才能从根本上保障国家经济安全、国防安全和其他安全。要增强'四个自信'，以关键共性技术、前沿引领技术、现代工程技术、颠覆性技术创新为突破口，敢于走前人没走过的路，努力实现关键核心技术自主可控，把创新主动权、发展主动权牢牢掌握在自己手中。"

2022 年 10 月 25 日，深圳市人民政府公报发布的《深圳市推动软件产业高质量发展的若干措施》中指出，制定我市信息技术应用创新产品标准（圳创标准），定期发布"圳创库"。支持建设我市软件名企名品展示中心，打造深圳市软件名品库，对符合条件的建设运营费用予以保障。推动国资国企、教育、医疗等重点行业加大应用场景开放力度，支持具有自主知识产权的基础软硬件适配应用，鼓励开展大型行业通用软件应用创新大赛等。支持工业企业、软件企业、各类院校使用具有自主核心知识产权的工业软件，组织开展工业软件应用试点。

关键核心技术被国产技术替代是大势所趋，也是中国经济新发展阶段的必然选择。

本书以深圳市斯维尔科技股份有限公司自主研发的 ueBIM 软件为基础，通过某高校案例项目，讲述实际模型创建过程，带领读者快速熟悉软件基本操作功能和实用技巧，助力读者熟练掌握 ueBIM 软件并独立开展项目。

本书作为校企合作共同开发的 BIM 教材，紧密结合行业发展动态和实际需求，力求在内容上做到深入浅出、理论与实践相结合，使读者能够全面了解和掌握 BIM 技术的基本原理、应用方法和实践经验。

由于编者水平有限，加之时间紧张，书中难免存在疏漏和不妥之处，敬请广大读者批评指正，提出宝贵意见，以便我们及时予以修订完善。

编　者

2024 年 3 月

ueBIM 软件操作演示

目　录

第一章　项目准备

学习目标

了解 ueBIM 软件亮点，熟悉 ueBIM 软件界面并掌握其基本功能操作，熟悉案例项目——某高校科技楼施工图图纸，熟悉 ueBIM 创建模型基本流程、创建案例项目基准定位，完成项目开展前期软件设置和图纸准备工作。

素养目标

通过介绍 BIM 技术在国家建筑工业化、智慧城市等战略中的应用，我们可以培养学生的国家意识和战略眼光，让学生明白自己的学习与国家的发展紧密相连。

强调在 BIM 软件应用中遵守职业道德规范、保持诚信的重要性，培养学生的职业道德和诚信意识。

1.1　国内外 BIM 设计产品介绍

建筑信息模型（Building Information Modeling，BIM）是在计算机辅助设计（Computer Aided Design，CAD）等技术基础上发展起来的多维模型信息集成技术，是对建筑工程物理特征和功能特性的信息数字化承载和可视化表达。BIM 技术是建筑行业的趋势和发展方向，但长期以来，国内 BIM 软件市场基本被国外企业垄断。

美国公司 Autodesk，通过 AutoCAD 软件长期占据中国工程设计人员的电脑桌面，其 BIM 软件 Revit 经过 10 多年发展，各项功能已极为丰富。在民用建筑领域，其使用率占比超过 90%，处于绝对垄断地位。

美国公司 Bentley，其开发的产品 MicroStation 与 AutoCAD 是同时代产品，技术始终领先于 AutoCAD，在二维制图时代提供了非常强大的三维设计能力，目前在路、桥、隧等基础设施方面使用较多。

法国公司 Dassault，旗下软件 CATIA 具有强大的三维设计能力，主要用于飞机、轮船、发动机等大型复杂机械设计，在高端设计领域使用率占比超过 90%。BIM 是其附加模块，重点用于高铁等重大基础设施。

在前述大环境、大背景之下，深圳市斯维尔科技股份有限公司（以下简称：斯维尔）作为国内行业领先的建筑工程软件公司，有责任、有义务，也有能力承担国产替代 BIM 软件开发的工作。因此，斯维尔于2019年开始启动ueBIM国产替代软件开发工作，并于当年受到广东省工业和信息化厅支持，是广东省促进经济高质量发展专项调剂资金信息技术应用创新产业发展(第一批)项目。

优易BIM平台(中文简称：优易BIM，英文：Ultra easy BIM Platform，英文简称：ueBIM)是斯维尔开发的一款国产且具有完全自主知识产权、功能强大、简单易用、灵活高效的BIM基础平台软件，可以实现建设行业信息化基础技术自主可控。

1.1.1 ueBIM软件介绍

优易BIM软件可用于交互式三维工程设计和出图工作，也可用于BIM模型创建和深化等工作，同时拥有经过精心筛选的种类丰富的云族库，可为设计和BIM模型创建工作带来极大便利，也是当前我国建筑业BIM体系中使用广泛的软件之一。它具有自主知识产权，是面向云计算技术的BIM三维图形系统，拥有现代化、优良的开放性软件架构，可以供国内众多行业软件开发商进行二次开发，形成专业解决方案，实现建设行业信息化基础技术自主可控。该软件与常用BIM应用、CAD软件操作方式相似，易学易用。

1.1.2 ueBIM的七大特点

1. 设计高效

模型绘制过程可直接进行精确水平定位，无须先绘制再移动多步操作。简单拖拽操作，不仅能改变位置，还可直接编辑几何形状。

2. 信息丰富

ueBIM提供了强大动态属性信息集成机制，易于实现属性访问、添加与修改，支持各类BIM标准。

3. 架构优良

支持皮肤替换，内置专业深色皮肤和浅色清爽皮肤，用户可根据喜好自定义；支持多语言，内置简体中文与英文语言，可根据市场需要拓展语种；支持鼠标键盘模式定义，支持AutoCAD、Revit、ueBIM等3种键盘鼠标操作模式。

4. 生态开放

ueBIM提供强大的软件开发工具包(Software Development Kit，SDK)，可以二次开发。SDK支持C++语言开发，支持工业基础类(Industry Foundation Classes，IFC)格式数据导入与导出。IFC文件导入后，支持二次编辑和DWG文件导入与导出。

5. 运行快速

安装包文件小，下载安装较快；工程文件小，数据打开保存较快；显示算法优化好，显示较速度快。

6. 族库丰富

简单易用且强大的族体系，可以很容易制作自己的参数化族。云族库已有大量族，且兼容Revit族格式。

7. 易学易用

ueBIM 软件的界面、概念与操作习惯同用户常用的 BIM、CAD 软件相似，用户可轻松上手。同时，对烦琐界面进行适度简化和集成，降低了用户学习难度。

1.2　案例项目介绍

案例项目为深圳市某高校科技楼（图 1-2-1），建筑形式为框架剪力墙结构，总建筑面积 28435.40 m^2，建筑高度 80 m，地上 19 层，地下 1 层。设计使用年限 50 年，抗震设防烈度 7 度。主要作为产学研基地和日常办公楼使用，内设会议室、多功能室、参观展示室、网络服务大厅等。

本案例教程通过地上 1 层全专业 BIM 模型创建，逐一讲解 ueBIM 软件建模步骤和过程，使读者能够快速熟悉软件，并独立开展 BIM 模型创建工作。

图 1-2-1　深圳市某高校科技楼效果图

1.3 项目创建

1.3.1 软件启动

软件启动界面如图 1-3-1 所示。

图 1-3-1 启动界面

1.3.2 起始页

软件正式启动后，显示起始页。起始页为用户提供了有用的快捷命令。例如，用户近期在处理的工程文件的快捷命令、新建空白文档命令等(图 1-3-2)。

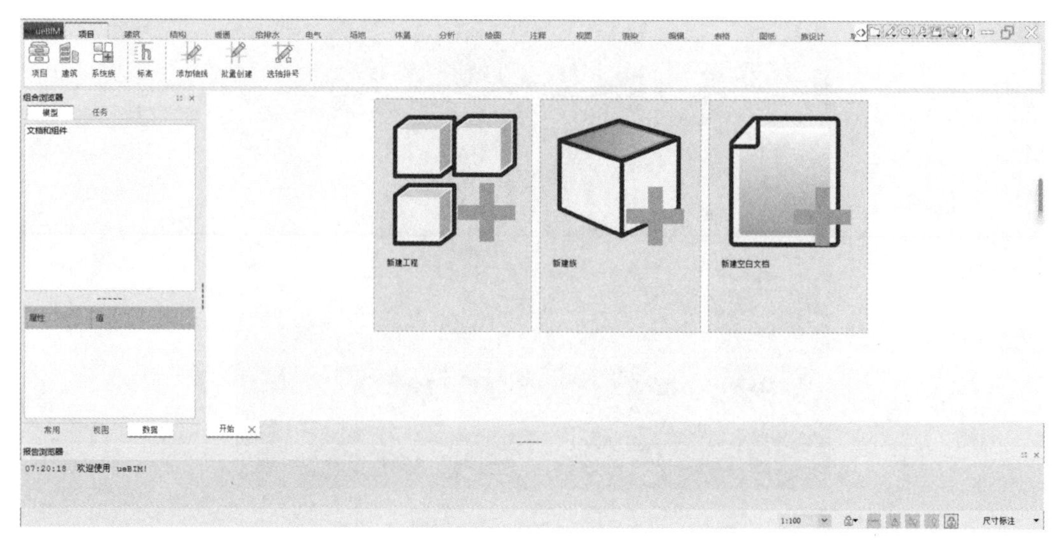

图 1-3-2 起始页

1.3.3 主界面

ueBIM 操作界面是执行显示、编辑图形、查看模型信息等的操作区域，完整的 ueBIM 操作界面如图 1－3－3 所示。

功能区：单击相应功能选项卡，在功能区出现相应功能菜单名称。

组合浏览器：显示视图文档树形结构及建筑信息模型里的信息。

报告浏览器：显示文档绘制和编辑过程中的操作记录。

快速工具栏：可快速执行常用命令。

绘图区：显示图形实例场景图。

导航立方：显示任意角度模型。

菜单栏：提供了与文件输入和输出的有关工具。

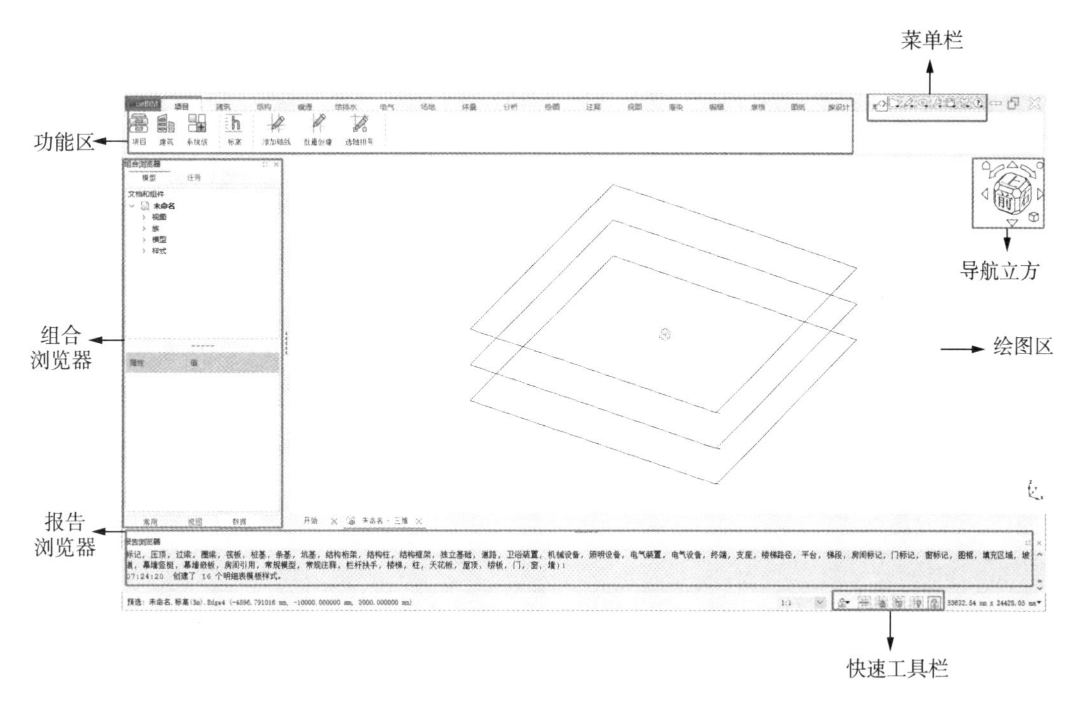

图 1－3－3　主界面

1.4 新建项目

打开 ueBIM 软件后，显示起始页，单击“新建工程”快捷命令（图 1－4－1），进入新项目界面（图 1－4－2）。

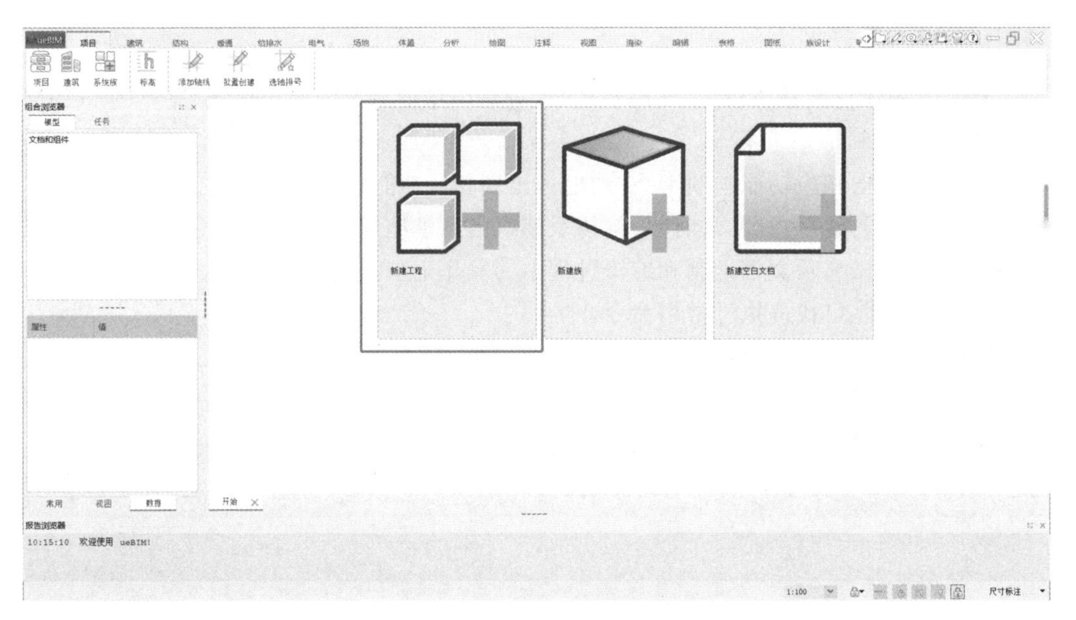

图 1-4-1　单击“新建工程”

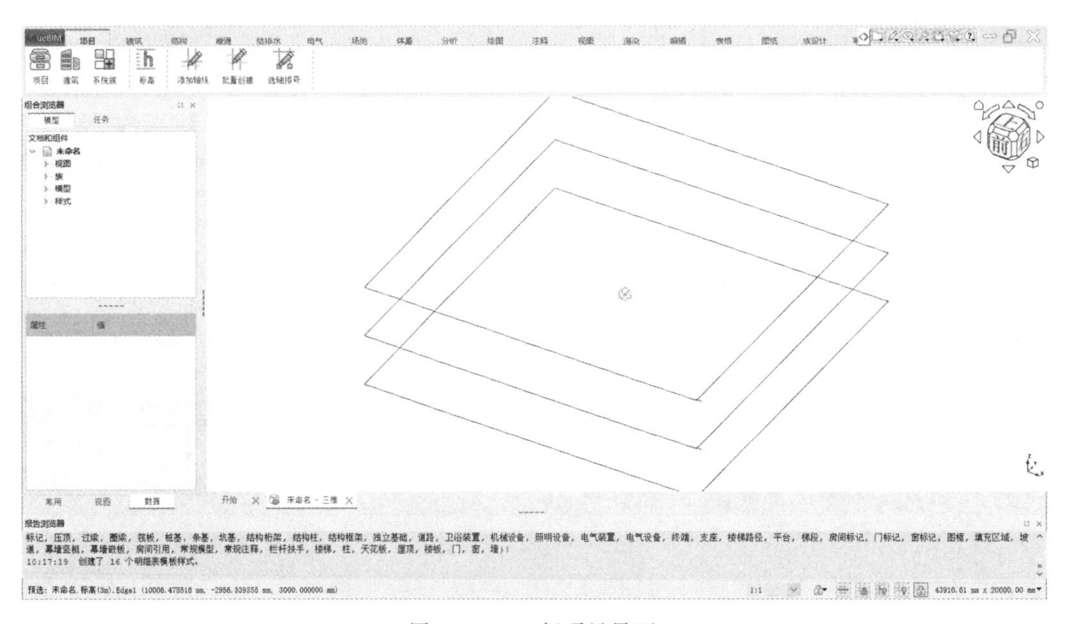

图 1-4-2　新项目界面

1.5　标高创建

标高是有限水平平面，用作屋顶、楼板和天花板等以标高为主体的图元的参照。标高处于剖面视图中，可定义垂直高度或建筑内楼层标高。

1.5.1 创建标高

功能说明：创建参考标高。

命令位置："工程"→"标高"→"创建标高"。

操作说明：单击命令后，在剖面视图中选择一个点。该点所在高度会默认生成一个1000 mm＊1000 mm的矩形区域，用户可对该矩形区域进行夹点编辑，来改变矩形区域位置与大小，也可以在属性编辑框中对矩形位置与大小进行编辑（图 1－5－1）。

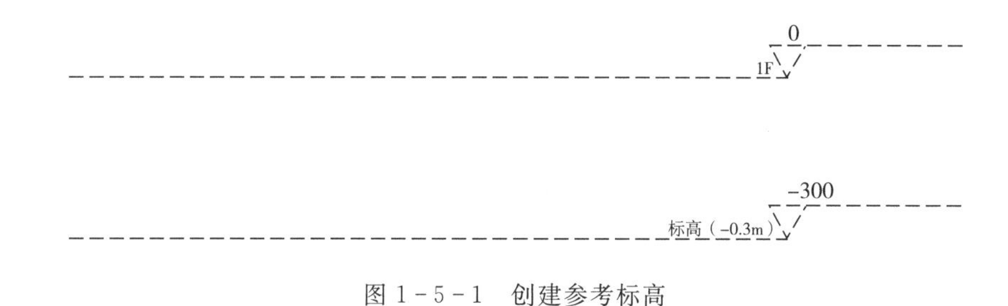

图 1－5－1　创建参考标高

1.5.2 显隐标高

功能说明：设置标高显示和隐藏。

命令位置："快捷工具栏"→"显隐标高"。

操作说明：单击命令后，隐藏标高；再次单击时，则显示标高。

1.6 轴网创建

1.6.1 添加轴线

功能说明：绘制单根轴线。

命令位置："项目"→"添加轴线"。

操作说明：单击命令后，选择轴线绘制方式，然后选取输入点生成轴线。按"Esc"键可中止绘制命令（图 1－6－1）。

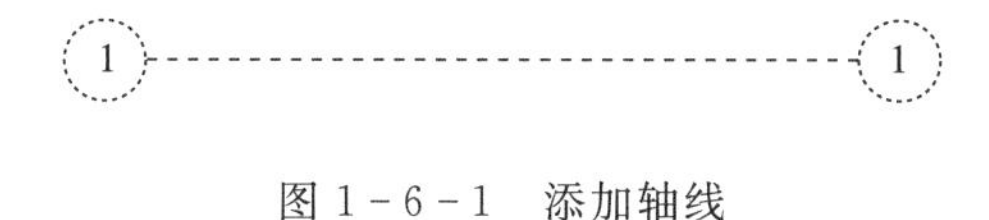

图 1－6－1　添加轴线

轴网（图 1－6－2）是指一组轴线、轴号的集合，主要用于建筑在制图过程中定位。

轴线绘制方式有以下 4 种：

① 直线：按直线布置，拾取点依次为起点、终点。

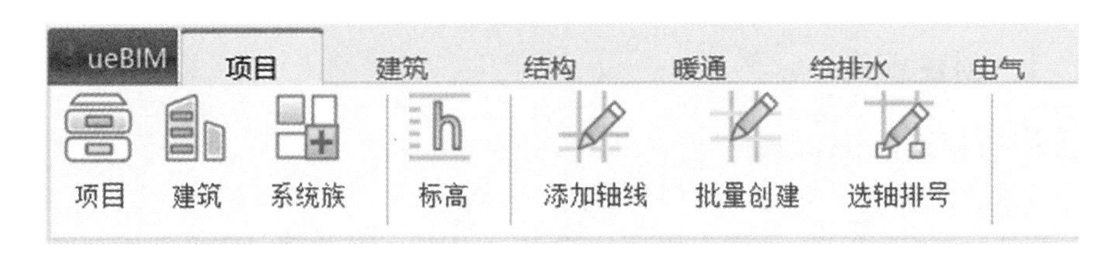

图 1-6-2　轴网

② 三点弧：按三点弧布置，拾取点依次为起点、第二点、终点。

③ 圆心弧：按圆心弧布置，拾取点依次为圆心、起点、终点。

④ 拾取：按拾取线对象布置。线段拾取为直线轴线，圆弧拾取为圆弧轴线。

1.6.2　批量创建

功能说明：利用一根基准轴线，给出每个轴线偏移距离，批量创建轴线。

命令位置："项目"→"批量创建"。

操作说明：单击命令后，选择一根参考轴线，在左侧任务栏对话框中，输入轴线间距、起始编号、轴线数量等用于批量添加轴线的参数。最后，在轴线对应一侧单击，完成轴网批量创建(图 1-6-3)。按"Esc"键可中止绘制命令。

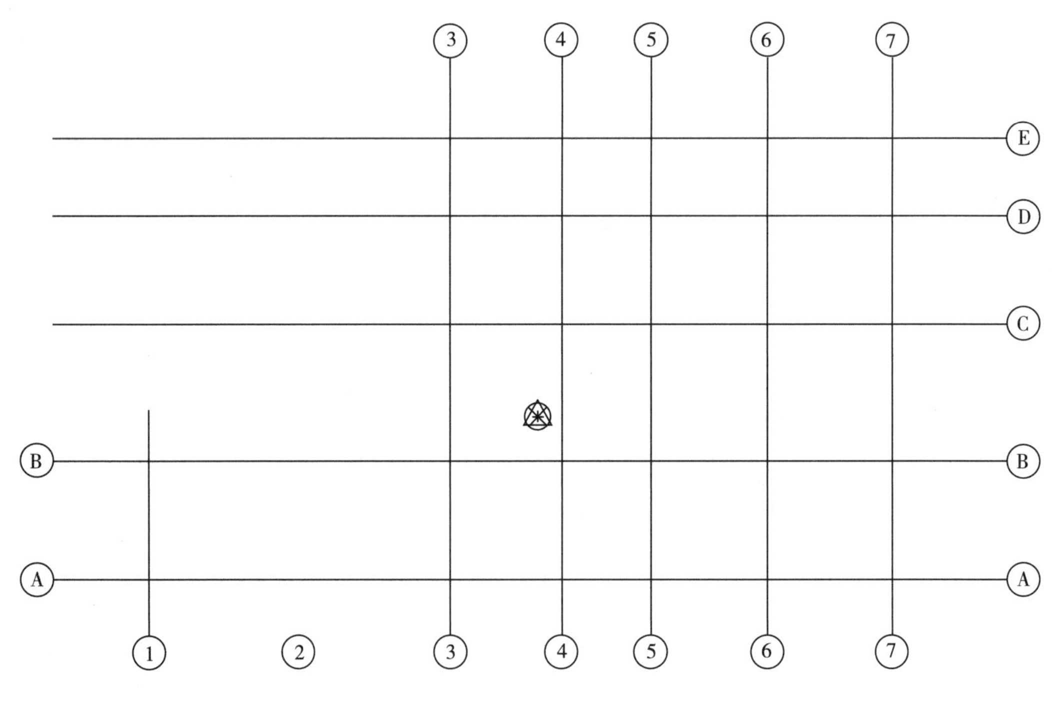

图 1-6-3　轴网批量创建

1.6.3　选轴排号

功能说明：用于批量修改轴号。

命令位置:“工程”→“轴网”→“选轴排号”。

操作说明:单击命令后,在左侧任务栏设置选择分组和起始编号,从起点向终点绘制一条线段,与多根轴线对象相交,按照相交顺序对轴线进行排号(图 1-6-4、图 1-6-5)。按“Esc”键可中止绘制命令。

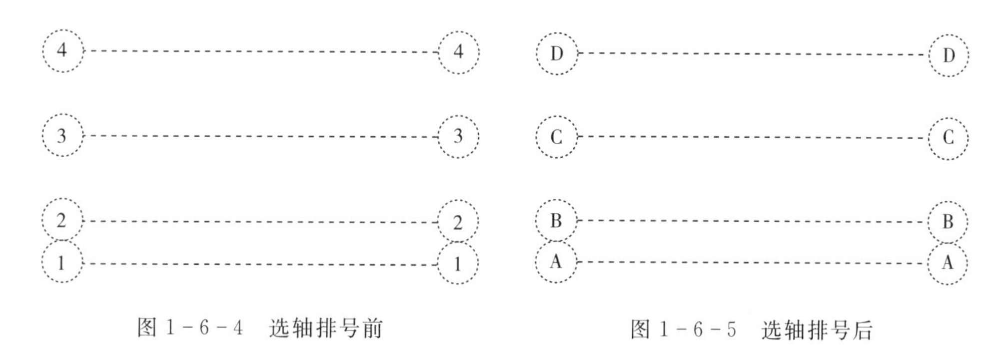

图 1-6-4　选轴排号前　　图 1-6-5　选轴排号后

1.6.4　显隐轴网

功能说明:设置轴网显示和隐藏。

命令位置:“快捷工具栏”→“显隐轴网”。

操作说明:单击命令后,隐藏轴网;再次单击时,则显示轴网。

1.6.5　锁定轴网

功能说明:设置轴网不可编辑。

命令位置:“快捷工具栏”→“锁定轴网”。

操作说明:单击命令后,锁定轴网对象不可编辑;再次单击时,恢复轴网编辑。

1.6.6　轴网标注

功能说明:标注轴网。

命令位置:“注释”→“对齐标注”。

操作说明:单击命令后,从起点向终点绘制一条线段,与多根轴线对象相交,按照相交顺序对轴线进行标注。按“Esc”键可中止绘制命令。

1.7　系统设置

功能说明:设置机电各专业系统。

命令位置:“组合浏览器”→“创建组”→“给排水”→“创建组”→“给水”。

操作说明:在组合浏览器选择“科技楼-MEP-F01”组,单击右键“创建组”,添加“给排水”专业,选择“给排水”组;再单击右键创建组,添加“给水”系统,给水系统效果如图

1-7-1所示。

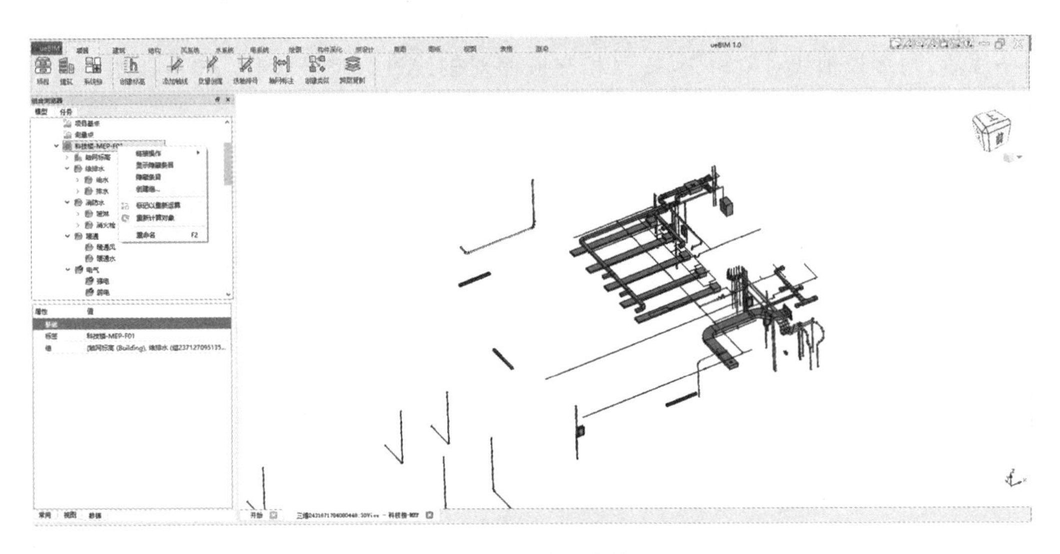

图 1-7-1　给水系统效果图

1.8　构件树设置

功能说明:设置项目构件树。

命令位置:“组合浏览器”→“生活给水管”。

操作说明:在“组合浏览器”中创建“给排水”专业,选择“生活给水管”系统,在模型中选中所有生活给水管道并移动到生活给水管组别里,形成生活给水管构件树如图 1-8-1 所示。

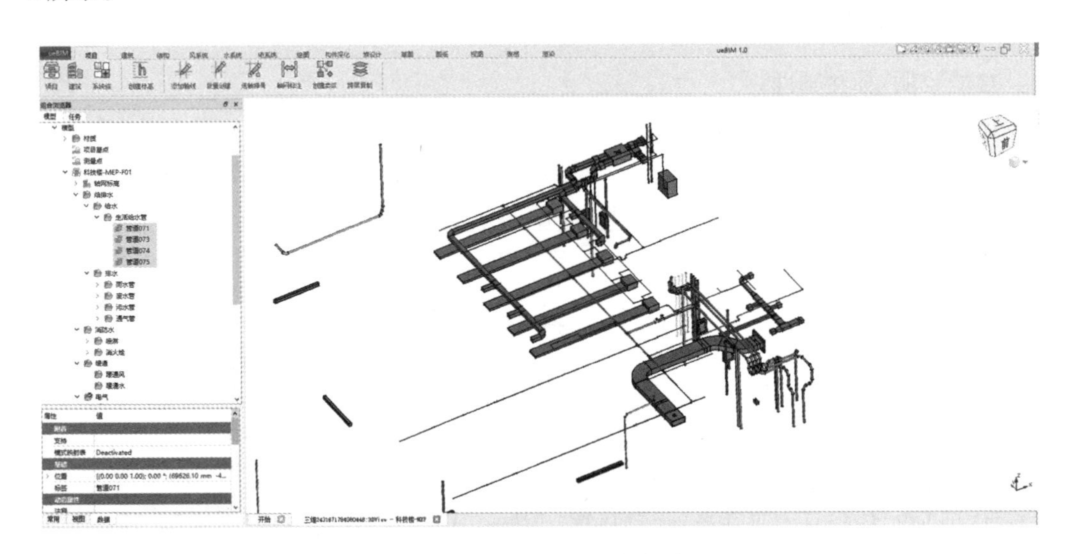

图 1-8-1　生活给水管构件树效果图

1.9　能力展示

一、理论知识应用题

扫码完成答题

二、实操应用题

根据图纸要求，创建标高和轴网。

PDF 版图纸

第二章　结构模型创建

学习目标

掌握结构专业基础、结构柱、结构梁、结构墙、结构板、楼梯、坡道等结构构件建模基本操作，掌握结构专业构件标高、尺寸、族类型等属性修改与添加，掌握 ueBIM 软件构件布置方式等操作命令。

素养目标

在 BIM 模型创建过程中，强调团队协作精神、加强责任意识和培养诚实守信的价值观，并将这些要素融入教学设计和实践活动中。

利用 BIM 技术的实践性特点，为学生提供更多动手实践的机会，如模型构建、数据分析和项目管理等，以提升学生的实践能力和综合素质。

2.1　结构基础

2.1.1　结构基础说明

结构基础是指建筑物地面以下承重结构，如条形基础、独立基础、桩基础等，也是建筑物结构墙或柱子在地下的扩展部分，其作用是承受建筑物上部结构传下来的荷载，并把它们连同自重一起传给地基。

2.1.2　结构基础分类

按基础形式，结构基础可分为以下几类(图 2-1-1)：

图 2-1-1　结构基础形式分类

(1)独基，即独立基础，一般有台阶形、锥形、杯形等，呈独立块状。

(2)条基,即条形基础,当建筑物上部结构以墙体承重时,为方便传递连续条形荷载,条形基础沿墙身设置,做成连续带形,称为墙下条形基础或带形基础。

(3)筏板此处略。

2.1.3　独立基础创建

(1)单击"结构"→"独基"命令,可进入绘制模式,如图 2-1-2 所示。

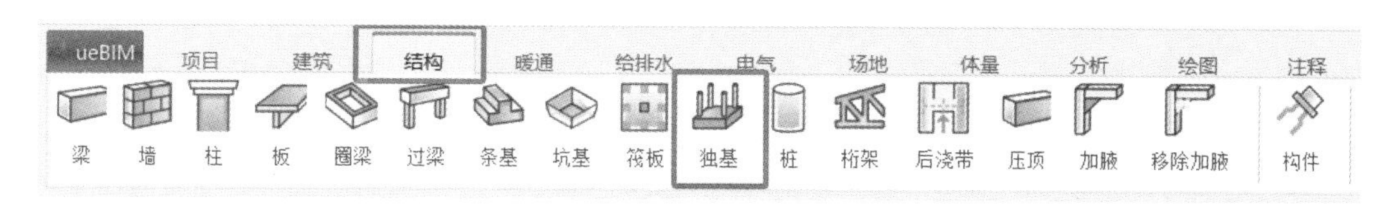

图 2-1-2　绘制"独基"

(2)在"组合浏览器"中单击"类型编辑"命令,打开"样式参数"面板;单击"复制"命令,进行项目中独基名称的创建(图 2-1-3、图 2-1-4)。

(3)完成"矩形独基 DJ1"等属性的参数添加,"长度""宽度""高度"值均设为"400"(图 2-1-5)。

(4)在"组合浏览器"面板中先选择独基类型后,设置独基"顶部标高"为 S-F1(-0.05 m)(图 2-1-6)。(注:实际独基顶部标高按项目图纸需求进行填入)

(5)设置好标高信息后选择绘制方式,开始绘制独基构件,绘制方式为单击生成。移动光标捕捉交点,单击鼠标右键生成"矩形独基 DJ1",效果如图 2-1-7 所示。按"Esc"键即可退出绘制命令。

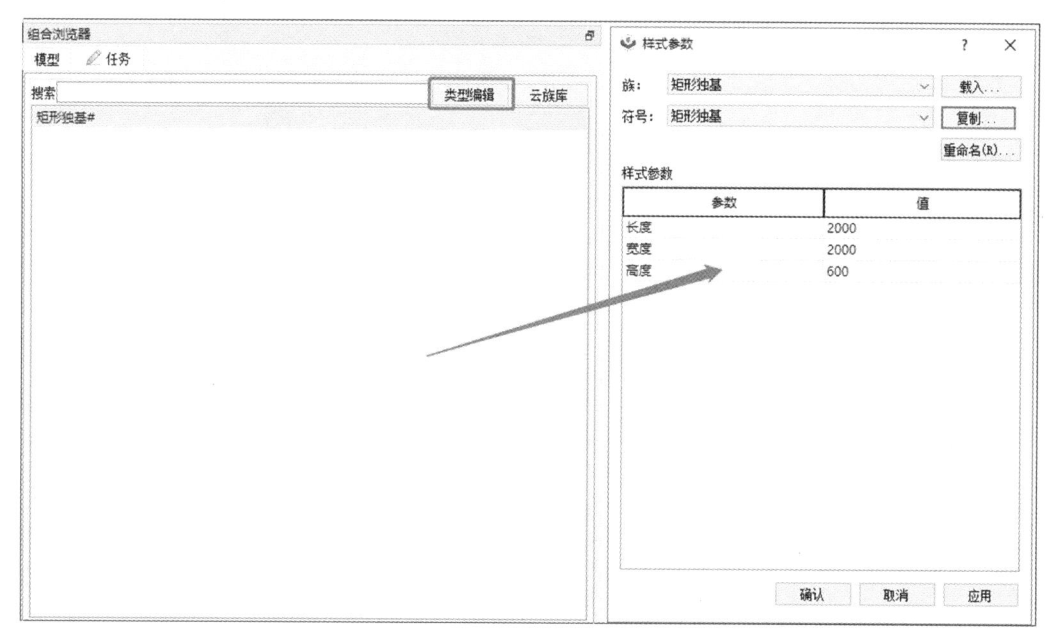

图 2-1-3　打开"样式参数"面板

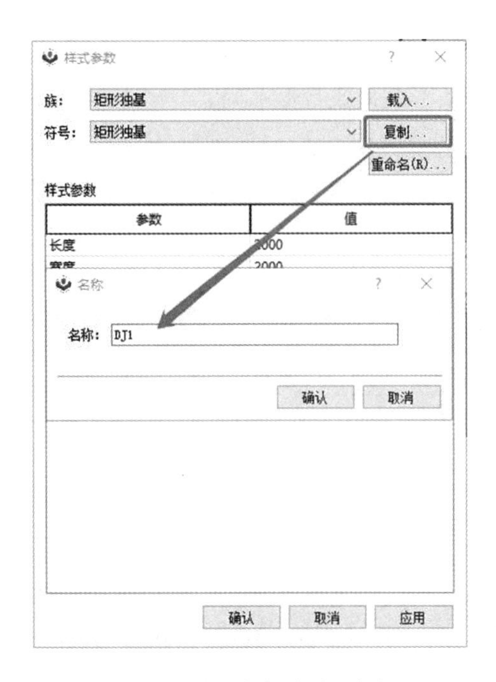

图 2-1-4　单击“复制”命令

样式参数
族：矩形独基
载入...
符号：DJ1
复制...
重命名(R)...
样式参数

参数	值
长度	400
宽度	400
高度	400

确认　取消　应用

图 2-1-5　设置参数

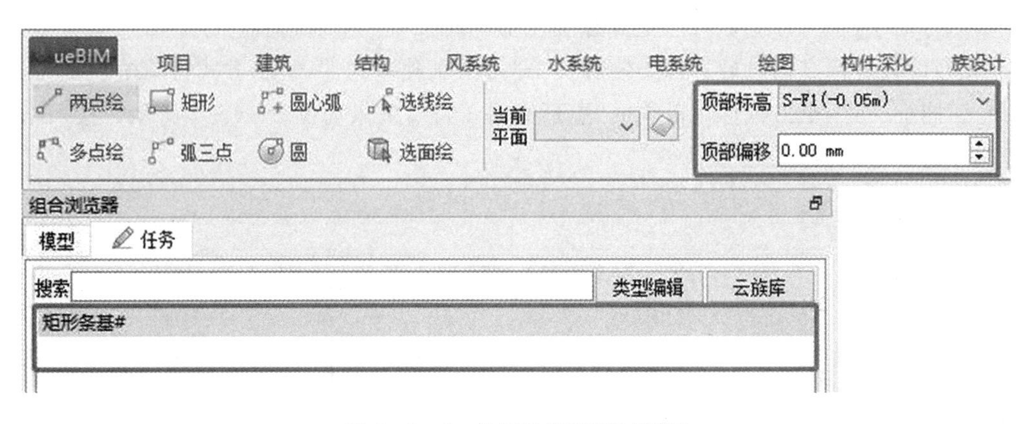

图 2-1-6　设置独基“顶部标高”

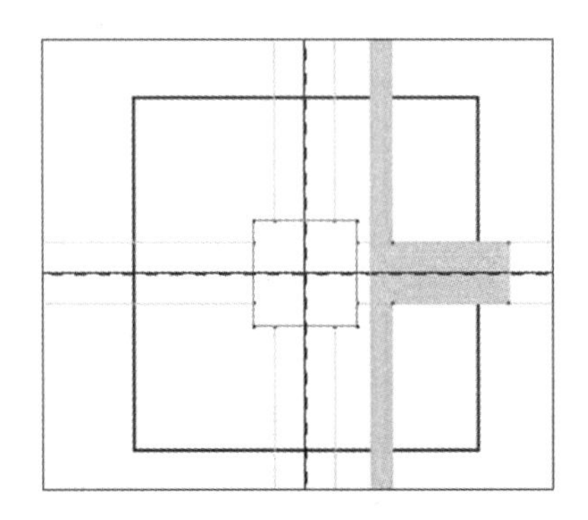

图 2-1-7　矩形独基效果图

2.1.4　条形基础创建

(1)单击“结构”→“条基”命令,可进入绘制模式,如图 2-1-8 所示。

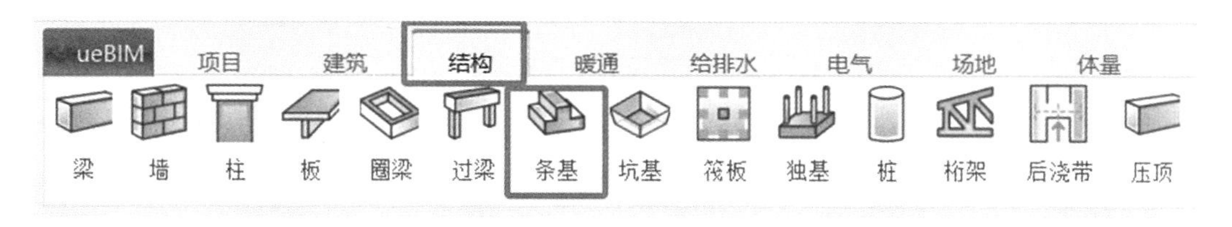

图 2-1-8　绘制“条基”

(2)条基绘制方式(图 2-1-9)包括以下 8 种:

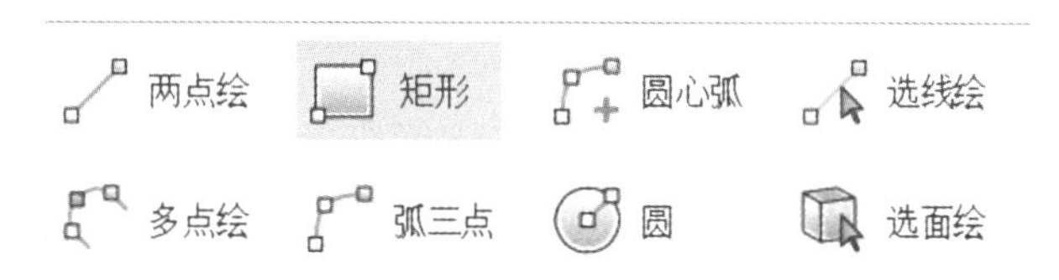

图 2-1-9　条基绘制方式

① 两点绘:按直线布置,依次拾取单击“起点”“终点”。

② 多点绘:与两点绘绘制方式相同,进行多段绘制。

③ 矩形:按矩形布置,拾取点依次为“起点”“终点”,按对角线绘制。

④ 弧三点:依次拾取单击两点生成条基两端,拾取第三点为条基中心点绘制形成弧形。

⑤ 圆心弧:依次拾取单击“起点”“终点”,以起点为圆心、终点为弧形实体绘制弧形条基。

⑥ 圆:依次拾取单击“起点”“终点”,以起点为圆心绘制,终点以形成圆形条基。

⑦ 选线绘:选择线条,绘制与线条长度相同的条基。

⑧ 选面绘:选择一个面后,在面边线上生成条基。

例如,使用两点绘绘制条基(图 2-1-10),移动光标单击条形基础“起点”“终点”,按“Esc”键即可退出绘制模式。

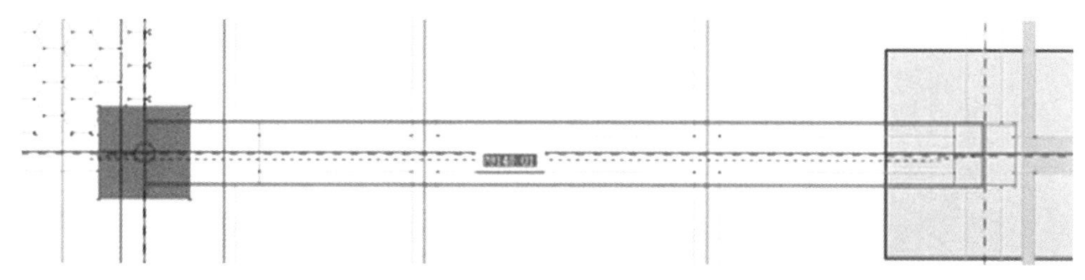

图 2-1-10　使用两点绘绘制条基示意图

(3)完成“矩形条基 TJ1”等属性的参数添加,“宽度”和“高度”值分别为“600”“400”(图 2-1-11)。

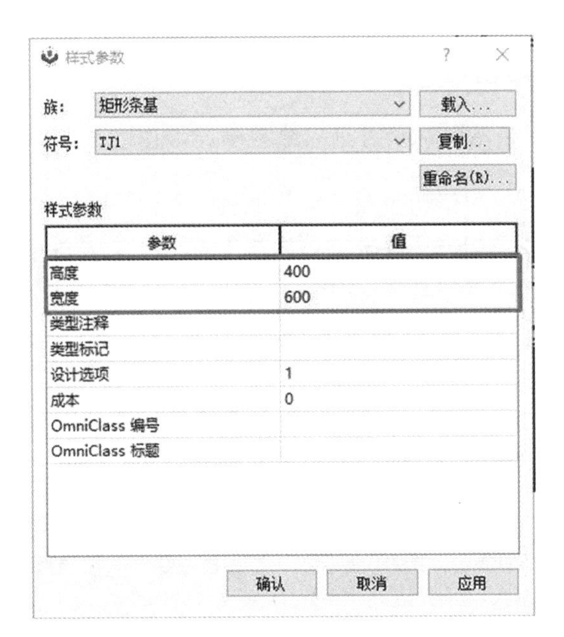

图 2-1-11　样式参数

2.1.5　结构基础编辑及修改

1. 结构基础编辑

双击“独基对象”可进行修改后的查看,拖拽夹点①,可设置独基位置;拖拽夹点②,可调整独基角度(图 2-1-12),按“Esc”键即可退出编辑模式。

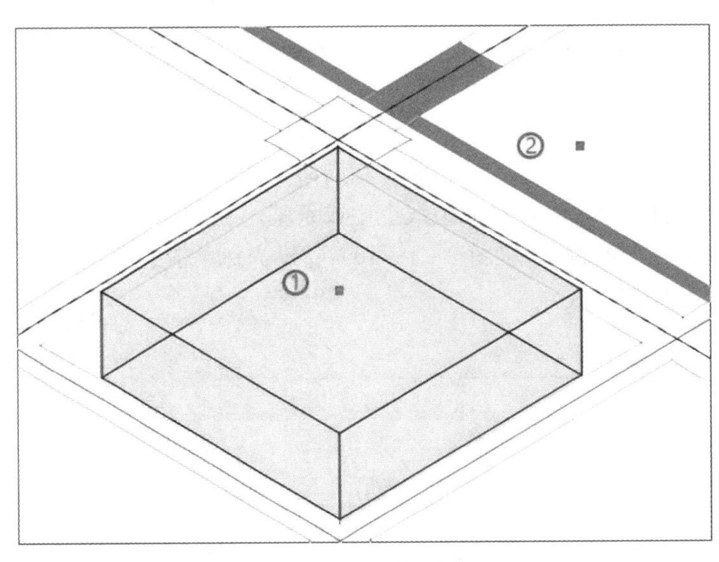

图 2-1-12　查看独基对象

2. 结构基础修改

若需修改构件结构属性信息,可在左边“组合浏览器”中的“属性浏览器”进行修改,“属性浏览器”分为:常用、视图、数据等部分。

在“属性浏览器”的数据面板上，能够进行以下操作：单击“基础”命令，修改构件角度、XY轴地理位置、标签属性；单击“图元”命令，修改构件“材质”和族类型；单击“族类型”命令，打开“样式参数”面板，编辑构件参数；单击“材质”命令，为构件附上实际项目材质属性；单击“标高”命令，在顶部标高再单击“更改链接对象”命令，可以更换已设置好的标高；单击“偏移数值”命令，修改偏移量。

同样，双击“条基对象”也可进行相片改后的查看，拖拽夹点修改条基中心线，拖拽两边端点更新条基对象（图2-1-13），按“Esc”键即可退出绘制模式。

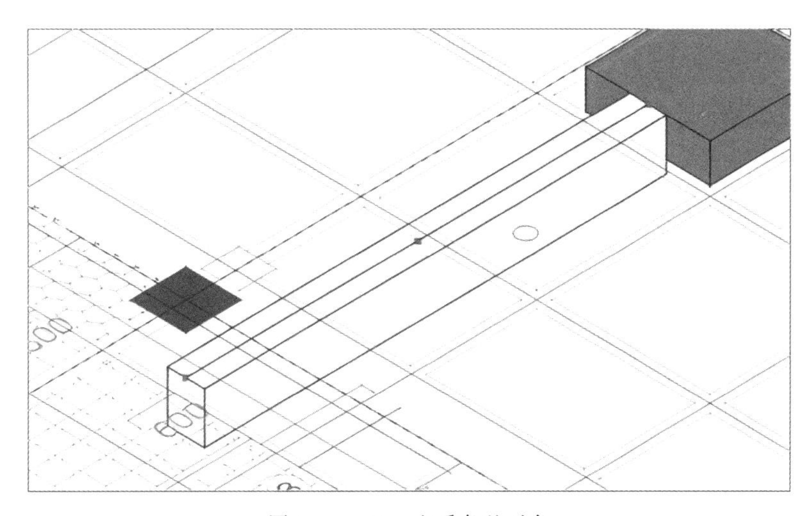

图2-1-13　查看条基对象

2.2　结构柱

2.2.1　结构柱和建筑柱差异

结构柱：不受墙体材质影响，具有承重结构属性。

建筑柱：因为建筑柱会提取墙体材质，所以适用于砖混结构中墙垛、墙上突出等装饰结构。注意：不能使用建筑柱来创建钢筋混凝土柱子。

2.2.2　结构柱属性参数设置

(1)导入图纸（见二维码），在右上角功能区中单击“菜单”→“导入”命令，在打开界面中单击选择“某科技楼地上一层标高墙柱平面配筋图纸”，并将其载入到该项目中。

某科技楼地上一层标高墙柱平面配筋图纸

(2)单击“结构”→“柱”命令（图2-2-1），进入绘制模式。

(3)在“组合浏览器”中单击“类型编辑”命令，(图2-2-2)，打开“样式参数”面板；单击“复制”命令，创建结构柱名称（图2-2-3）。

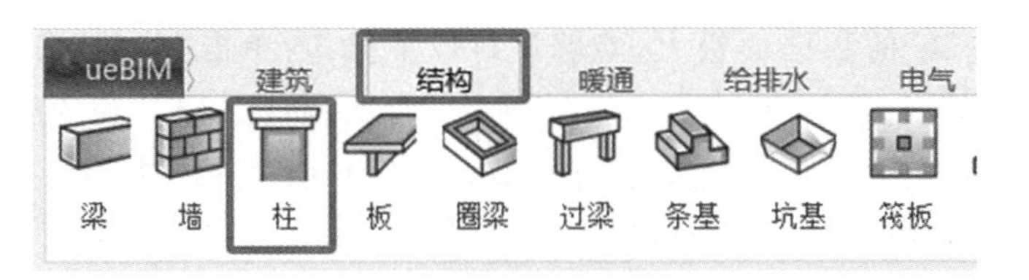

图 2-2-1 “柱”命令

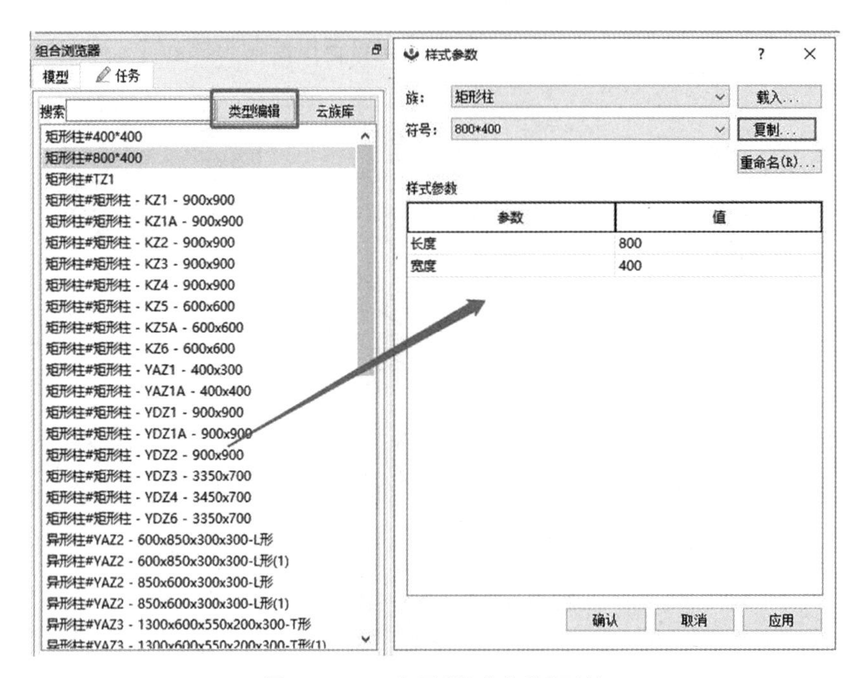

图 2-2-2 打开“样式参数”面板

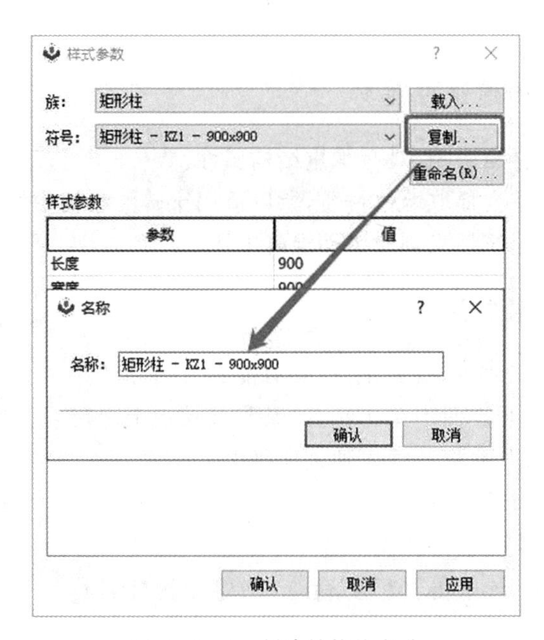

图 2-2-3 创建结构柱名称

(4)在“组合浏览器”面板中先选择结构柱类型，如“矩形柱♯矩形柱 KZ1”“矩形柱♯矩形柱 KZ1A”“矩形柱♯矩形柱 KZ2”等，然后设置结构柱“顶部标高”为“S－F2(4.95 m)”，“底部标高”为“S－F1(－0.05 m)”(图 2－2－4)。(注：实际柱标高按项目图纸需要进行填入)

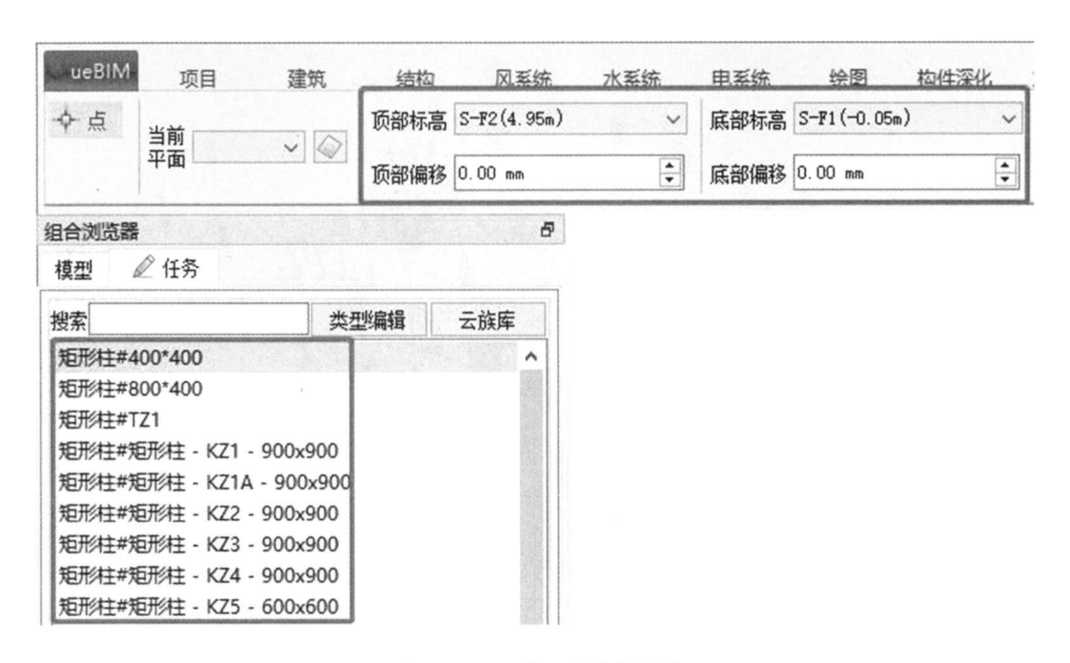

图 2－2－4　设置结构柱参数

2.2.3　结构柱布置

参照“某科技楼地上一层标高墙柱平面配筋图纸”，通过按“Ctrl”键切换放置结构柱位置，单击“布置结构柱”移动光标捕捉交点，再单击鼠标右键生成“结构柱 KZ4”(图 2－2－5、图 2－2－6)，按“Esc”键即可退出绘制模式。某科技楼结构柱绘制完成图如图 2－2－7 所示。

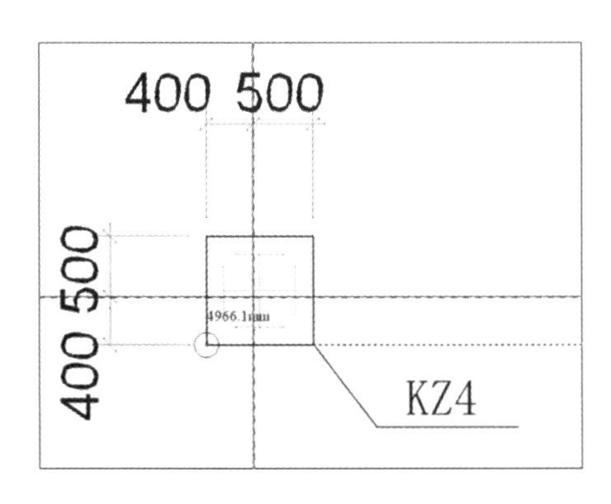

图 2－2－5　柱体位置

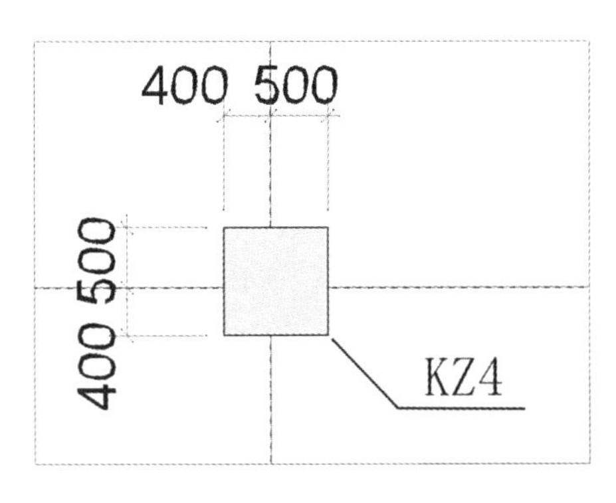

图 2－2－6　柱体布置

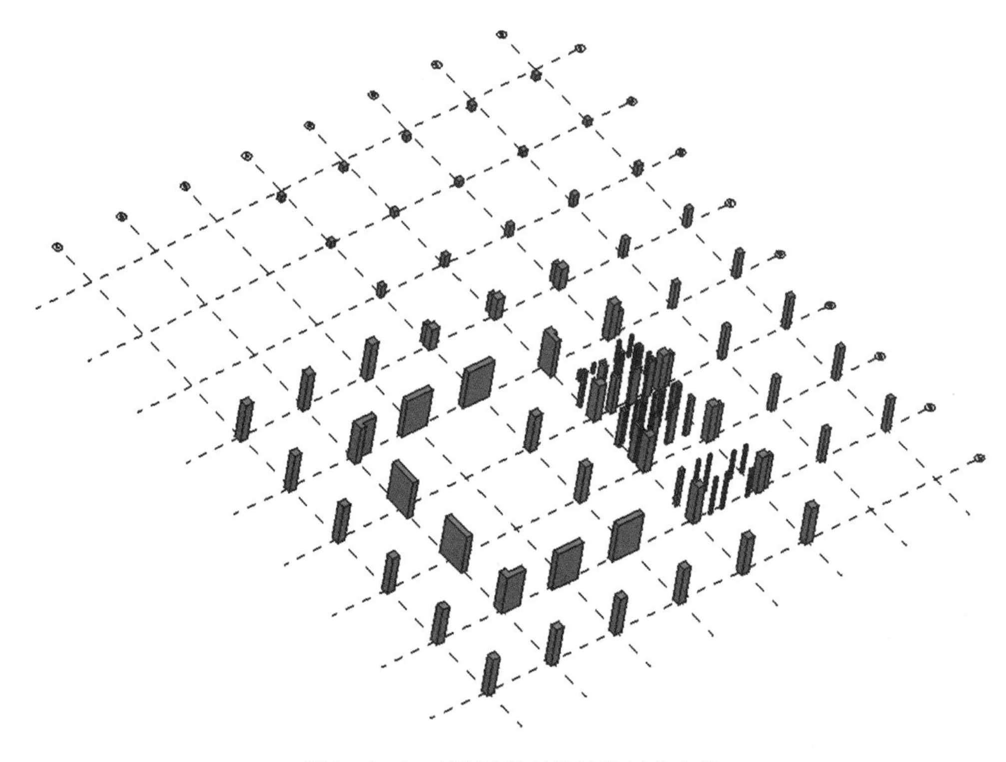

图 2-2-7　某科技楼结构柱绘制完成图

2.2.4　结构柱编辑及修改

1. 结构柱编辑

双击“柱构件”，拖拽夹点①，可设置柱位置；拖拽夹点②，可调整柱旋转角度（图 2-2-8），按“Esc”键即可退出绘制模式。

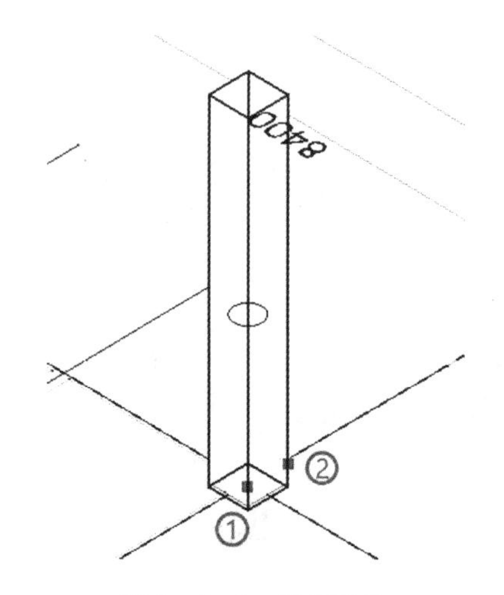

图 2-2-8　编辑柱体

2. 结构柱修改

属性界面如图 2-2-9 所示，绘制生成了柱后，进行如下操作。

（1）“属性浏览器”→“数据”面板

基础：可修改构件角度、XY 轴地理位置、标签属性（图 2-2-10）。

图元：可修改构件材质和族类型。单击“族类型”，可打开“样式参数”面板，编辑构件参数；单击“材质”，可为构件附上实际项目材质属性（图 2-2-11）。

标高：“顶部标高”可更换已设置好的标高；“顶部偏移”可修改偏移量（图 2-2-12）。

2. “属性浏览器”→“视图”面板

对象样式：可修改构件颜色（图 2-2-13）。

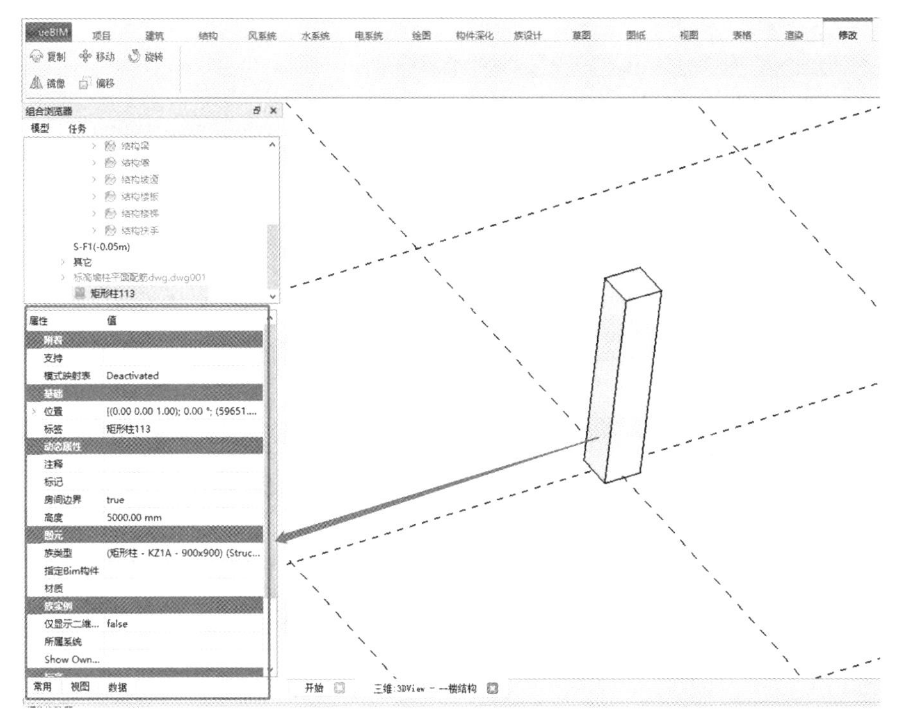

图 2-2-9　属性界面

属性	值
附着	
支持	
模式映射表	Deactivated
基础	
位置	[(0.00 0.00 1.00); 0.00 °; (59651.09 mm -46085.43 mm -50.00 mm)]
标签	矩形柱113
动态属性	
注释	
标记	
房间边界	true
高度	5000.00 mm
图元	
族类型	(矩形柱 - KZ1A - 900x900) (StructuralColumns2371102531929152)
指定Bim构件	
材质	
族实例	
仅显示二维...	false
所属系统	
Show Own...	
标高	
底部标高	S-F1(-0.05m) (Level2370794947920960)
底部偏移	0.00 mm
顶部标高	S-F2(4.95m) (Level2370794969646144)
顶部偏移	0.00 mm

常用　视图　数据

图 2-2-10　“数据”面板中的“基础”

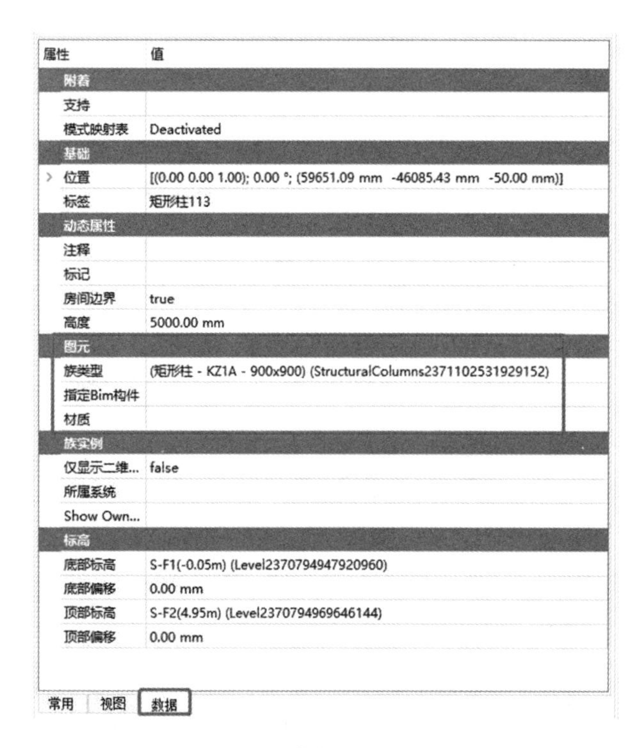

图 2-2-11 “数据”面板中的“图元”

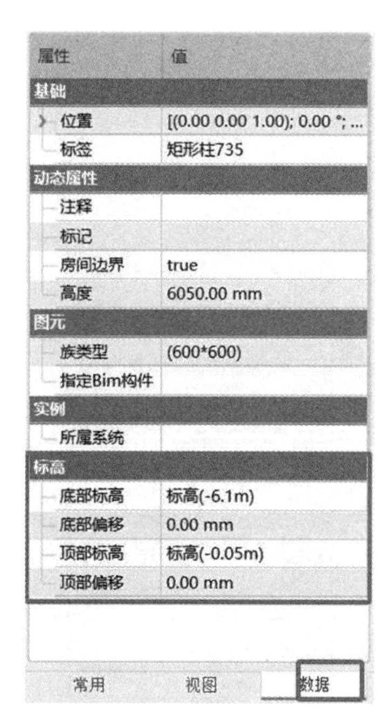

图 2-2-12 “数据”面板中的“标高”

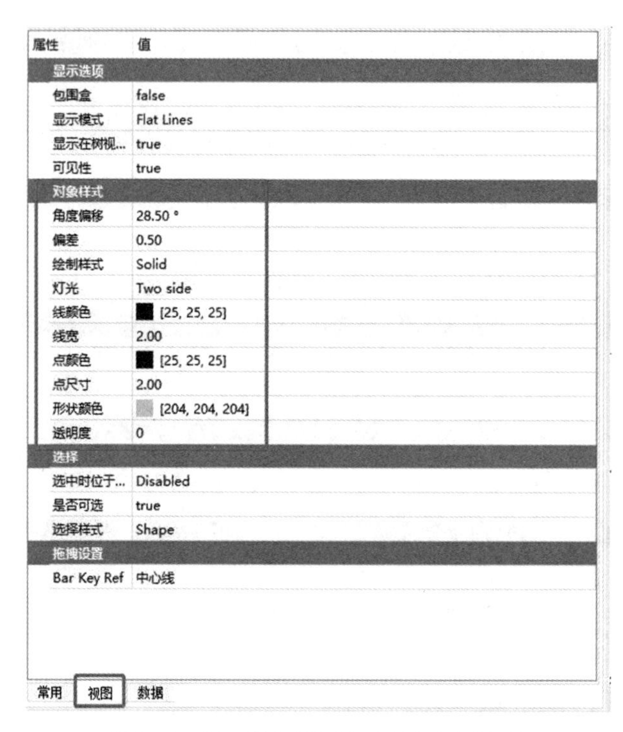

图 2-2-13 “视图”面板中的“对象样式”

2.3　结构梁

2.3.1　结构梁属性参数设置

某科技楼地上二层梁配筋图纸

(1)在右上角功能区中单击“菜单”→“导入”命令，在打开界面中单击选择“某科技楼地上二层梁配筋图纸”(见二维码)，并将其载入该项目中。

(2)单击“结构”→“梁”命令，进入绘制模式(图 2-3-1)。

(3)在“组合浏览器”中单击“类型编辑”命令，打开“样式参数”；再单击“复制”命令，进行项目中梁名称创建(图 2-3-2、图 2-3-3)。

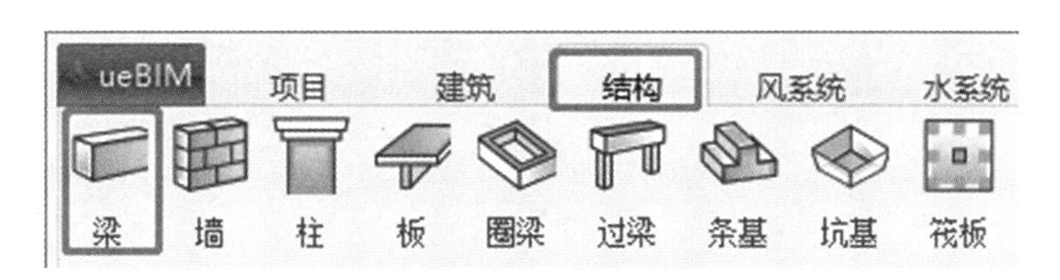

图 2-3-1　“梁”命令

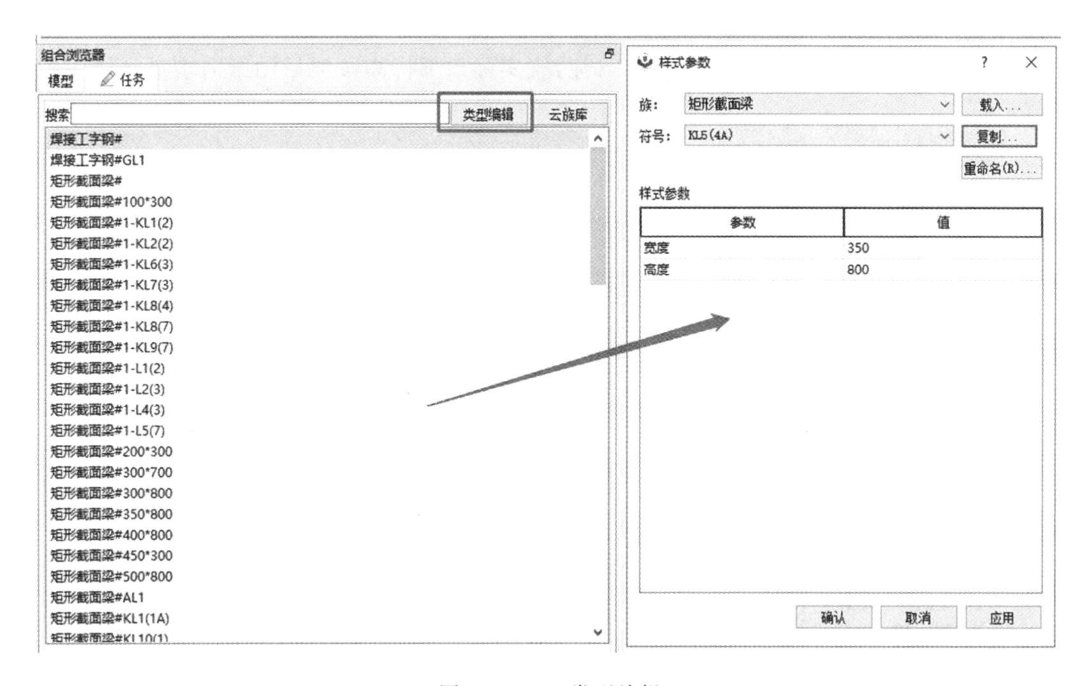

图 2-3-2　类型编辑

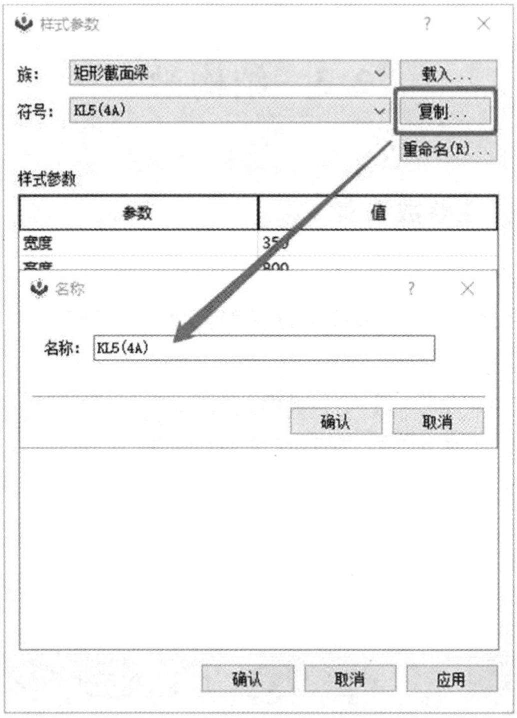

图 2-3-3　梁名称创建

(4)进入绘制界面,在“组合浏览器”中选择结构梁样式,如“矩形截面梁#1-KL1(2)”“矩形截面梁#1-KL2(2)”“矩形截面梁#1-L1(2)”等,然后设置结构梁“顶部标高”为“S-F2(4.95 m)”(图 2-3-4)。(注:梁实际顶部标高按项目图纸需求进行填入)

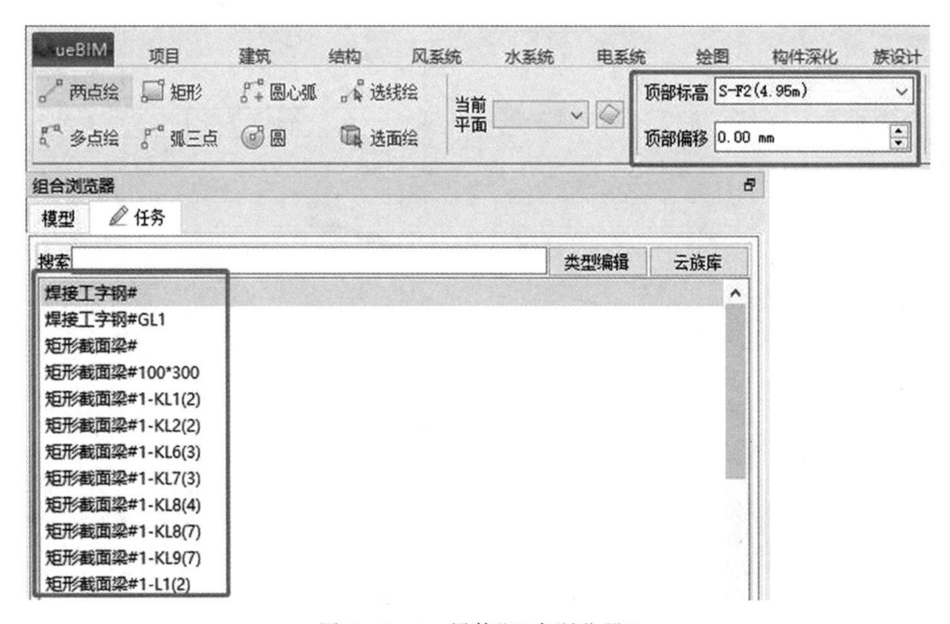

图 2-3-4　梁体“组合浏览器”

2.3.2　梁绘制

(1)结构梁绘制方式(图 2-3-5)同条基绘制方式,此处不再赘述。

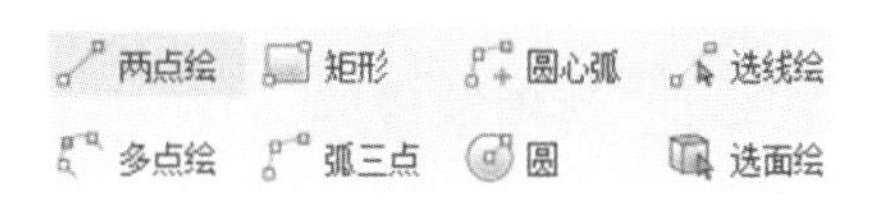

图 2-3-5　结构梁绘制方式

(2)参照"某科技楼地上二层梁配筋图纸",移动光标指定结构梁"起点""终点",从而生成一段结构梁(图 2-3-6、图 2-3-7),按"Esc"键即可退出绘制模式。

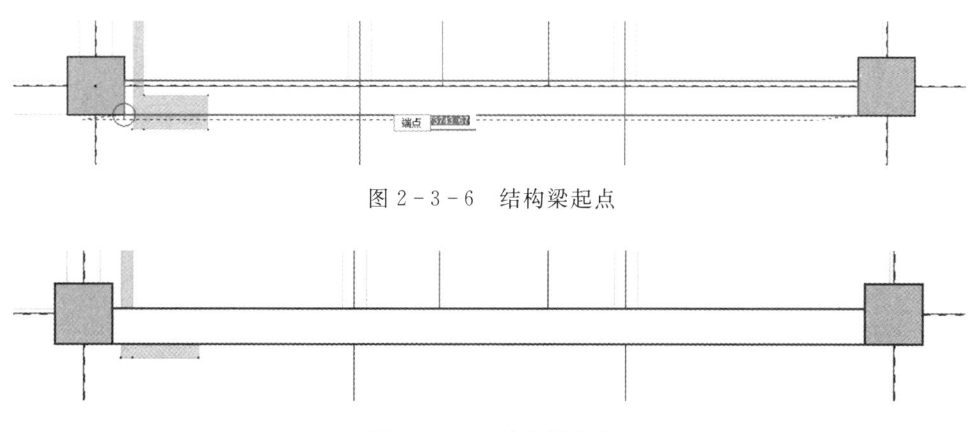

图 2-3-6　结构梁起点

图 2-3-7　结构梁终点

2.3.3　结构梁编辑及修改

双击梁构件,拖拽夹点①、夹点②,可查看修改结构梁起始点(图 2-3-8),按"Esc"键即可退出绘制模式。

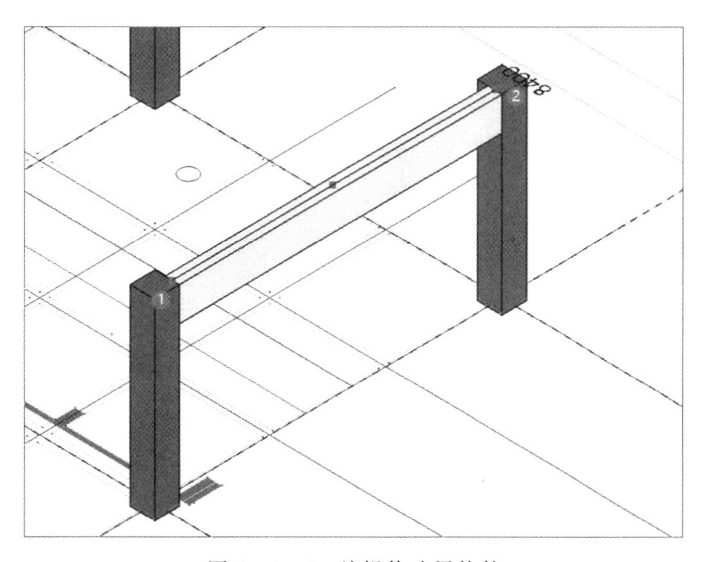

图 2-3-8　编辑修改梁构件

2.4 结构墙

2.4.1 结构墙说明

结构墙又称为抗风墙、抗震墙，根据其受力特点可以分为承重墙和剪力墙，前者以承受竖向荷载为主，如砌体墙；后者以承受水平荷载为主。结构墙，作为建筑物中主要承受风荷载或地震作用引起水平荷载和竖向荷载（重力）墙体，其主要作用是防止结构剪切（受剪）破坏，一般用钢筋、混凝土做成。

2.4.2 结构墙属性参数设置

（1）在右上角功能区中单击“菜单”→“导入”命令，在打开界面中单击选择“某科技楼一层标高墙柱平面配筋图纸”（见二维码），将其载入该项目中。

（2）单击“结构”→“墙”命令，进入绘制模式（图 2-4-1）。

某科技楼一层标高墙柱平面配筋图纸

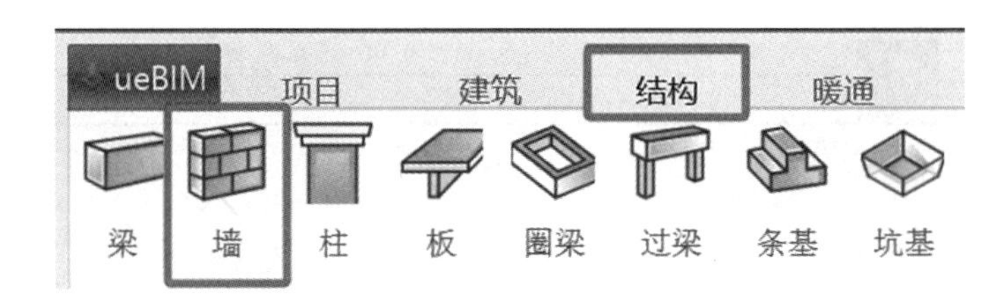

图 2-4-1 “墙”命令

（3）在“组合浏览器”中单击“类型编辑”命令，打开结构墙“样式参数”面板，单击“复制”命令，进行项目中墙名称创建（图 2-4-2、图 2-4-3）。

（4）结构墙又分为结构外墙和结构内墙。在“样式参数”面板中单击“功能”右侧下拉菜单，选定结构墙的功能属性（图 2-4-4）。

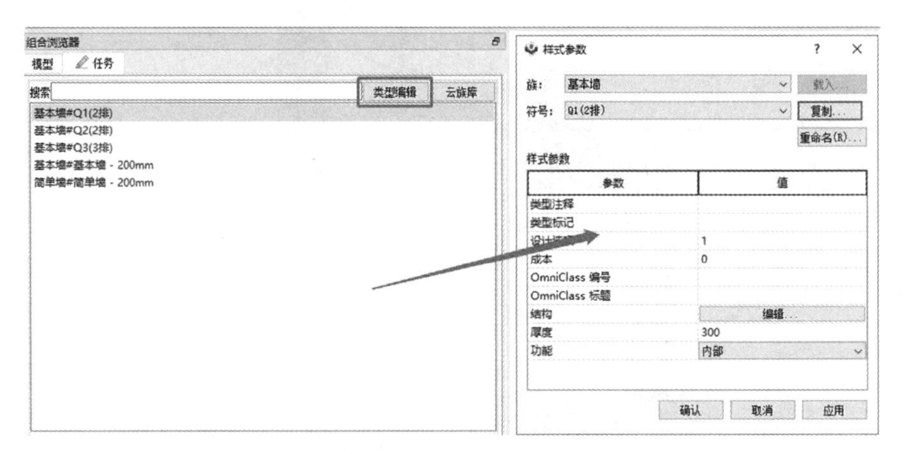

图 2-4-2 类型编辑

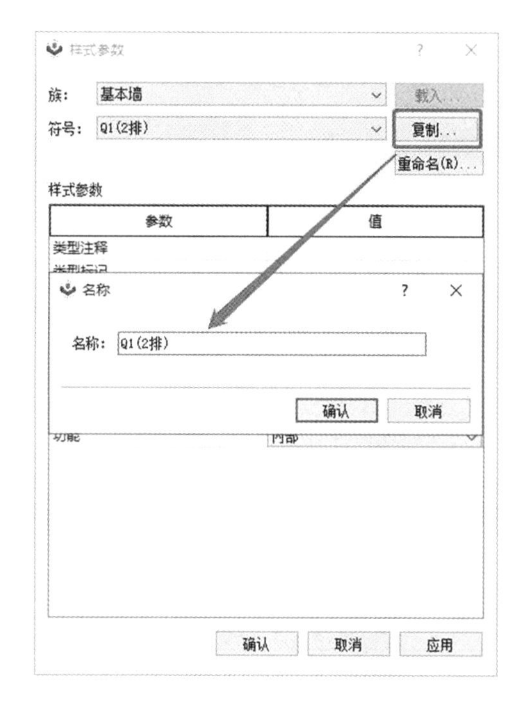

图 2-4-3　创建墙名称

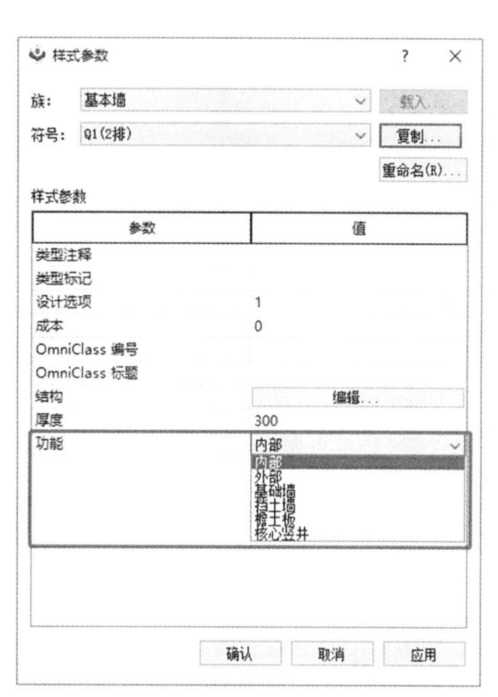

图 2-4-4　选定结构墙功能属性

(5)在“样式参数”面板中，单击“结构”右侧编辑按键，打开“编辑结构”面板，即可编辑结构墙材质参数和厚度参数(图 2-4-5)。

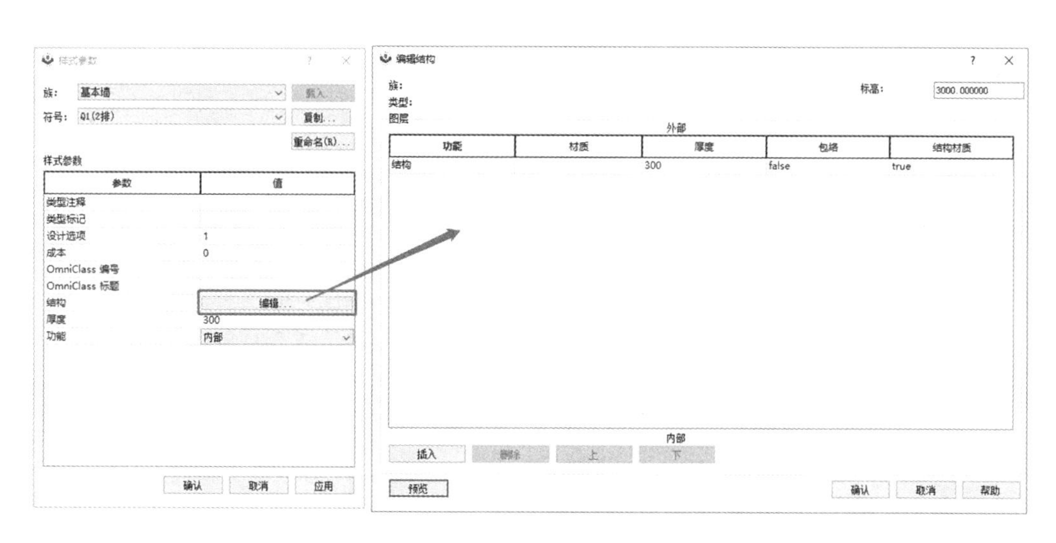

图 2-4-5　编辑结构墙材质参数和厚度参数

(6)进入绘制界面，在“组合浏览器”面板中选择结构墙样式，设置结构墙“顶部标高”为“S-F2(4.95 m)”，“底部标高”为“S-F1(-0.05 m)”，“顶部偏移”“底部偏移”根据实际项目需求进行调整(图 2-4-6)。

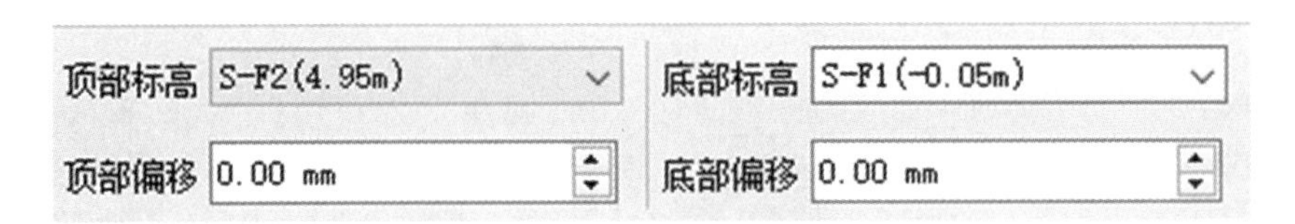

图 2-4-6　结构墙标高设置

2.4.3　结构墙创建

(1)设置好标高信息后,进行"墙"绘制命令,绘制方式(图 2-4-7)同条基绘制方式,此处不再赘述。

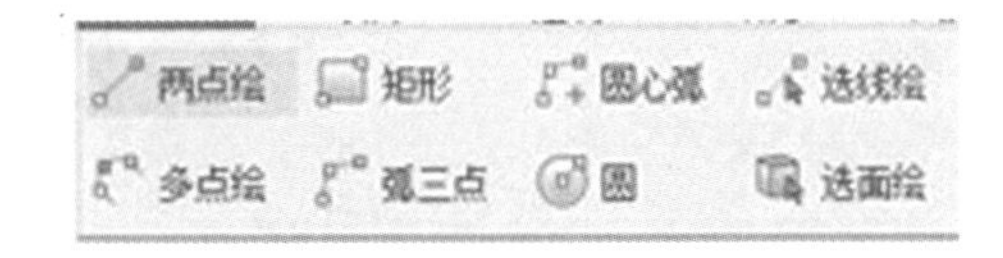

图 2-4-7　绘制方式

(2)移动光标单击鼠标左键选定结构墙"起点""终点"(图 2-4-8)。

(3)单击"生成构件"绘制结束(图 2-4-9),按"Esc"键即可退出绘制命令。

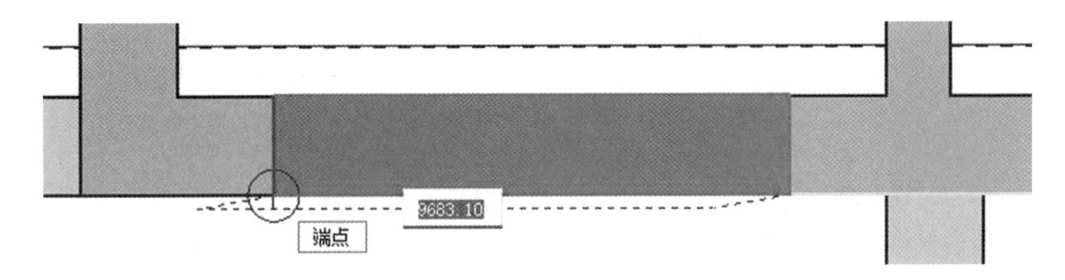

图 2-4-8　结构墙起点(终点)

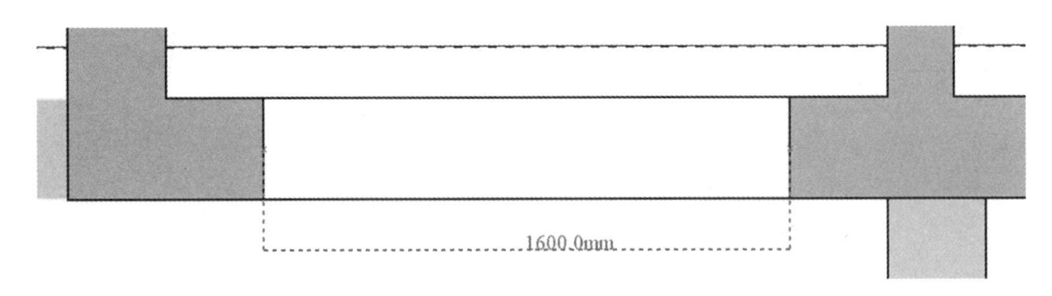

图 2-4-9　生成构件

2.4.4　结构墙编辑及修改

(1)"属性浏览器"中的"视图"面板可以进行结构墙的编辑、修改。对象样式:可修改构件颜色。

(2)双击墙对象,拖拽"夹点①""夹点②",可修改结构墙起止点(图 2-4-10),按"Esc"键即可退出编辑。

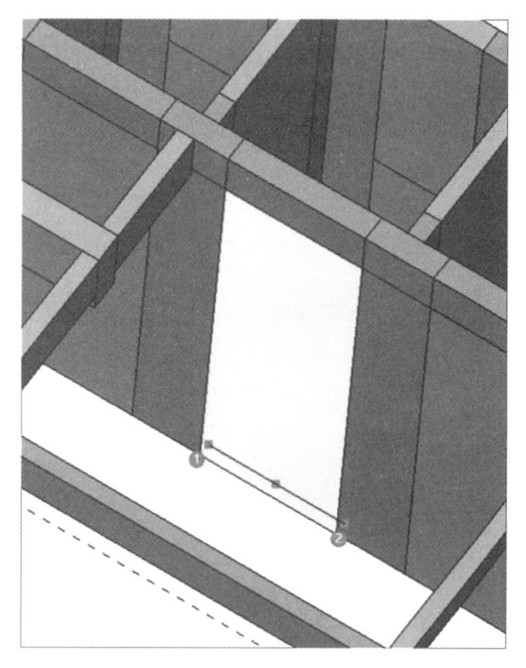

图 2-4-10 编辑及修改结构墙起止点

2.5 结构板

2.5.1 结构板属性参数设置

(1)在右上角功能区中单击“菜单”→“导入”命令，在打开界面中单击选择“某科技楼二层结构平面布置及板配筋图纸”(见二维码)，将其载入该项目中。

(2)单击“结构”→“板”命令，进入绘制模式(图 2-5-1)。

某科技楼二层结构平面布置及板配筋图纸

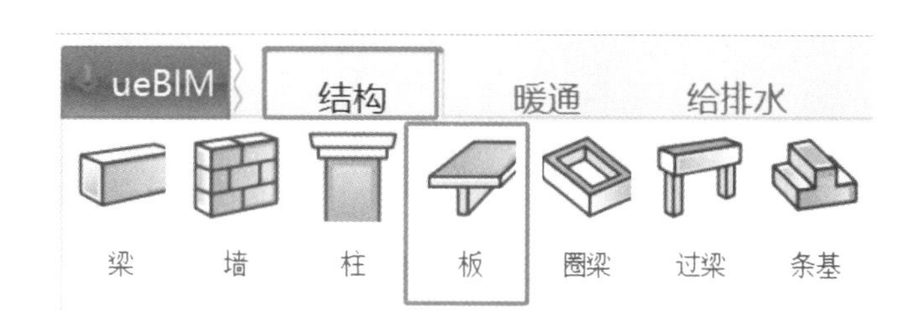

图 2-5-1 “板”命令

(3)在“组合浏览器”中单击“类型编辑”命令，打开结构板“样式参数”面板；再单击“复制”命令，进行项目中板名称创建(图 2-5-2、图 2-5-3)。

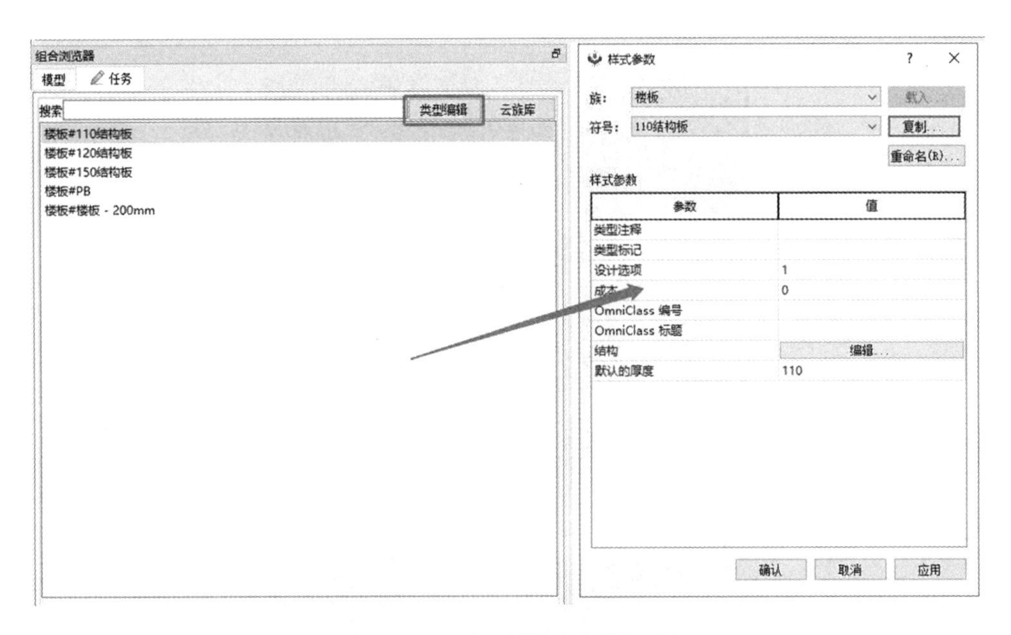

图 2－5－2　打开“样式参数”面板

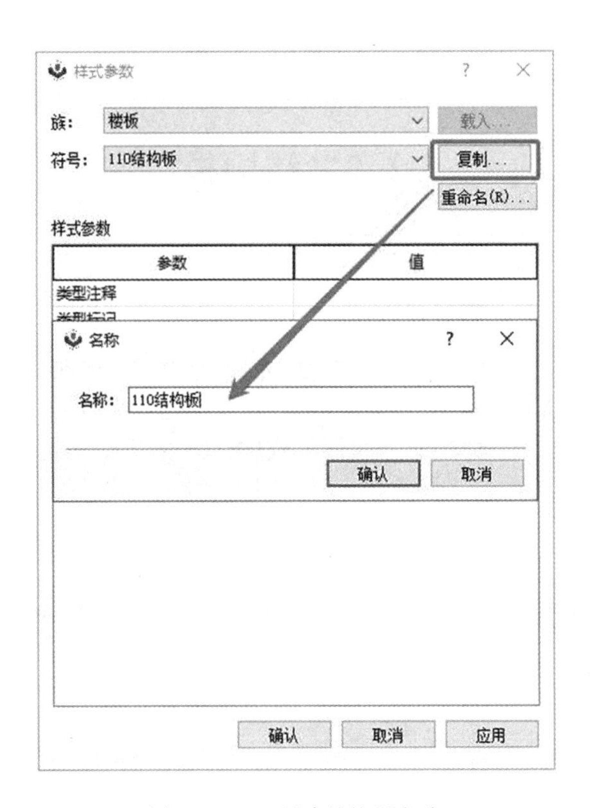

图 2－5－3　创建结构板名称

（4）在“样式参数”面板中，单击“结果”右侧编辑按键，打开“编辑结构”面板，即可编辑结构板材质参数和厚度参数（图 2－5－4）。

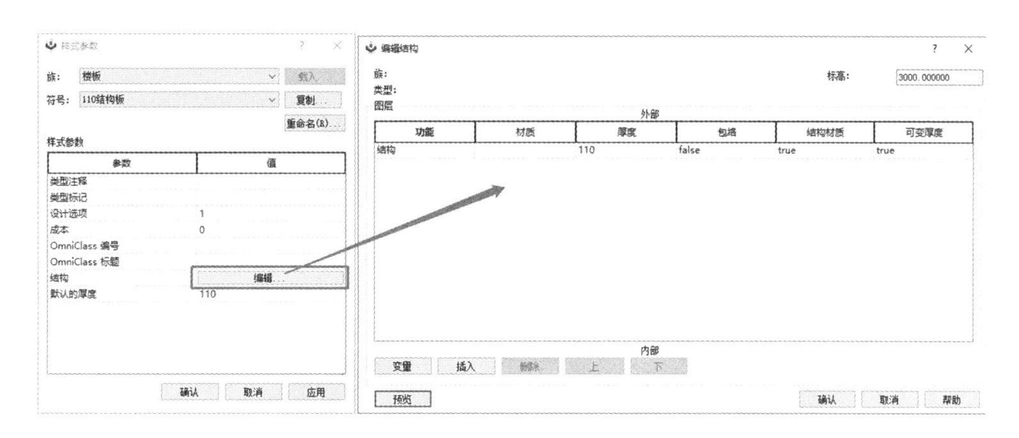

图 2-5-4 编辑结构板材质和厚度参数

(5)进入绘制界面,在"组合浏览器"面板中选择结构板样式,设置结构板"顶部标高"为"S-F2(4.95 m)"。"顶部标高""顶部偏移"根据实际项目需求进行调整(图 2-5-5)。

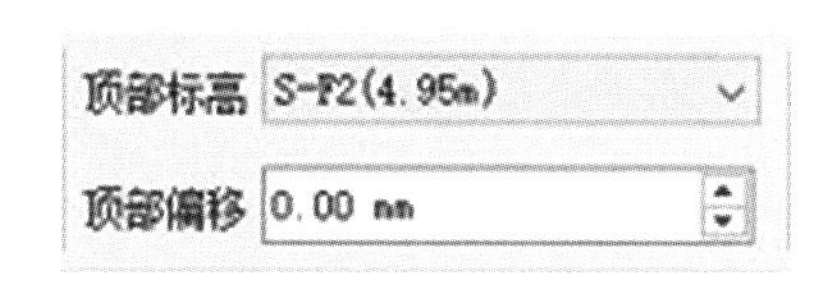

图 2-5-5 顶部标高

2.5.2 结构板创建

(1)设置好标高信息后,进行"结构板"绘制命令,绘制方式(图 2-5-6)同条基绘制方式,此处不再赘述。

(2)移动光标到梁内边线上,依次单击拾取板内边线与绘制起点重合形成楼板轮廓线(图 2-5-7)。检查确认轮廓线是否完全封闭,如果轮廓线没有闭合,系统会报错,无法生成结构板。

图 2-5-6 绘制方式

(3)单击"确定"形成楼板轮廓线(图 2-5-8),之后按"Esc"键退出绘制线条命令生成板,再次按"Esc"键即可退出绘制命令生成板构件。

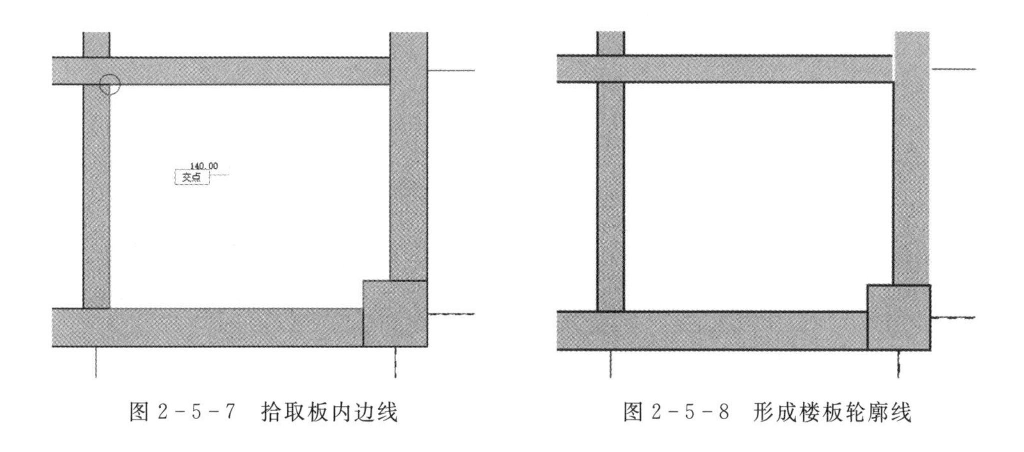

图 2-5-7 拾取板内边线　　图 2-5-8 形成楼板轮廓线

2.5.3 结构板编辑及修改

在“属性浏览器”中的“视图”面板进行结构板的编辑、修改。对象样式：可修改构件颜色。单击楼板对象，拖拽夹点，可编辑楼板基线（图 2－5－9），按“Esc”键可退出编辑。

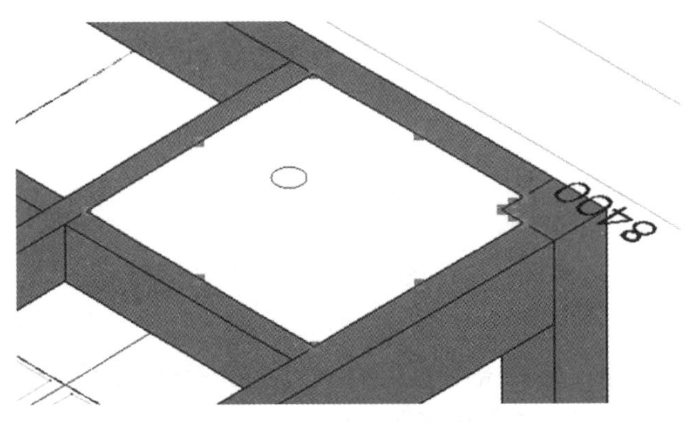

图 2－5－9　编辑楼板基线

2.6 楼　梯

2.6.1 楼梯属性参数设置

（1）在右上角功能区中单击“菜单”→“导入”命令，在打开界面中单击选择“已处理过楼梯 LT1 图纸”，将其载入该项目中（图 2－6－1）。

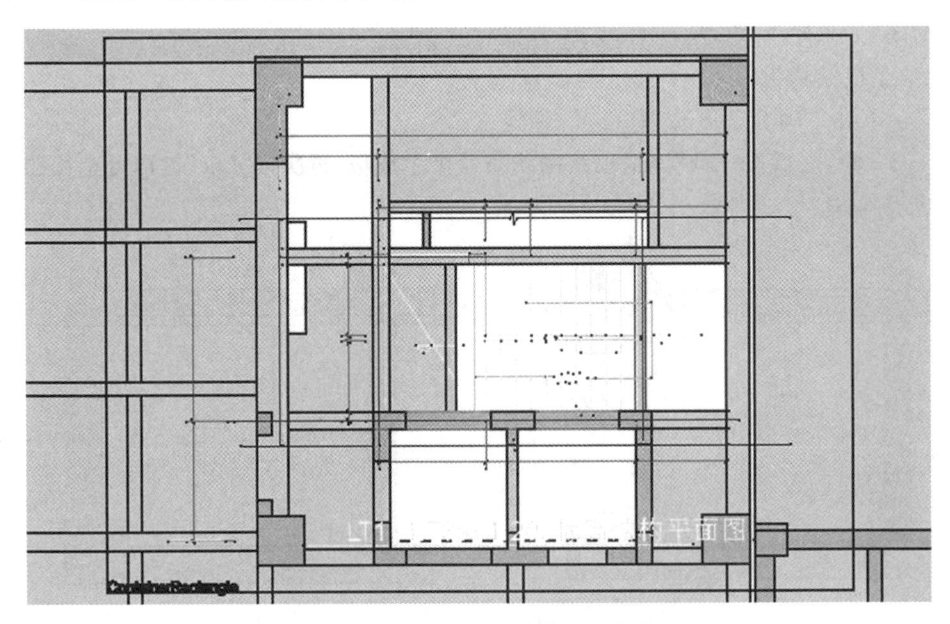

图 2－6－1　已处理过楼梯 LT1 图纸

(2)单击“建筑”→“楼梯”命令，进入绘制模式(图 2-6-2)。

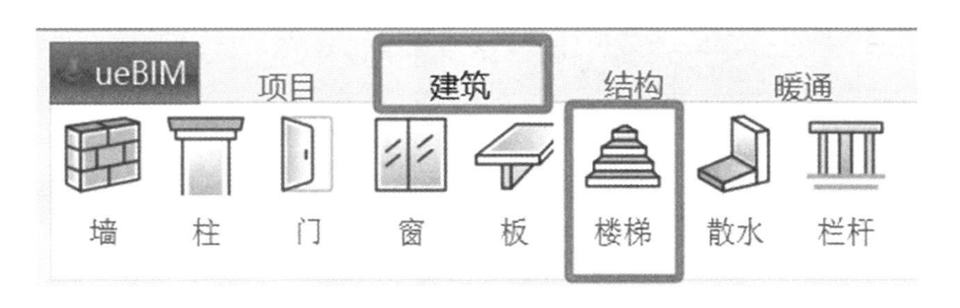

图 2-6-2　“楼梯”命令

(3)在面板中先选择楼梯类型为“现场浇筑楼梯＃LT1”，设置楼梯“顶部标高”为“S-F2(4.95 m)”，“底部标高”为“S-F1(－0.05 m)”，“顶部偏移”“底部偏移”根据实际项目需求进行调整(图 2-6-3)。

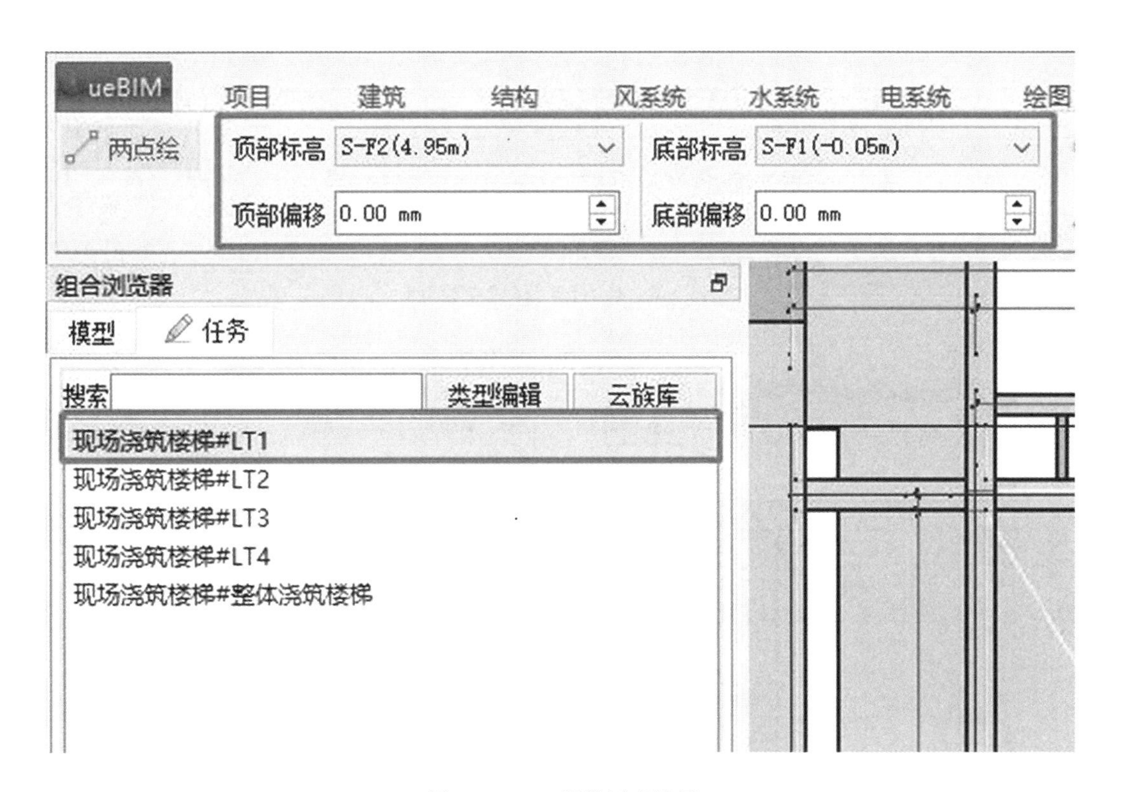

图 2-6-3　楼梯标高设置

(4)在“组合浏览器”中单击“类型编辑”命令，打开楼梯“样式参数”面板，单击“复制”命令，进行项目楼梯“LT1”名称创建(图 2-6-4、图 2-6-5)。

(5)完成楼梯“LT1”属性参数添加，“最小梯段宽度”“最小踏板深度”“最大踢面高度”值分别为“1300”“280”“156”(图 2-6-6)。

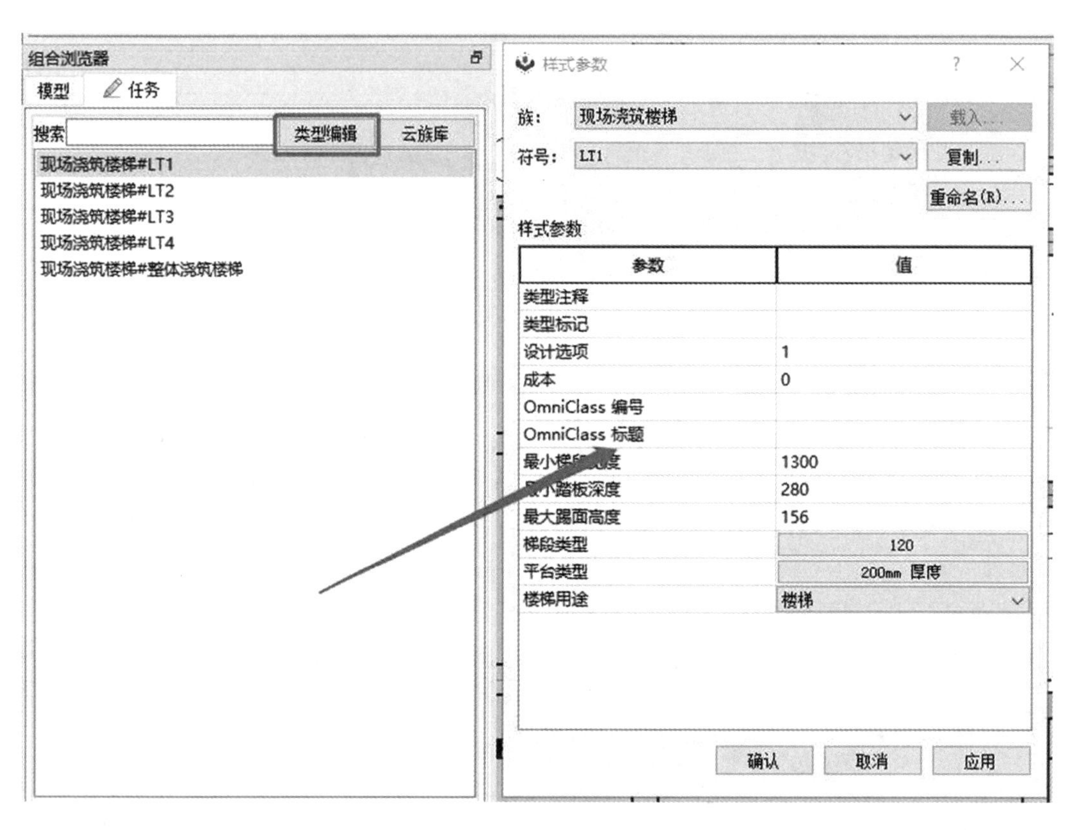

图 2-6-4　打开“样式参数”面

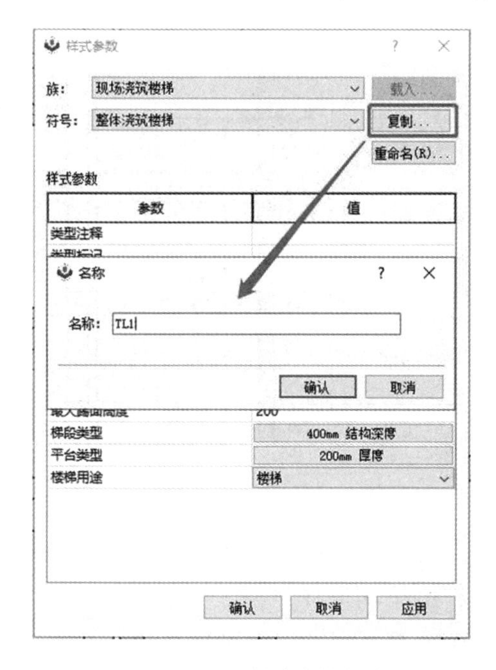

图 2-6-5　创建楼梯名称

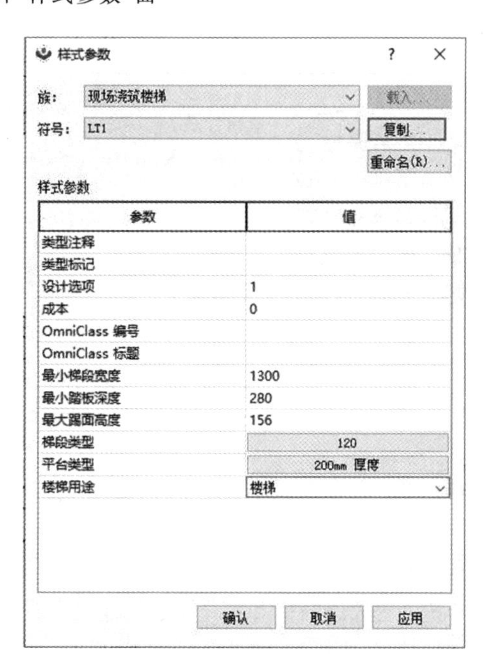

图 2-6-6　添加样式参数

（6）单击“平台类型”后面的图标，打开“平台类型”面板，修改楼梯 LT1“整体厚度”值为“120”（图 2－6－7、图 2－6－8）。

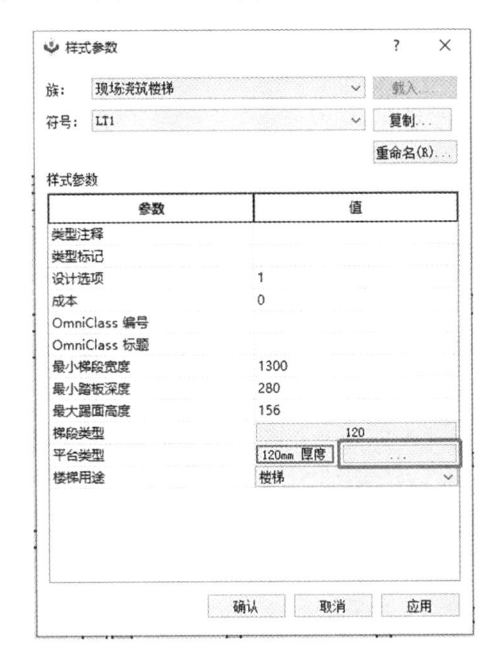

图 2－6－7 打开“平台类型”面板

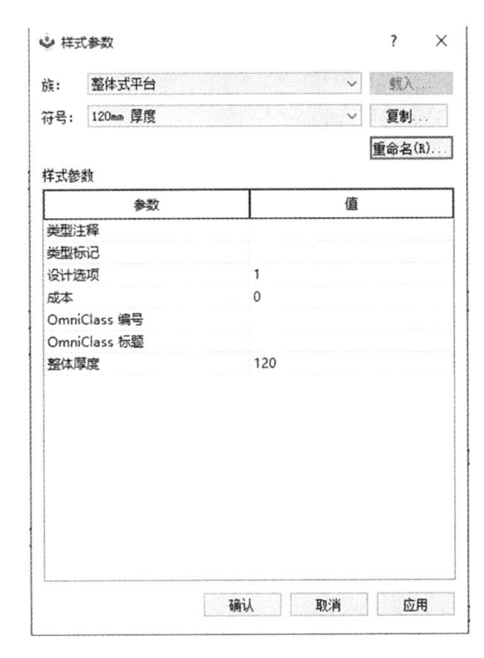

图 2－6－8 设置“整体厚度”

（7）单击“梯段类型”后面的图标，打开“梯段类型”面板，取消“踏板”勾选，参数设置完成（图 2－6－9、图 2－6－10）。

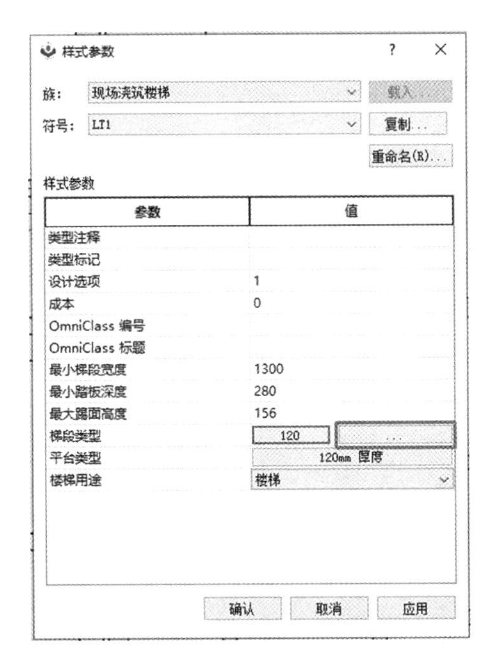

图 2－6－9 打开“梯段类型”面板

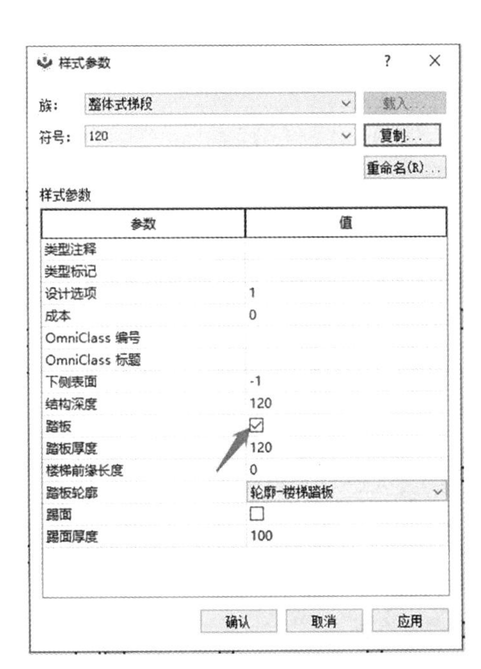

图 2－6－10 取消“踏板”勾选

2.6.2 楼梯创建

在楼梯前期准备完成后，参照楼梯“LT1”图纸，指定绘制楼梯“LT1”第一点，完成楼梯“LT1”第一段绘制(图 2-6-11)，继续绘制楼梯“LT1”第二段、第三段(图 2-6-12、图 2-6-13)，直至完成楼梯“LT1”绘制，方可查看楼梯“LT1”效果图(图 2-6-14)。

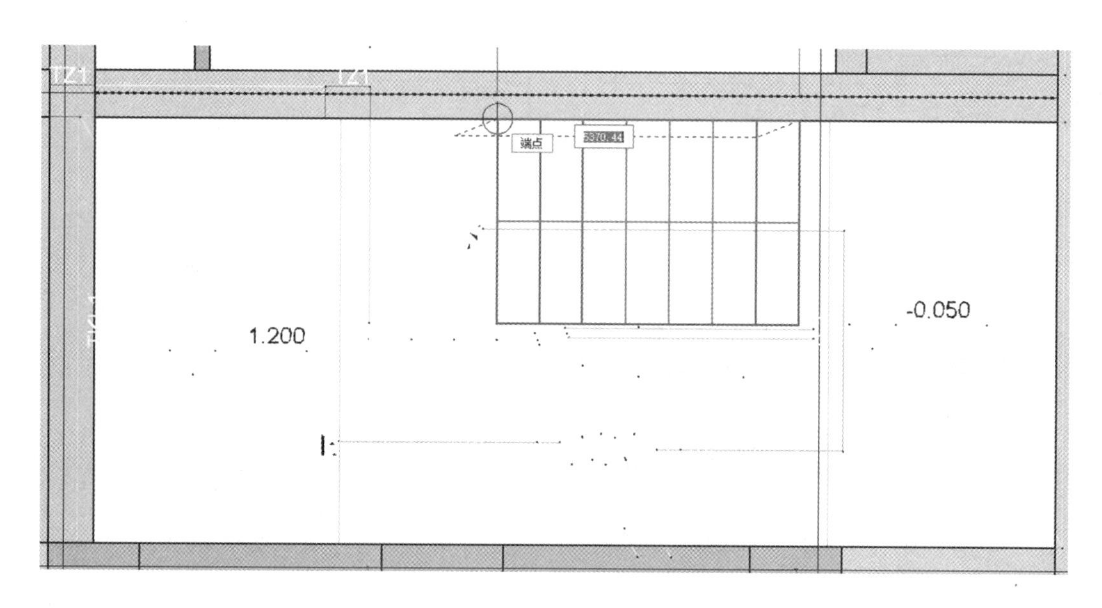

图 2-6-11 绘制第一段楼梯

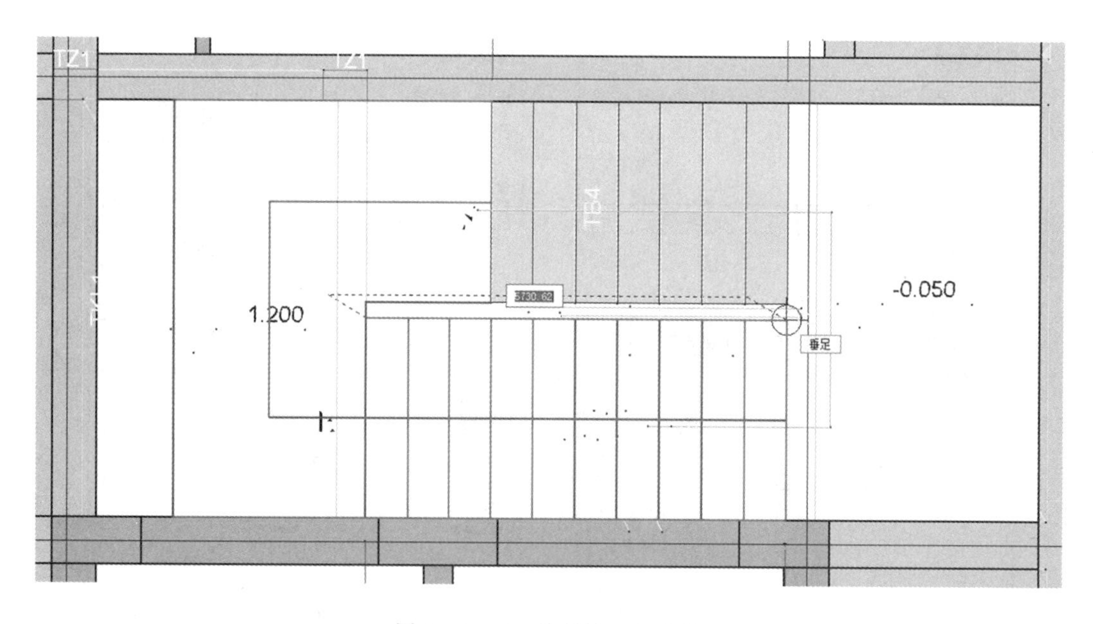

图 2-6-12 绘制第二段楼梯

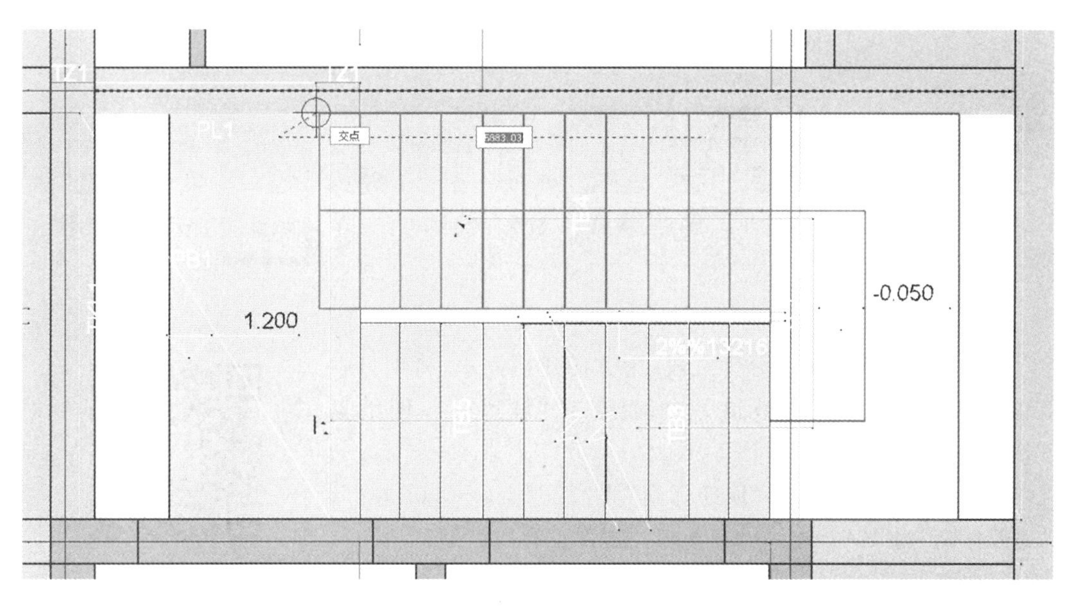

图 2-6-13 绘制第三段楼梯

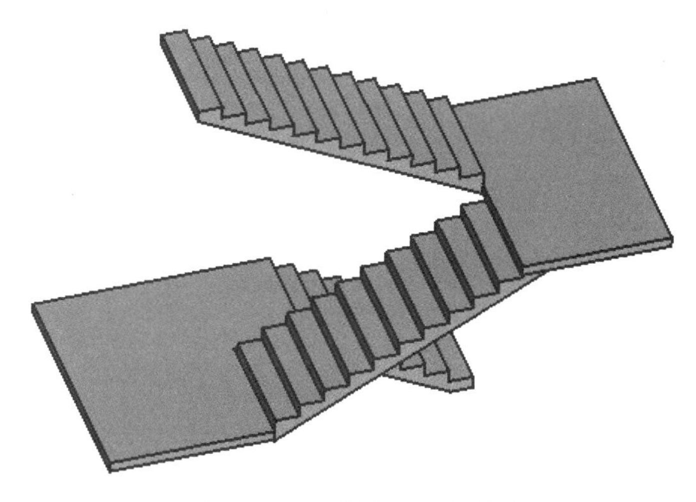

图 2-6-14 楼梯“LT1”效果图

2.7 坡 道

某科技楼二层结构平面布置及板配筋图纸

2.7.1 坡道属性参数设置

(1)在右上角功能区中单击“菜单”→“导入”命令,在界面中单击选择“某科技楼二层结构平面布置及板配筋图纸”(见二维码),并将其载入项目中。

（2）单击“建筑”→“坡道”命令，进入“绘制模式”（图 2－7－1）。

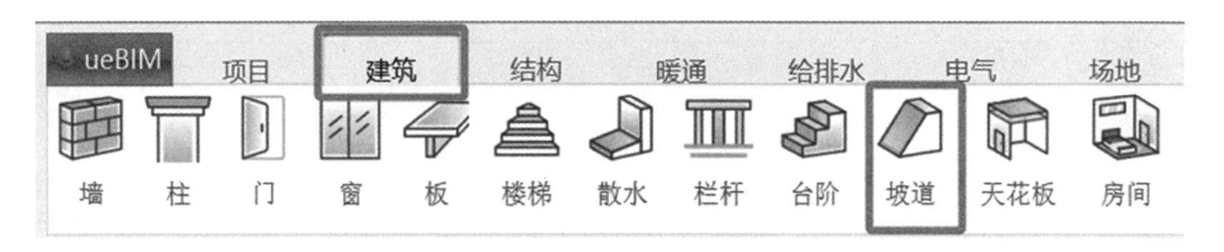

图 2－7－1 “坡道”命令

（3）某科技楼坡道共分为三段，为方便建模需求，将项目中三段坡道分别命名为“坡道一”“坡道二”“坡道三”（图纸见二维码）。

坡道一、坡道二、坡道三图纸

（4）设置“坡道一”的“顶部标高”为“S－F1（－0.05 m）”，“底部标高”为“S－F1（－0.05 m）”，“顶部偏移”为“2480 mm”，“底部偏移”为“－250 mm”（图 2－7－2）。

（5）设置“坡道二”的“顶部标高”为“S－F2（4.95 m）”，“底部标高”为“S－F1（－0.05 m）”，“顶部偏移”为“0 mm”，“底部偏移”为“2770 mm”（图 2－7－3）。

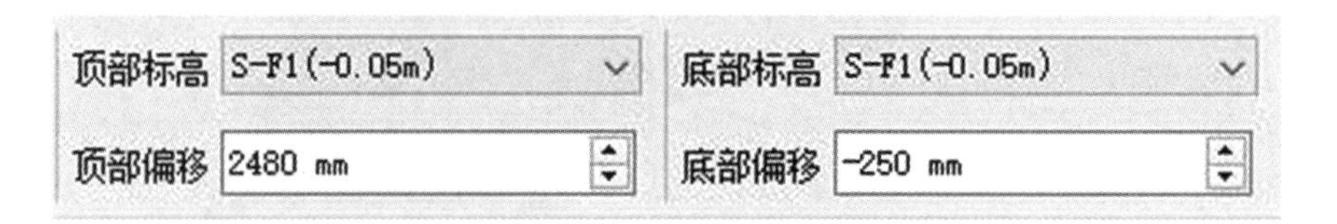

图 2－7－2 坡道一标高设置

顶部标高 S-F2(4.95m) | 底部标高 S-F1(-0.05m)

顶部偏移 0 mm | 底部偏移 2770 mm

图 2－7－3 坡道二标高设置

（6）设置“坡道三”的“顶部标高”为“S－F2（4.95 m）”，“底部标高”为“S－F1（－0.05 m）”，“顶部偏移”为“－480.00 mm”，“底部偏移”为“2480.00 mm”（图 2－7－4）。

图 2－7－4 坡道三标高设置

2.7.2 坡道创建

(1)在坡道前期准备完成后,参照"某科技楼二层结构平面布置及板配筋图纸",指定绘制"坡道一"第一点,在指定好坡道终点后,软件会自动生成"坡道一"(图2-7-5)。

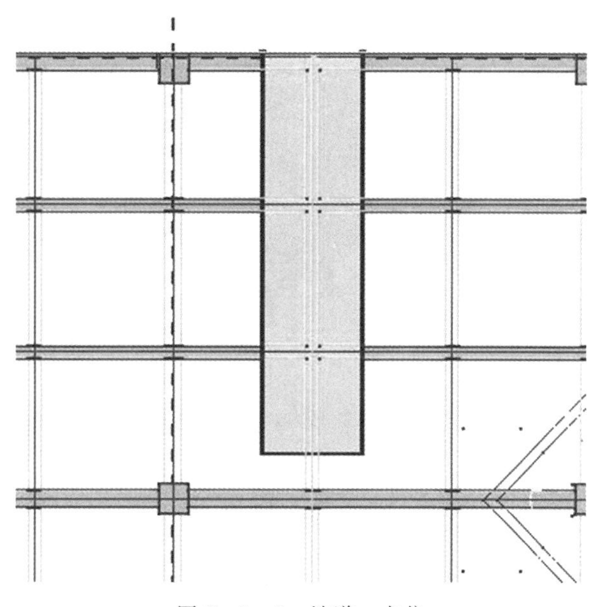

图2-7-5 坡道一点位

(2)双击"坡道一",进入"绘制草图"模式,编辑坡道轮廓到项目指定位置(图2-7-6)。

(3)完成某科技楼全部坡道绘制,形成坡道模型(图2-7-7)。

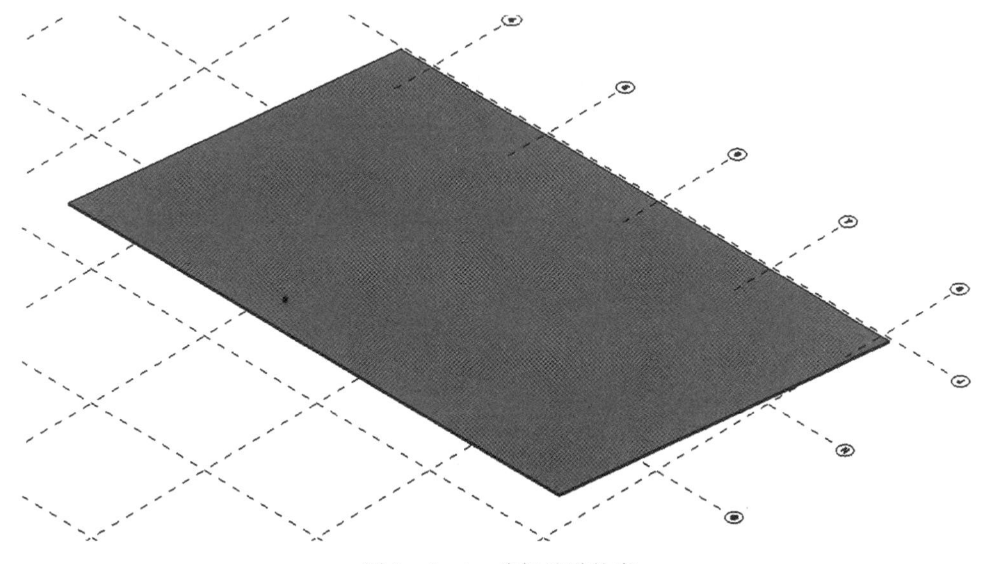

图2-7-6 编辑坡道轮廓

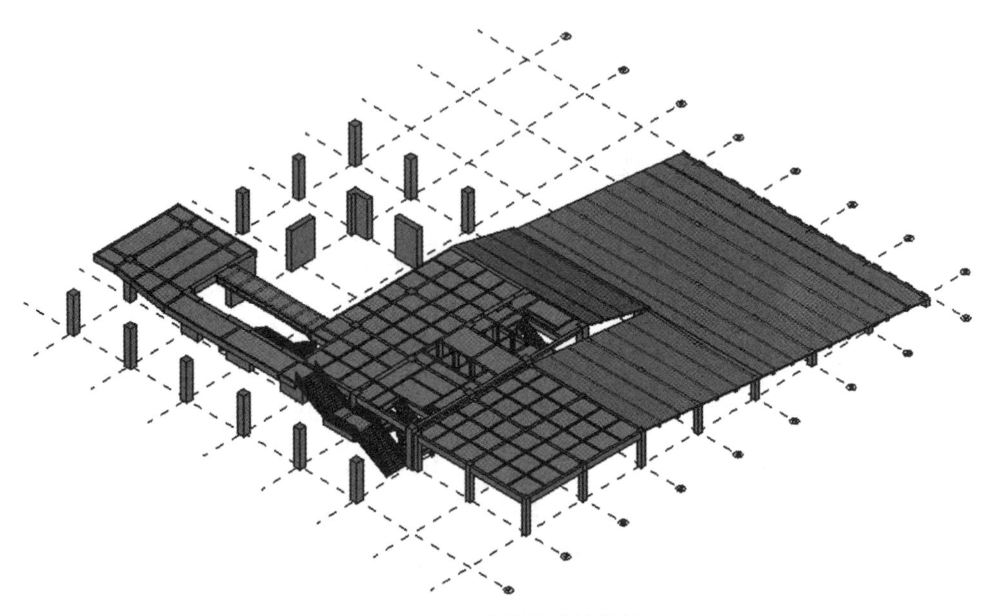

图 2-7-7　坡道模型效果图

2.8　能力展示

一、理论知识应用题

扫码完成答题

二、实操应用题

根据图纸要求，完成模型的创建。

PDF 版图纸

第三章　建筑模型创建

学习目标

掌握案例项目建筑墙体、幕墙、门、窗、栏杆、散水等建筑专业构件布置方式，掌握幕墙网格、竖梃编辑、修改等基本操作，掌握建筑专业构件标高、尺寸、族类型等属性修改与添加。

素养目标

通过 BIM 建筑模型的创建，我们可以帮助学生了解建筑行业的前沿技术和职业规范，提高职业素养和竞争力。

鼓励学生在 BIM 模型创建过程中发挥想象力，提出创新的设计理念和解决方案，培养创新思维和实践能力。

3.1　墙绘制

上一章中完成了结构模型创建，本章将从首层平面开始，分层逐步完成建筑模型创建。本节将创建首层平面墙体构件，其余楼层墙体参照首层绘制方式创建即可。

3.1.1　墙体绘制

(1)单击“建筑”→“墙”命令(图 3-1-1)。

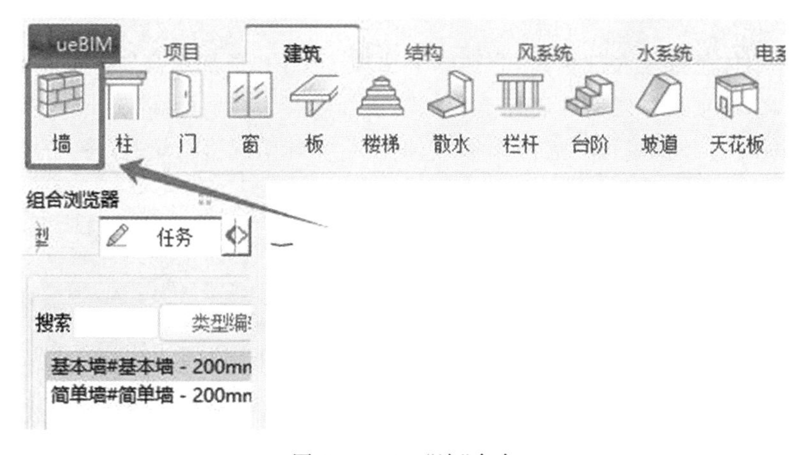

图 3-1-1　“墙”命令

(2)在“组合浏览器”中选择墙类型,此处选择“基本墙#基本墙—200 mm”(图 3-1-2)。

图 3-1-2 选择墙类型

(3)选择墙绘制方式。ueBIM 支持多种绘制方式,此处选择默认“两点绘”绘制墙体(图 3-1-3)。

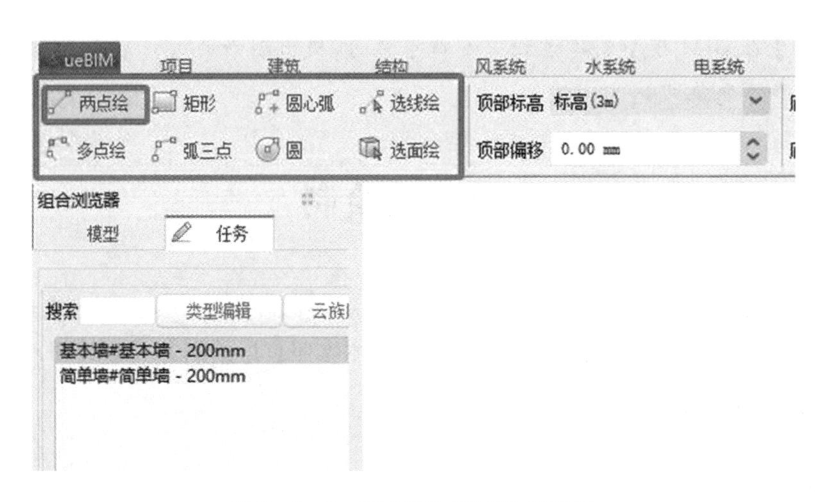

图 3-1-3 选择“两点绘”绘制墙体

(4)选择墙体顶部及底部标高,分别单击选项卡中的“顶部标高”和“底部标高”,下拉选择对应标高,此项目首层墙体底标高为“0”,顶部标高为二层标高“3 m”,按图纸要求选取对应墙体标高;“顶部偏移”“底部偏移”依据项目实际情况进行填写(图 3-1-4)。

图 3-1-4 设置标高(偏移)

(5)开始绘制墙体,单击选择墙体起始点,挪动鼠标控制墙体绘制方向,按“Ctrl”键可切换墙体插入点(图 3-1-5)。

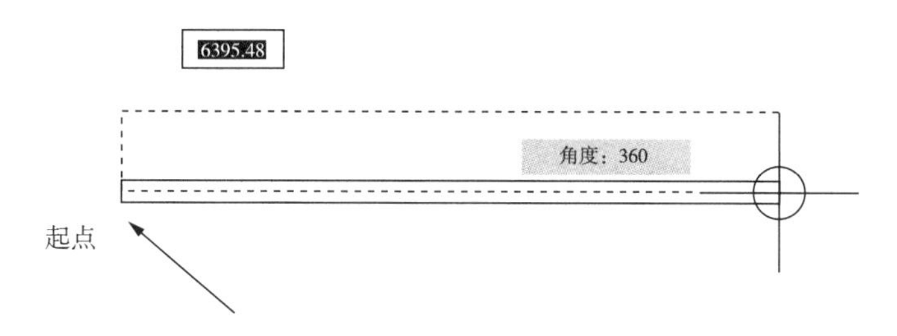

图 3－1－5　绘制墙体

(6)确认墙体长度手动输入墙体长度“6000 mm”。也可根据导入的 CAD 图纸，单击墙体终点进行绘制(图 3－1－6)。

图 3－1－6　墙体长度

(7)按“Esc”键退出墙体绘制命令，墙体绘制完成。按快捷键“Ctrl＋0”转换到三维模式查看绘制效果，选中墙体可查看墙体属性，属性值为绘制时设置的数值(图 3－1－7)。

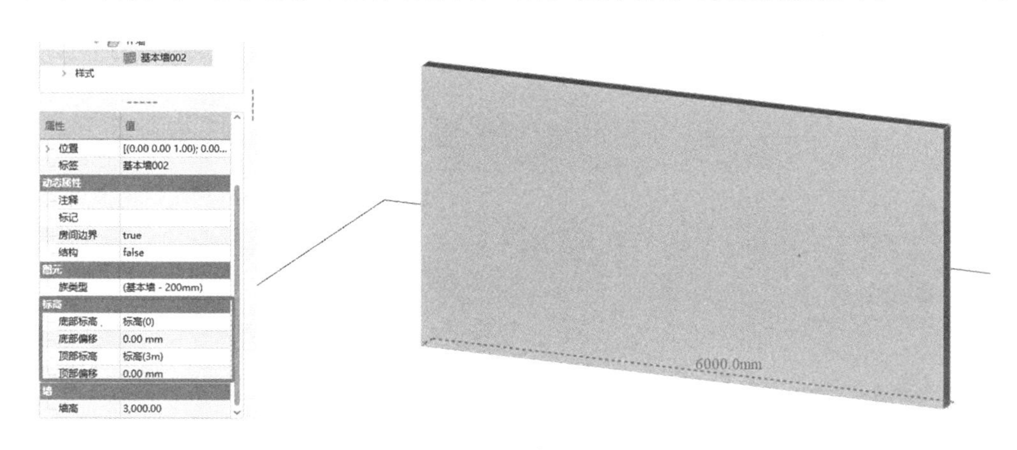

图 3－1－7　墙体三维显示

(8)调整墙体高度。建筑墙顶只砌筑到结构梁底，经计算，此处梁底标高为 3.67 m，故建筑墙体顶标高为 3.67 m；基于建筑二层 3 m 标高，墙体顶部应向下偏移 1330 mm，输入顶部偏移“－1330.00 mm”。墙体调整完成，其余墙体参照此步骤依次绘制(图 3－1－8)。

(9)绘制完成后将墙体移动至“组合浏览器”中相应项目文件夹下，便于后期进行模型管理(图 3－1－9)。

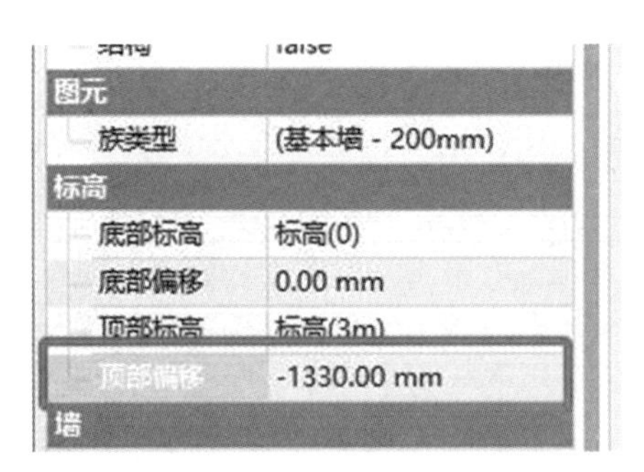

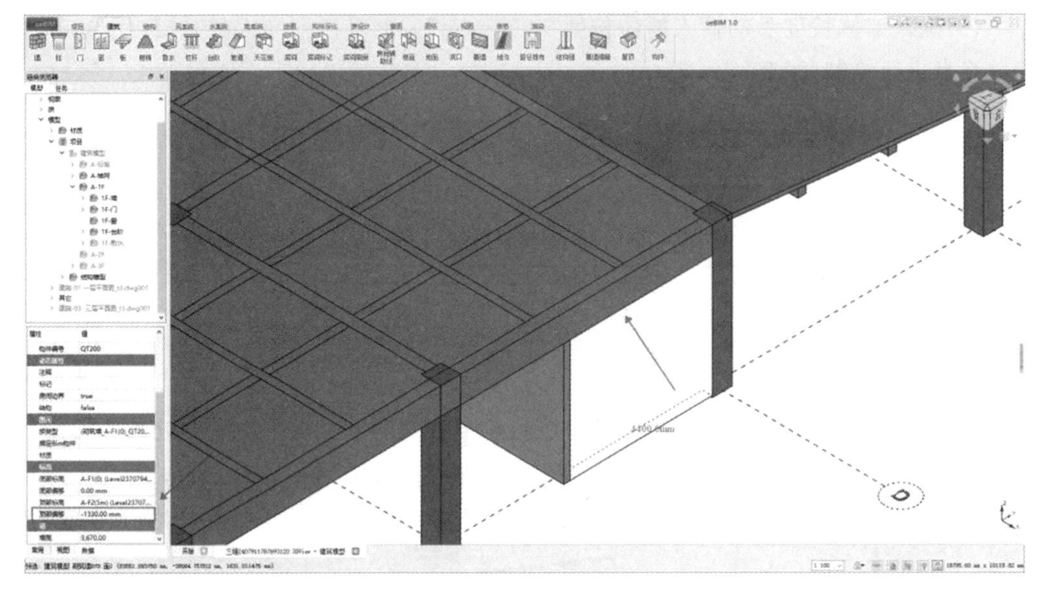

图 3-1-8　调整墙体高度

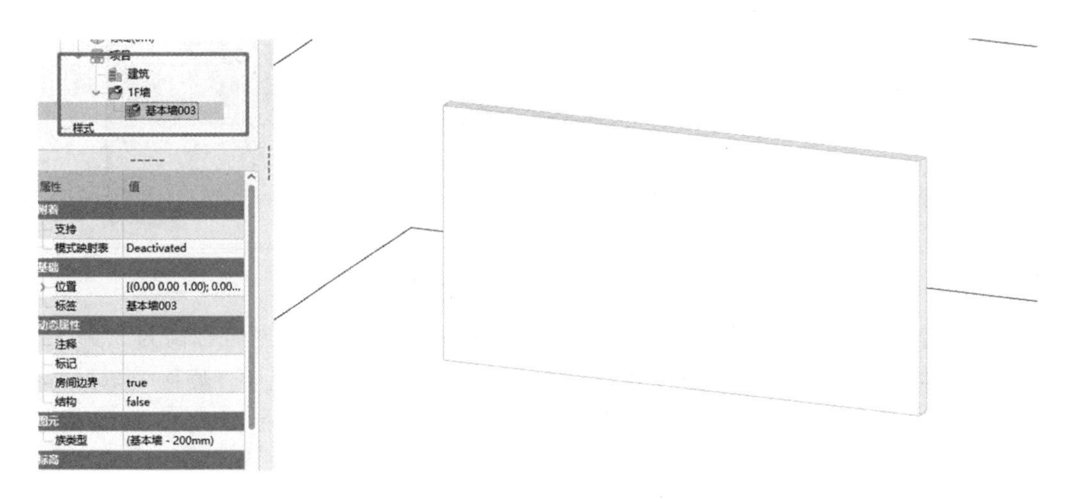

图 3-1-9　整理组合浏览器

3.1.2 墙体编辑

双击需要编辑的墙体，选择需要调整的夹点（图 3-1-10）：当选择“起点”或“终点”时，可对墙体长度及方向进行编辑（图 3-1-11）；当选择“中点”时，可对墙体进行移动操作（图 3-1-12）。

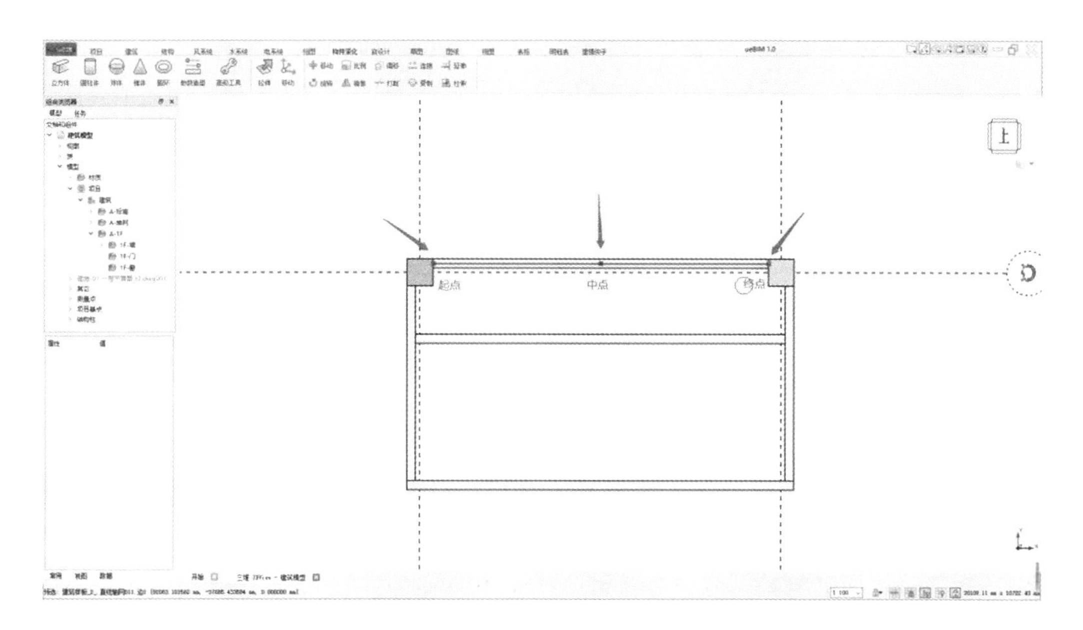

图 3-1-10　编辑墙体夹点

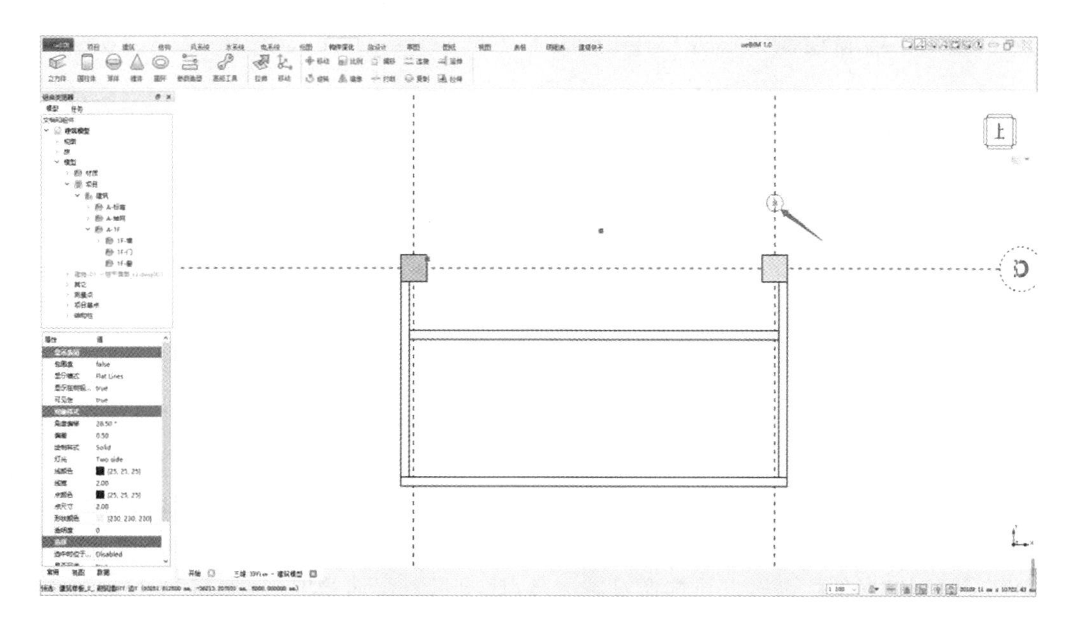

图 3-1-11　编辑墙体长度

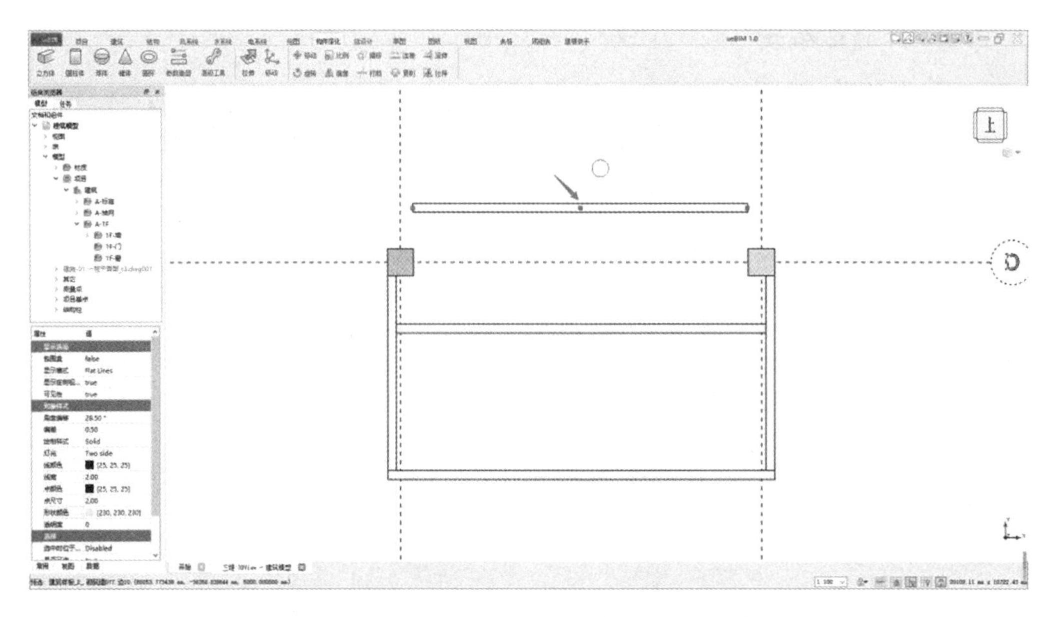

图 3-1-12　编辑墙体中点

3.2　幕　墙

本节将创建首层平面幕墙构件，其余楼层幕墙参照首层绘制方式创建即可。

3.2.1　幕墙绘制

(1)单击“建筑”→“幕墙”命令(图 3-2-1)。

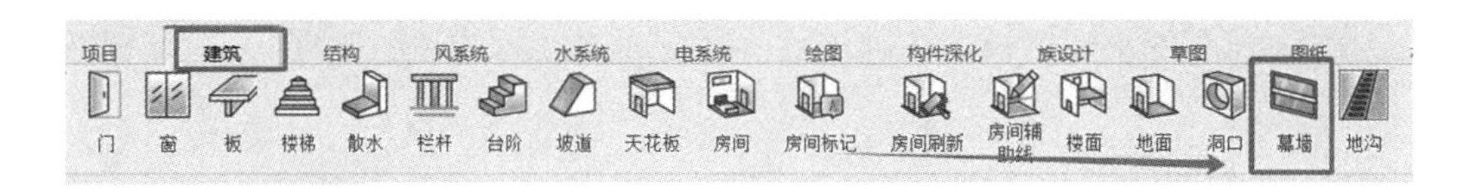

图 3-2-1　“幕墙”命令

(2)单击左侧“类型编辑”按钮，打开“样式参数”对话框，复制符号并将名称改为“幕墙 MQ280”，“厚度”设置为“350”，“布局”设置为“固定距离”，竖直“间距”设置为“1400”，水平“间距”设置为“2300”(图 3-2-2)。设置完成后单击“确定”关闭对话框。

(3)绘制面板选择“两点绘”命令。选择墙体顶部及底部标高，分别单击选项卡中的“顶部标高”和“底部标高”，下拉选择对应标高，此项目首层墙体“底部标高”为“-3 m”，“顶部标高”为二层标高“3 m”，按图纸要求选取对应墙体标高；“顶部偏移”“底部偏移”依据项目实际情况进行填写(图 3-2-3)。

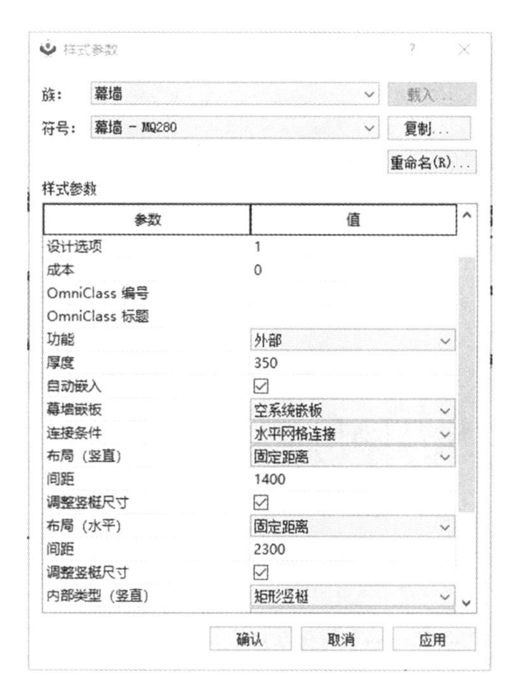

图 3-2-2 编辑幕墙参数

图 3-2-3 设置幕墙标高(偏移)

(4)移动光标单击鼠标左键捕捉底图中幕墙 MQ280 左端点为绘制起点，然后沿直线单击幕墙 MQ280 右端点为终点，幕墙 MQ280 绘制完成。按“Esc”键退出墙体绘制命令，墙体绘制完成，再按快捷键“Ctrl+0”转换到三维模式查看绘制效果(图 3-2-4)。

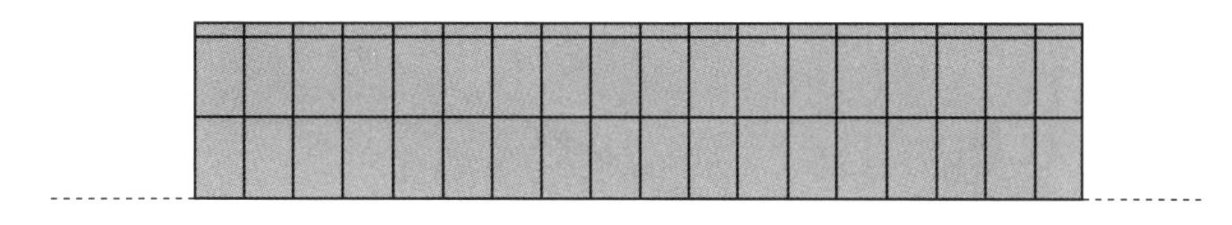

图 3-2-4 幕墙三维效果图

3.2.2 幕墙编辑

(1)单击“建筑”选项卡中的“幕墙编辑”命令(图 3-2-5)。

图 3-2-5 单击“建筑”选项卡中的“幕墙编辑”命令

(2)切换至三维视图,在左侧组合浏览器中,单击“幕墙网格”命令(图 3-2-6)。

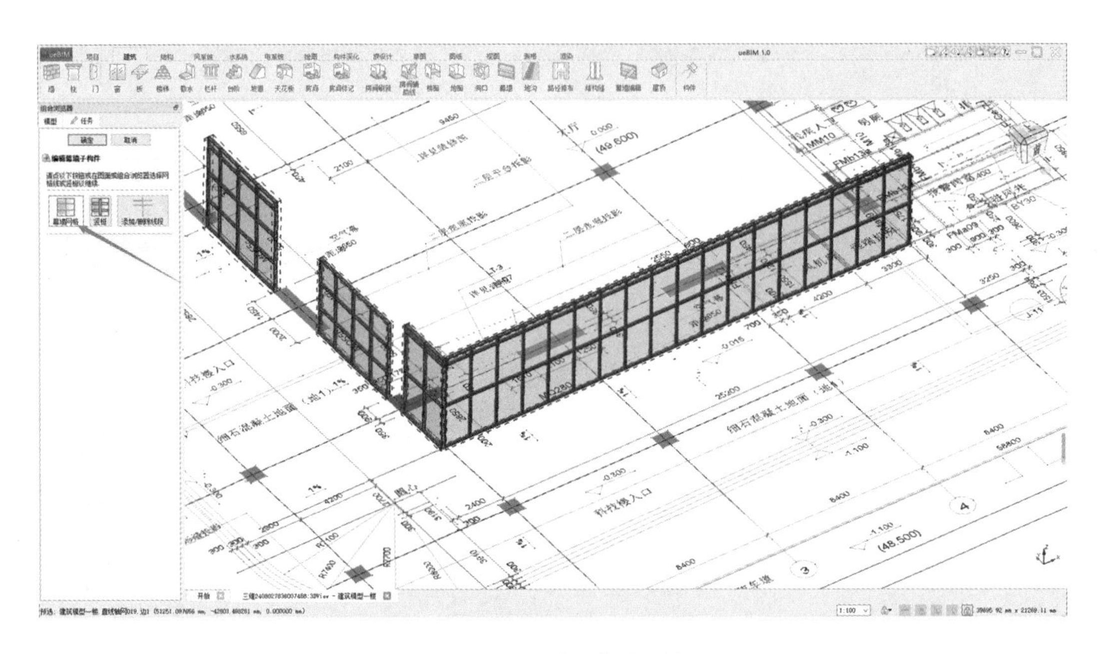

图 3-2-6 设置幕墙网格

(3)选择放置方式为“全部分段”,移动光标至幕墙上出现蓝色浏览线时,单击鼠标左键,在出现蓝色浏览线所有嵌板上放置网格线段(图 3-2-7)。

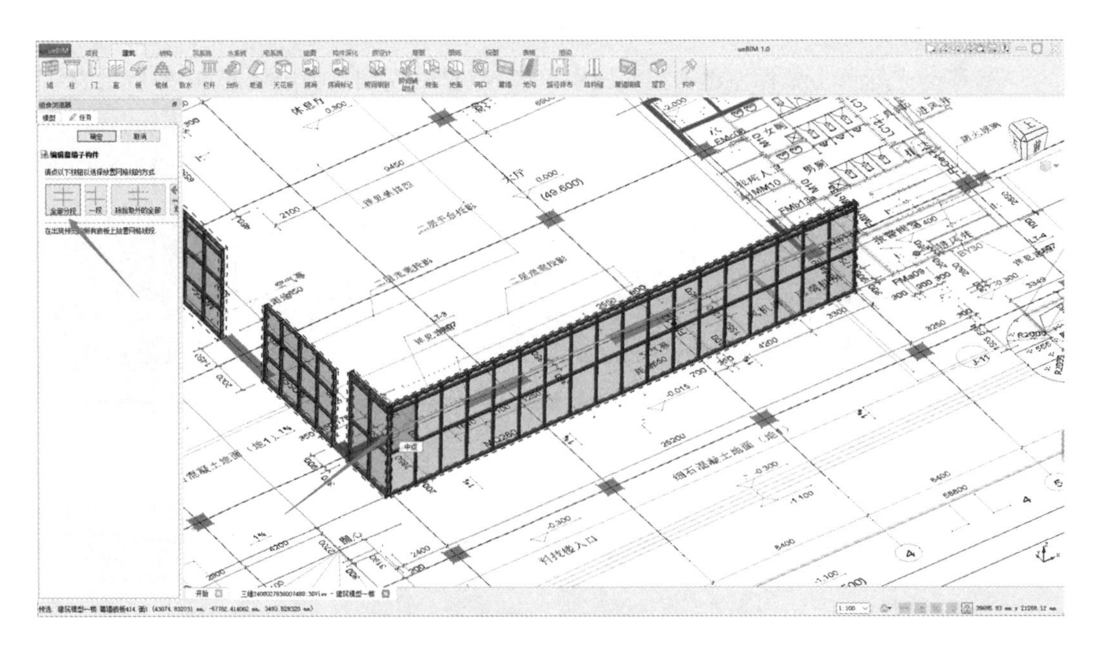

图 3-2-7 设置网格线段

(4)单击鼠标左键完成编辑(图 3-2-8)。

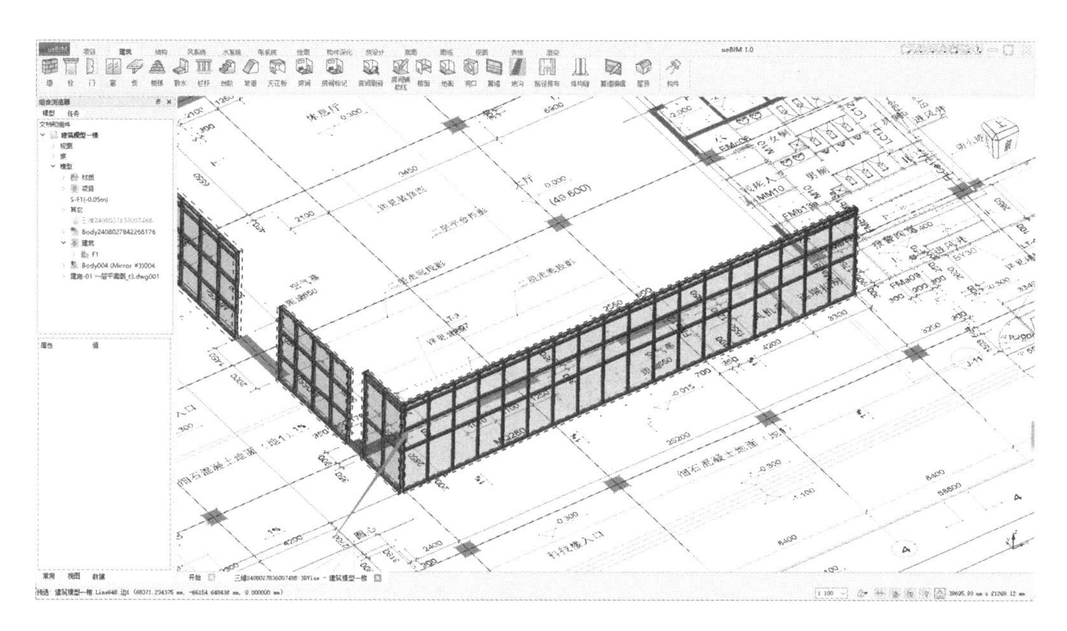

图 3-2-8　编辑完成幕墙分段

3.2.3　幕墙门窗添加

(1)双击门窗对应位置幕墙嵌板,单击小图标解锁(图 3-2-9)。

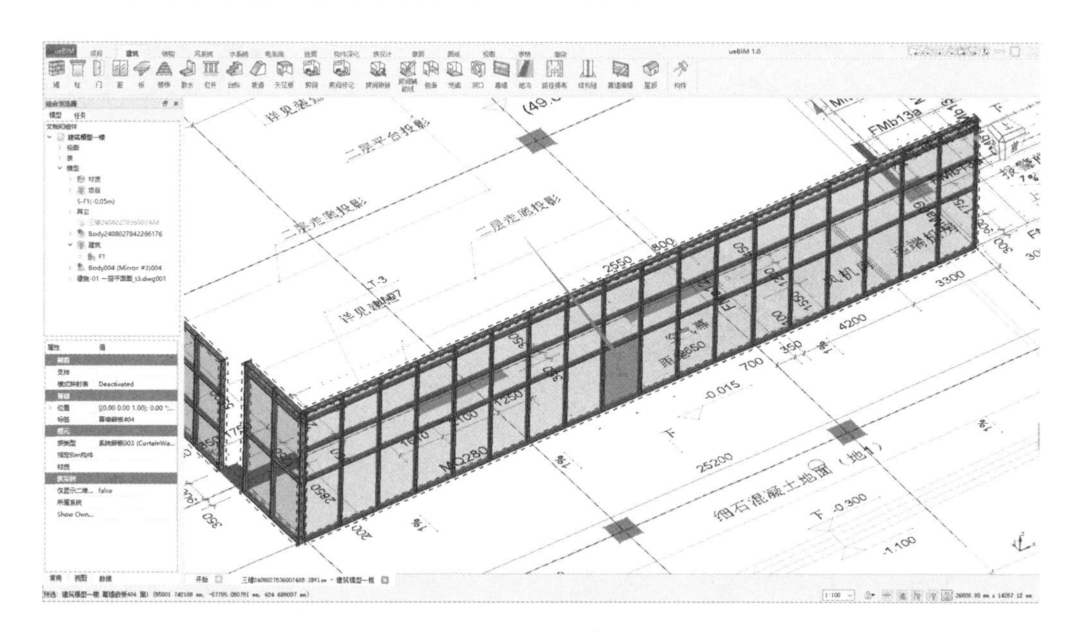

图 3-2-9　解锁幕墙嵌板

(2)在左侧属性中单击“族类型”后面三个小点,打开“样式参数”对话框,修改“族”为“简单墙”,单击“确定”关闭对话框(图 3-2-10)。

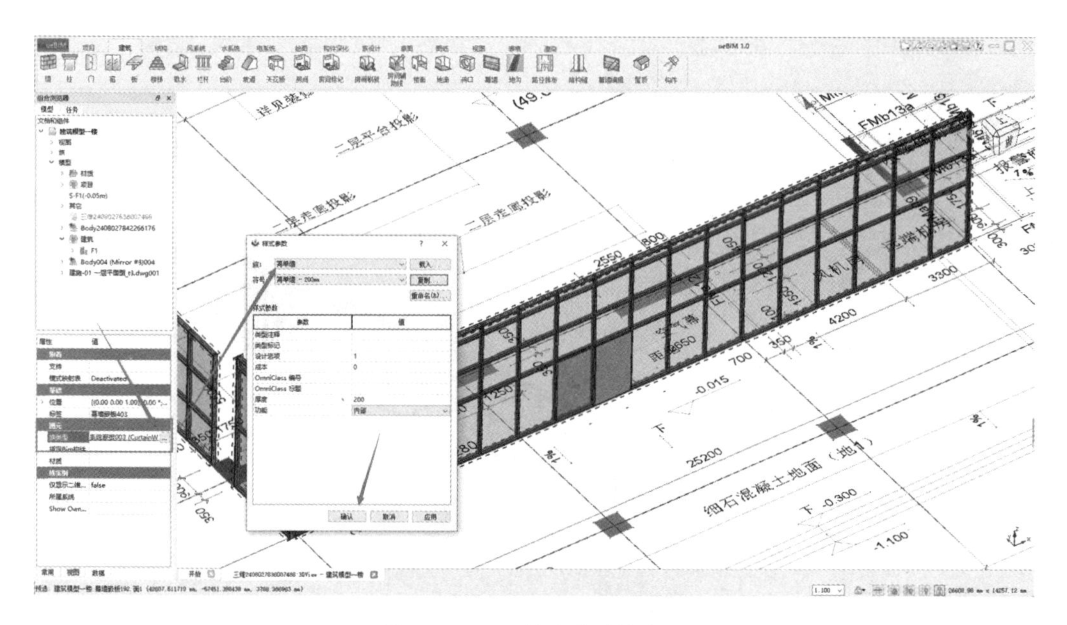

图 3-2-10　修改幕墙族类型

(3)单击“建筑”→“门”命令(图 3-2-11)。

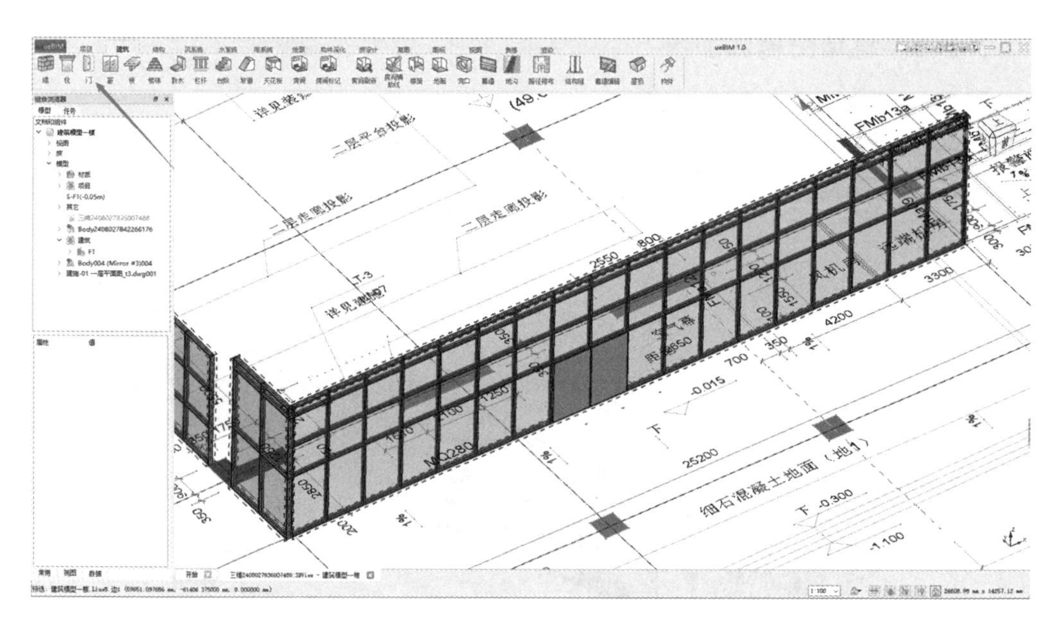

图 3-2-11　“门”选项卡

(4)单击左侧“类型编辑”命令,打开“样式参数”对话框,复制符号并修改名称,“高度”值设置为“2300”,“宽度”值设置为“2800”,单击“确定”关闭对话框(图 3-2-12)。

(5)选择“修改/绘制门”,单击选项卡“标高”,下拉选择对应标高,此项目门标高为“A-F1(0)”,按图纸要求选取对应标高;“标高偏移”依据项目实际情况进行填写。移动光标至幕墙对应位置,单击鼠标左键在幕墙放置门(图 3-2-13)。

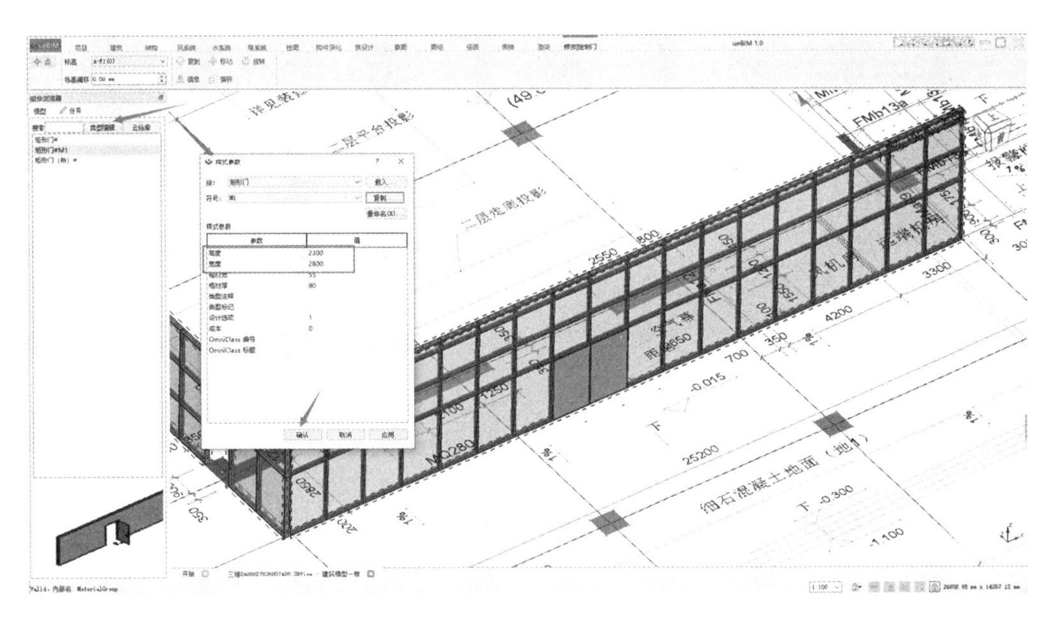

图 3-2-12　定义门尺寸

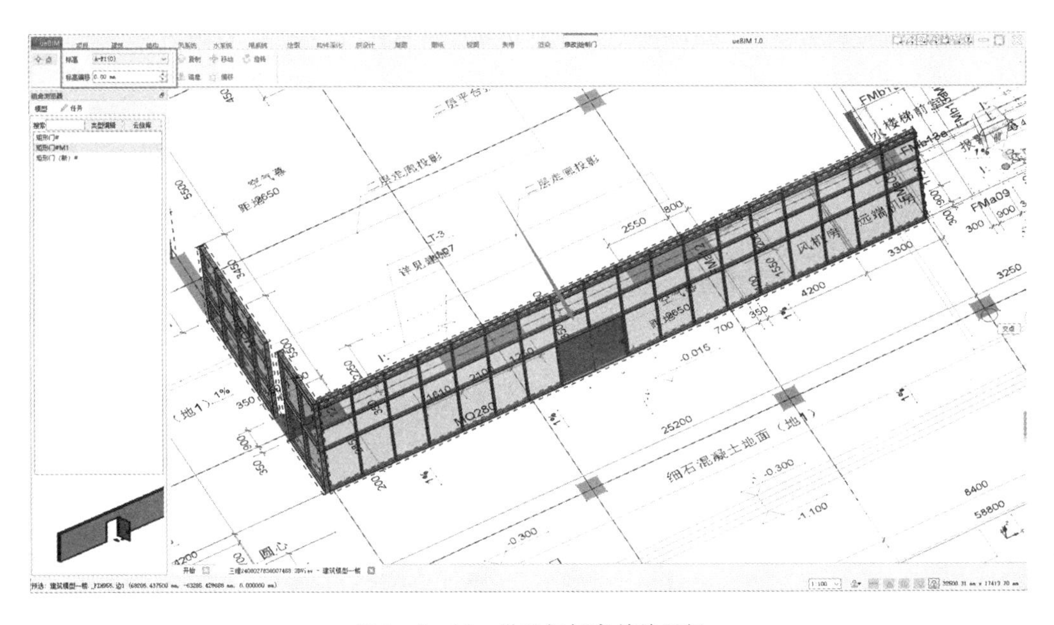

图 3-2-13　设置门标高并放置门

3.3　散水绘制

本案例中不存在散水构件，此处仅针对软件操作进行散水绘制讲解。

(1)单击“建筑”→“散水”命令(图 3-3-1)。

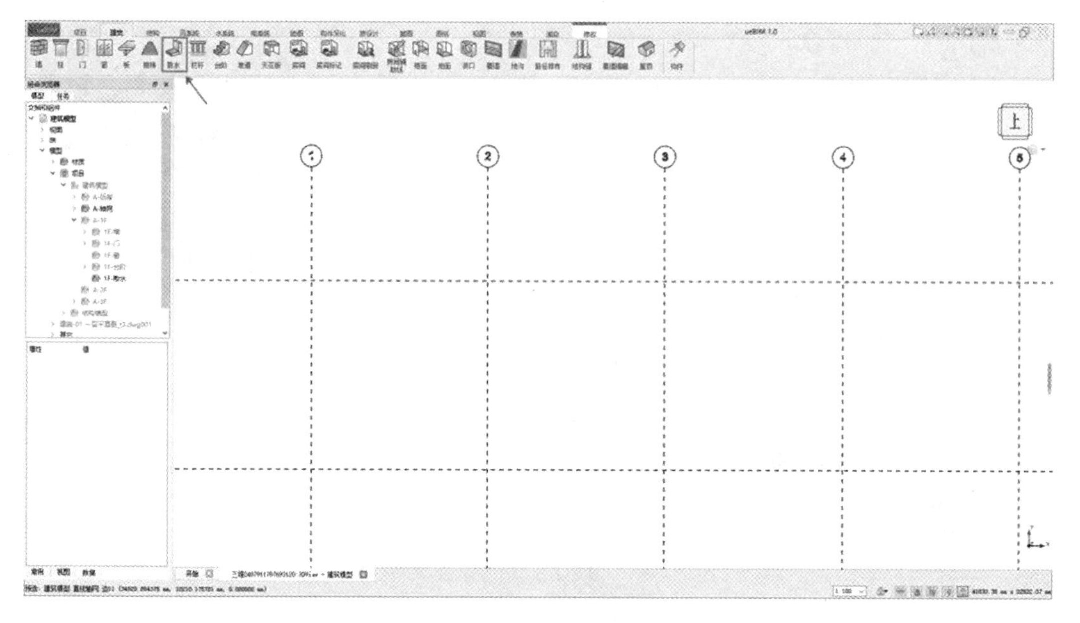

图 3-3-1 “散水”命令

(2)在“组合浏览器”中选择“散水”类型,此处选择默认“散水”类型(图 3-3-2)。

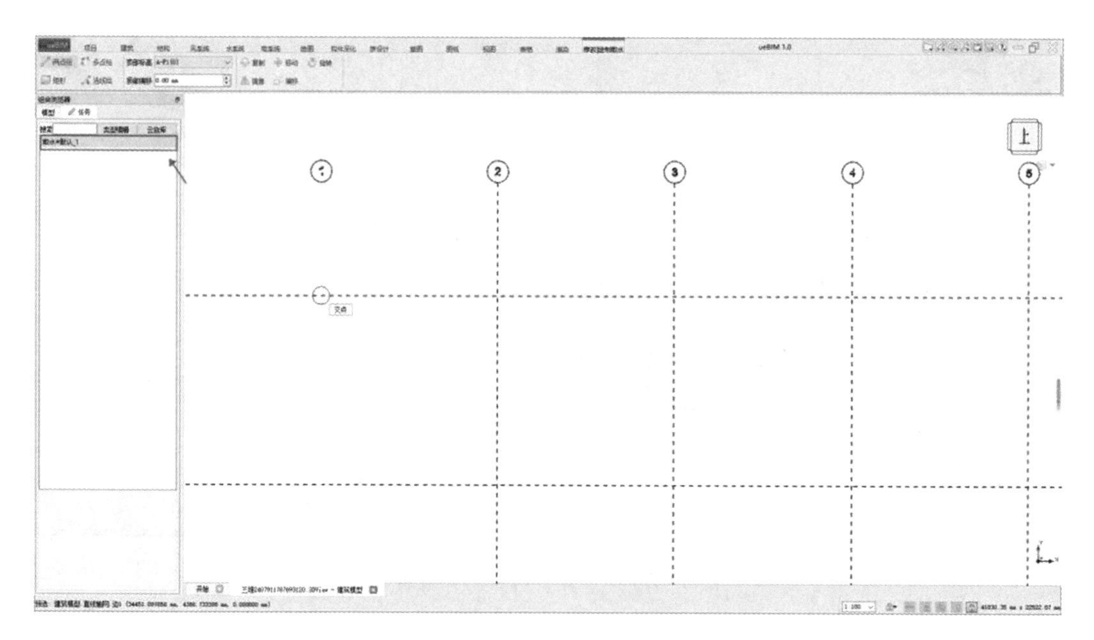

图 3-3-2 散水类型

(3)选择散水绘制方式。ueBIM 支持多种绘制方式,此处选择默认“两点绘”绘制散水(图 3-3-3)。

(4)选择顶部标高及顶部偏移量,此处按照软件默认,“顶部标高”选择“A-F1(0)”,“顶部偏移”为“0.00 mm”(图 3-3-4)。

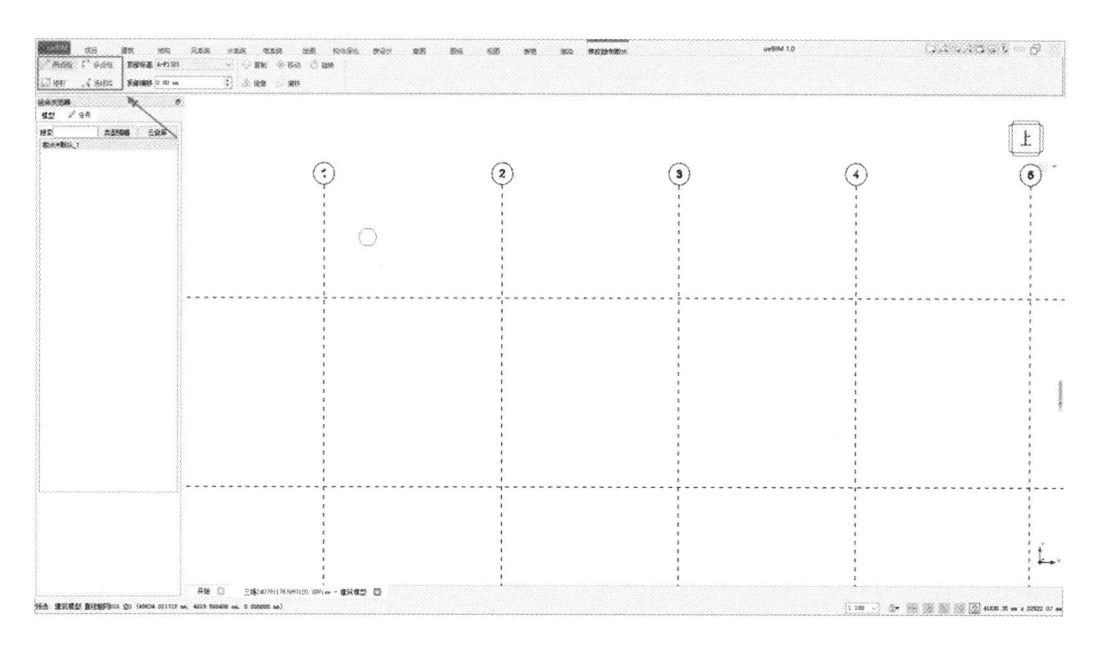

图 3－3－3　选择散水绘制方式

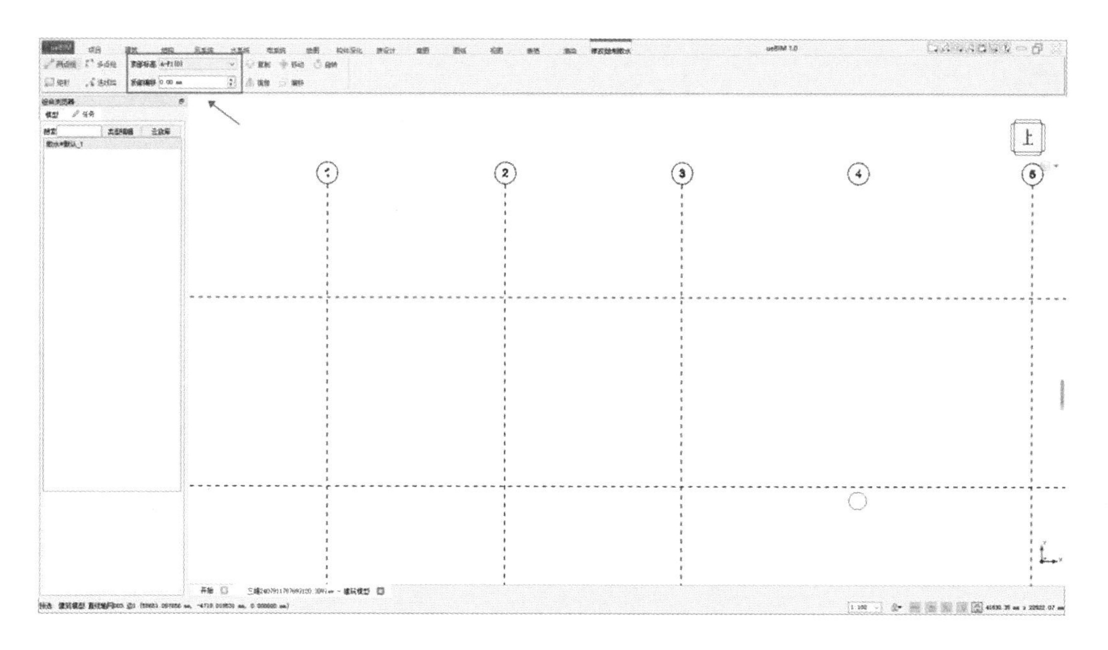

图 3－3－4　设置散水标高参数

(5)开始绘制散水,单击选择散水起始点,挪动鼠标控制散水绘制方向(图 3－3－5)。

(6)确认散水长度,单击选择散水终点,也可手动输入散水长度。此处选择单击栏杆终点(图 3－3－6)。

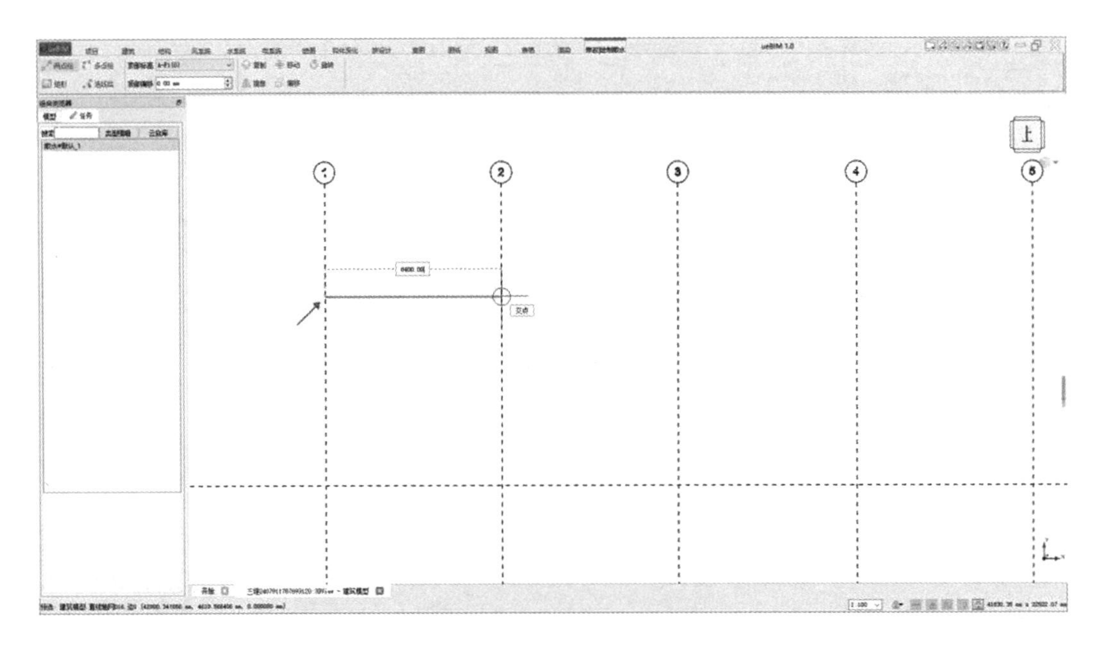

图 3-3-5　绘制散水

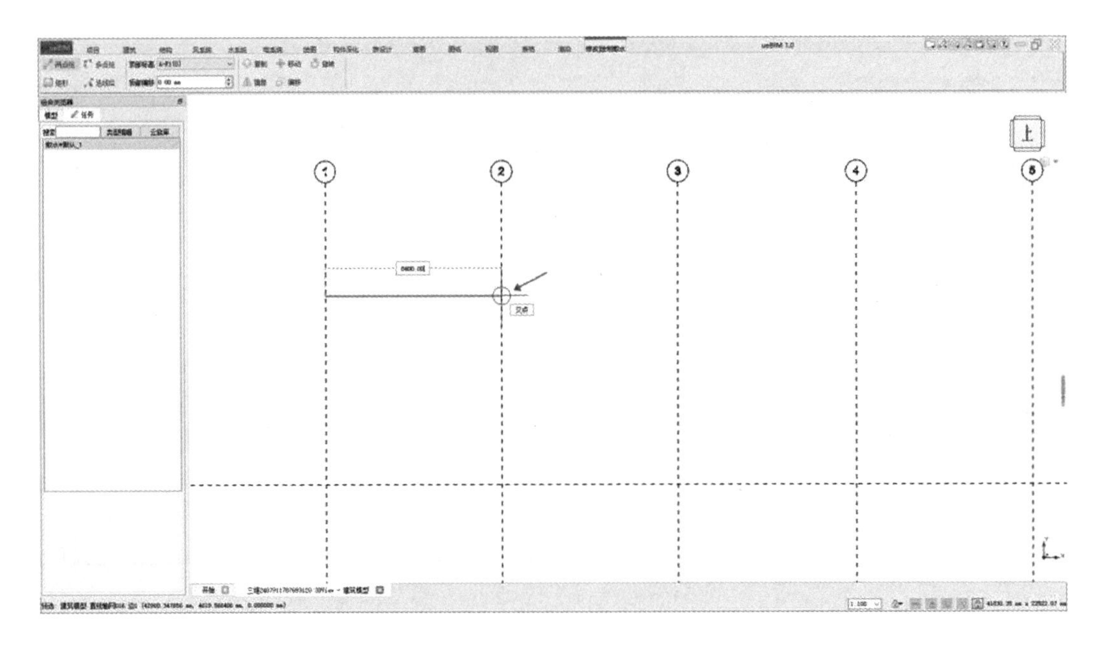

图 3-3-6　定义散水长度

(7)散水绘制完成,按快捷键"Ctrl+0"转换到三维模式查看绘制效果,选中散水查看属性,属性值为绘制时设置值(图 3-3-7)。

(8)绘制完成后,将散水移动至组合浏览器中相应项目文件夹下,便于后期进行模型管理(图 3-3-8)。

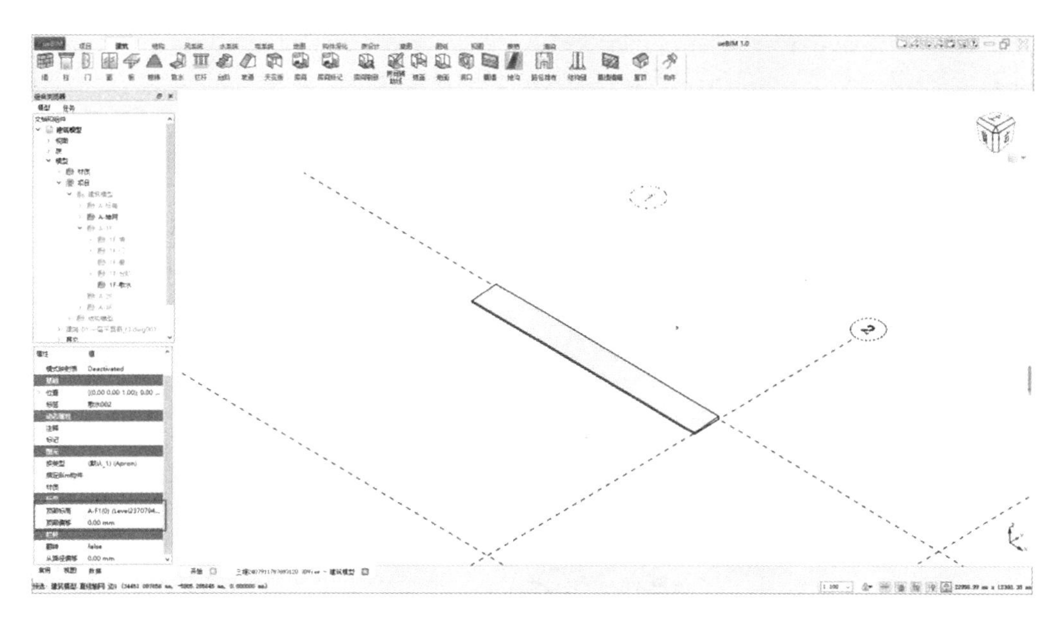

图 3－3－7　查看散水三维模型

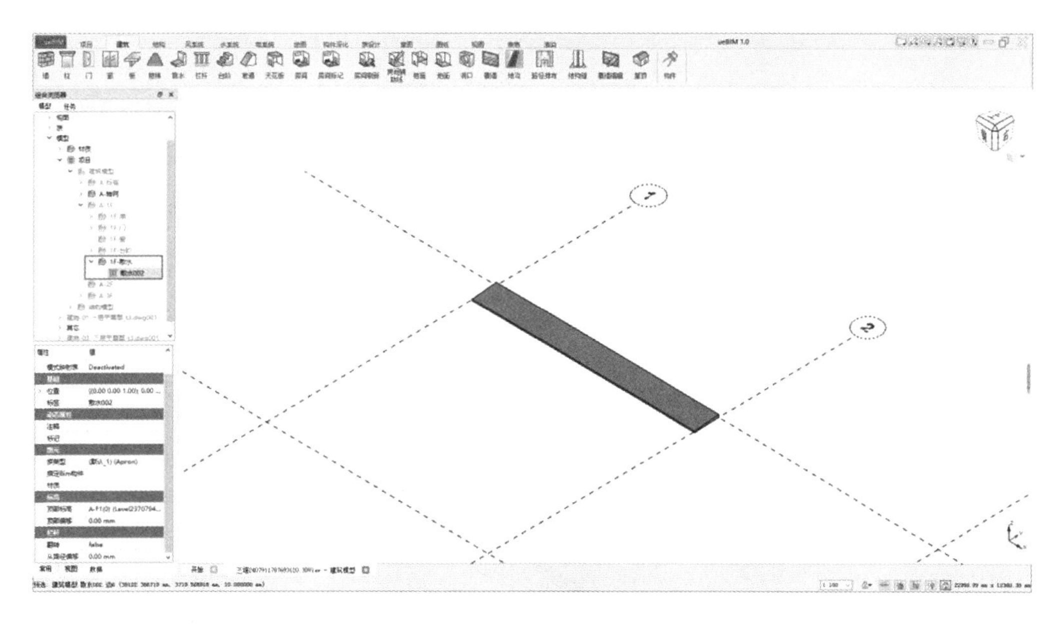

图 3－3－8　整理散水编号

3.4　地沟绘制

(1)单击“建筑”→“地沟”命令(图 3－4－1)。

(2)在组合浏览器中选择“地沟”类型,此处选择默认“地沟”类型。选择“地沟”绘制方式，ueBIM 支持多种绘制方式，此处选择默认“两点绘”绘制地沟(图 3-4-2)。

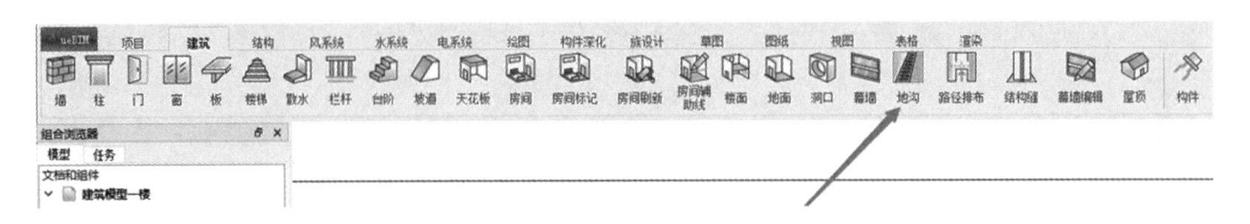

图 3-4-1 单击“建筑”选项卡中的“地沟”命令

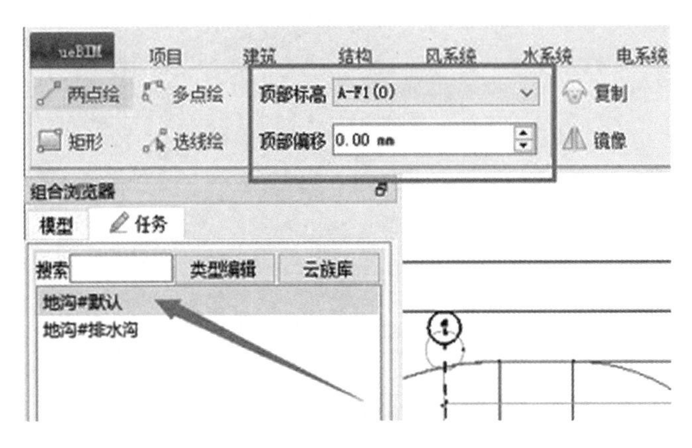

图 3-4-2 选择“地沟”绘制方式

(3)移动光标至图纸对应位置端点，单击鼠标左键绘制起点，沿着垂直线以另一端点单击绘制终点，完成地沟绘制。按快捷键“Ctrl+0”转换到三维模式查看绘制效果(图 3-4-3)。

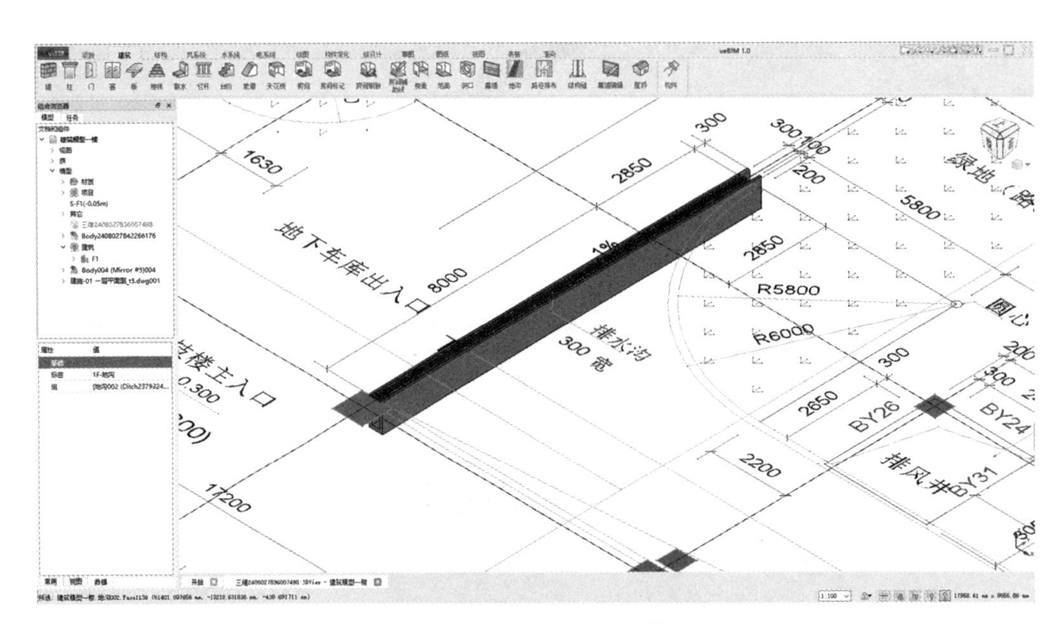

图 3-4-3 查看地沟三维模型

3.5　台阶绘制

本节将选取“一层平面 5.B 轴处报警阀室台阶”为例，依次讲解台阶构件创建步骤，其余楼层台阶参照此台阶绘制方式创建即可。

由一层平面图（图 3-5-1）可知，“台阶踏板”深度为“250 mm”，“踏板宽度”为“1400 mm”，“2 个踏步”，台阶高度等于报警阀室内与报警阀室外高差除以踏步数，即＝[0－(－0.400)]/2＝200 mm，开始绘制台阶。

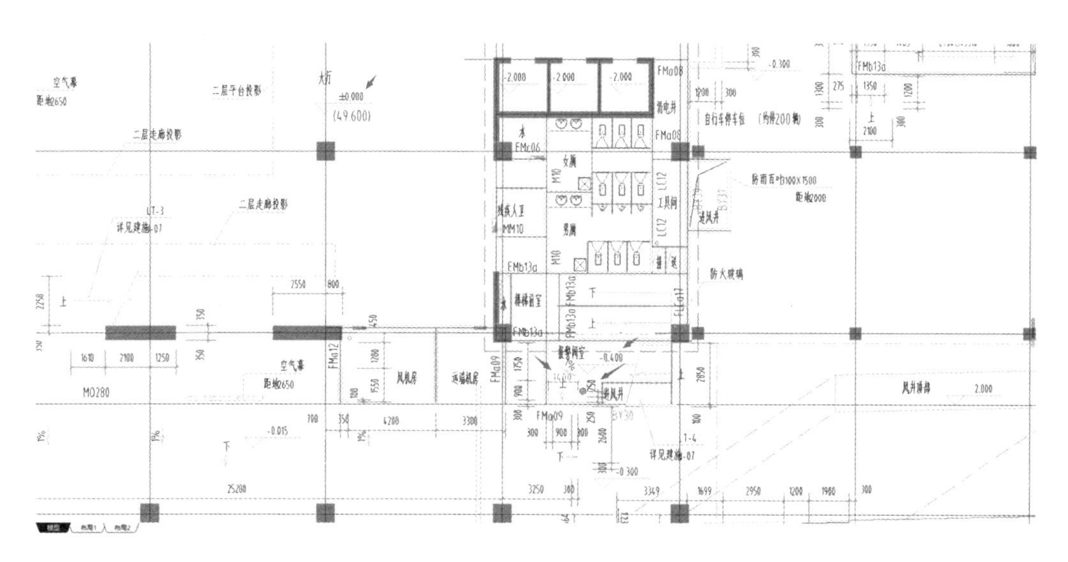

图 3-5-1　一层平面图

（1）单击“建筑”→“台阶”命令（图 3-5-2）。

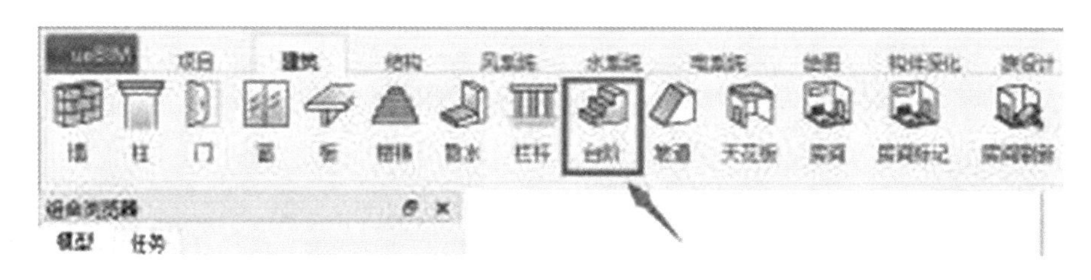

图 3-5-2　单击“建筑”选项卡中的“台阶”命令

（2）在“组合浏览器”中选择“台阶”类型，此处已按图纸参数新建类型“台阶 1”，选择“台阶 1”（图 3-5-3）。

（3）选择台阶绘制方式，此处选择默认“两点绘”进行绘制（图 3-5-4）。

（4）选择台阶顶部、底部标高，顶部、底部偏移，由图 3-5-5 可知，“顶部标高”为“A-F1(0)”，“底部标高”为“A-F1(0)”，“顶部偏移”为“0.00 mm”，“底部偏移”为“－400.00 mm”。

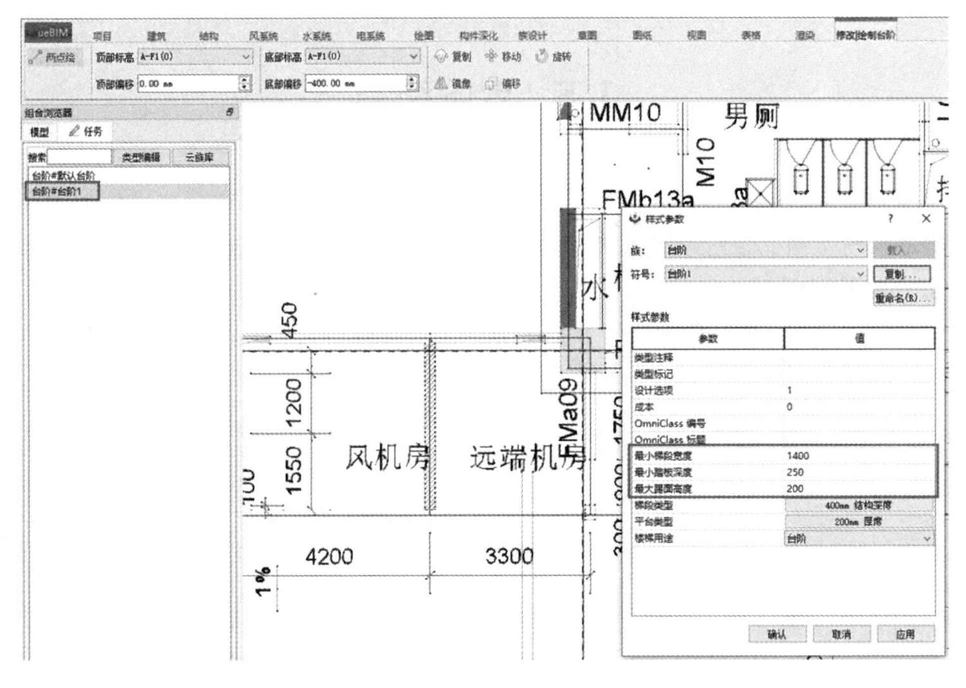

图 3-5-3 设置台阶 1 构件参数

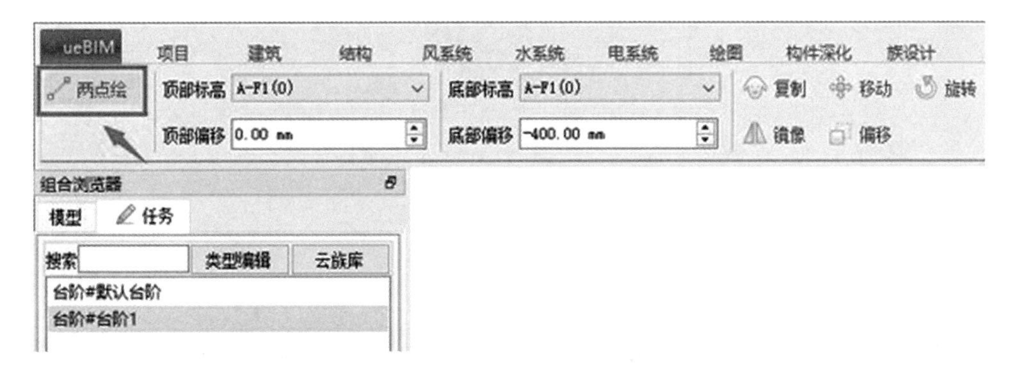

图 3-5-4 选择台阶绘制方式

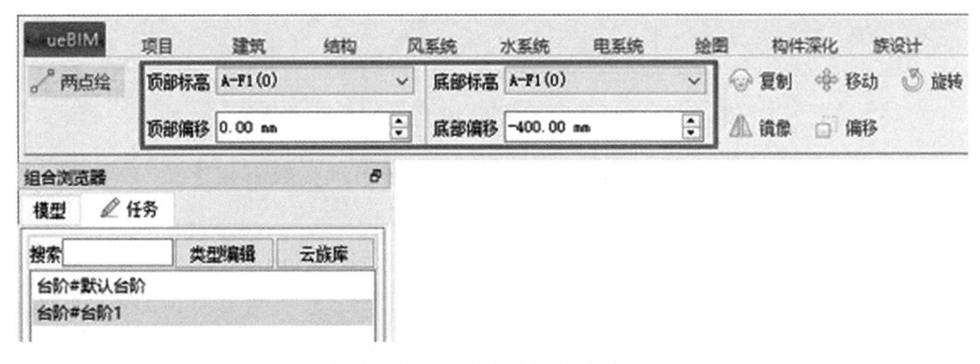

图 3-5-5 设置台阶标高参数

(5)绘制台阶。单击选择台阶起始点,挪动鼠标控制台阶绘制方向,按“Ctrl”键可切换台阶绘制插入点(图 3-5-6)。

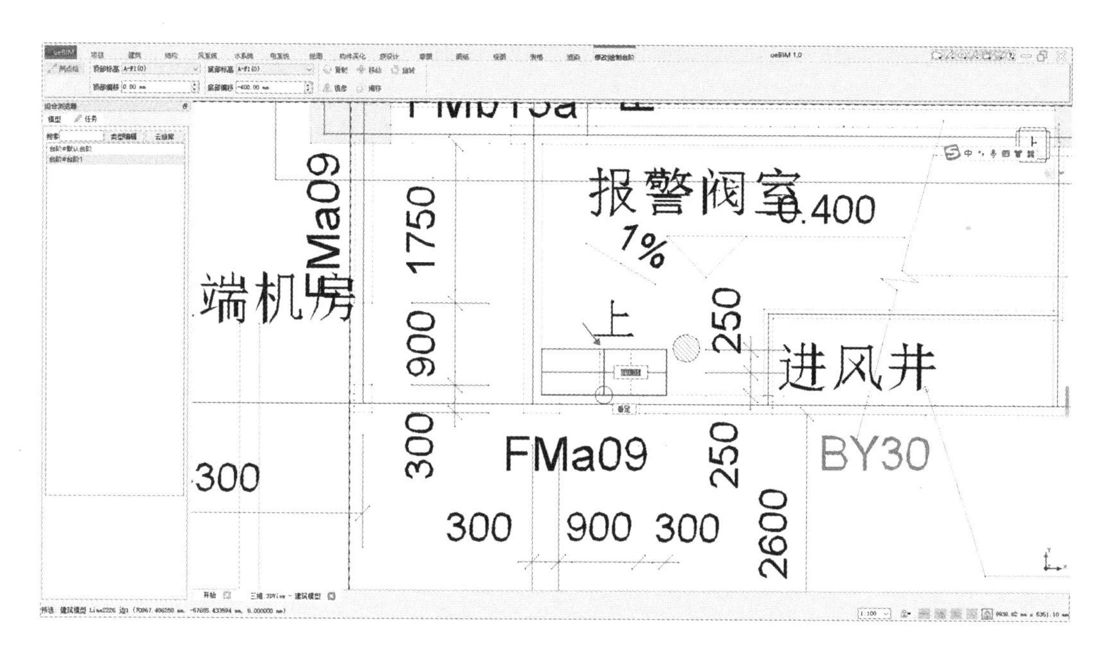

图 3-5-6　绘制台阶构件

(6)确认台阶长度,单击选择台阶终点,也可手动输入台阶长度。项目中已存在 CAD 图纸,选择单击台阶终点即可(图 3-5-7)。

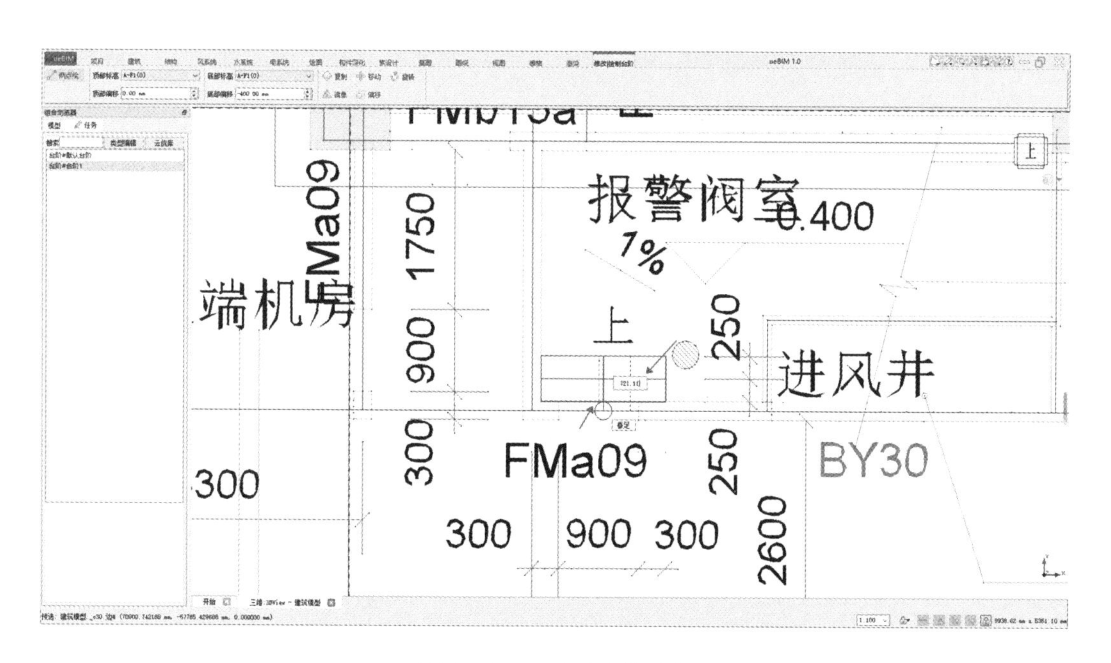

图 3-5-7　定义台阶长度

(7)台阶绘制完成,按快捷键“Ctrl+0”转换到三维模式查看绘制效果(图 3-5-8)。选中台阶查看属性,属性值为绘制时设置值。软件绘制台阶时会自动生成栏杆,此处台阶无栏杆,应选中栏杆并删除。

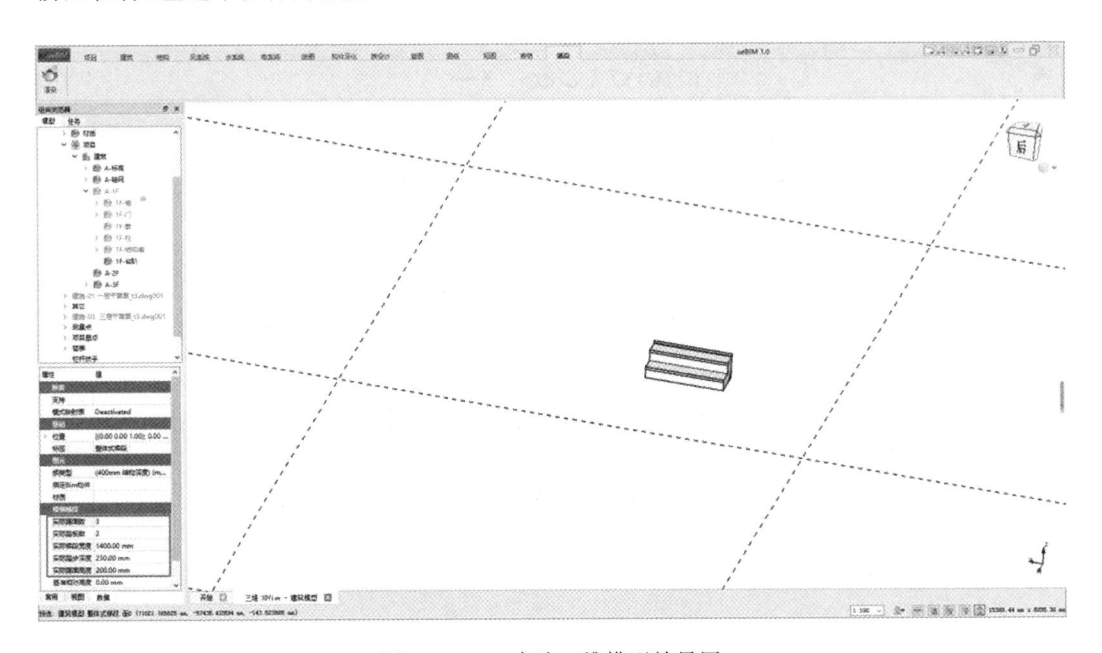

图 3-5-8　台阶三维模型效果图

(8)绘制完成后,将台阶移动至“组合浏览器”中相应项目文件夹下,便于后期进行模型管理(图 3-5-9)。

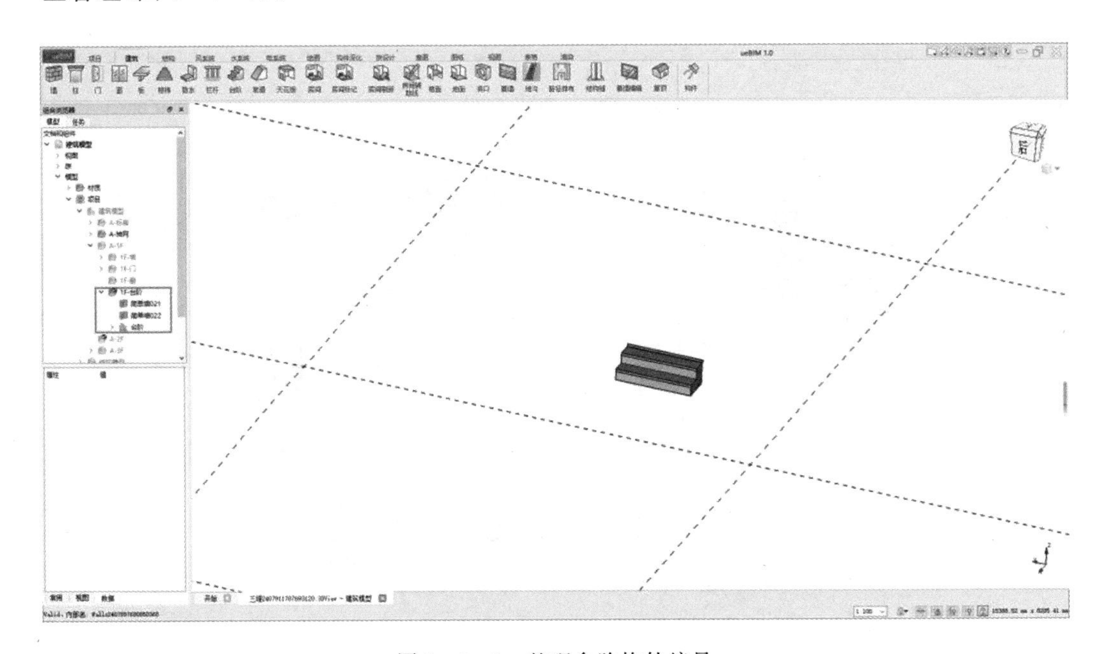

图 3-5-9　整理台阶构件编号

3.6　洞口设置

本案例中不存在墙洞构件，此处仅针对软件操作进行洞口绘制讲解。

（1）单击“建筑”→“洞口”命令（图 3-6-1）。

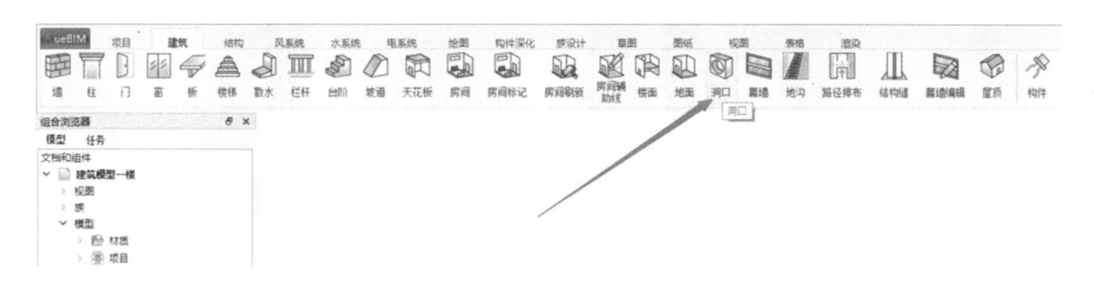

图 3-6-1　“洞口”命令

（2）选择洞口绘制方式，此处选择默认“矩形”绘制洞口（图 3-6-2）。移动光标至墙面上选择一个面进行绘制。

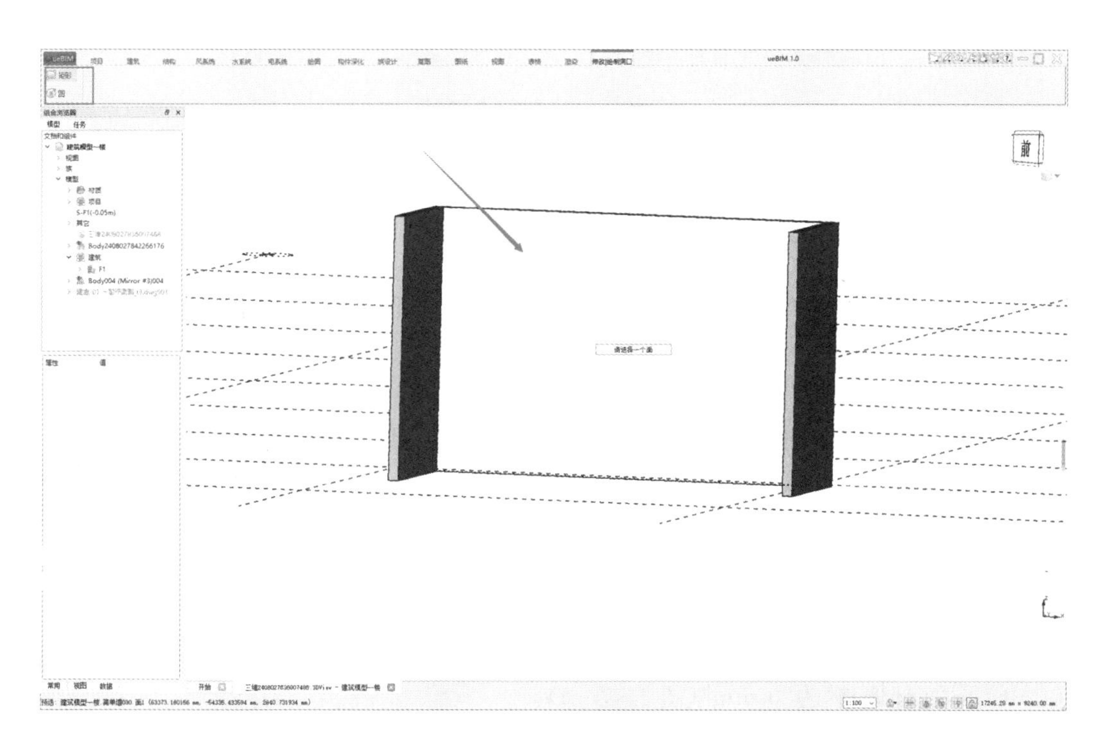

图 3-6-2　选择洞口绘制方式

(3)移动光标至墙面单击鼠标左键绘制起点,拖动光标绘制洞口大小,在绘制终点处单击鼠标左键完成洞口绘制(图 3-6-3)。

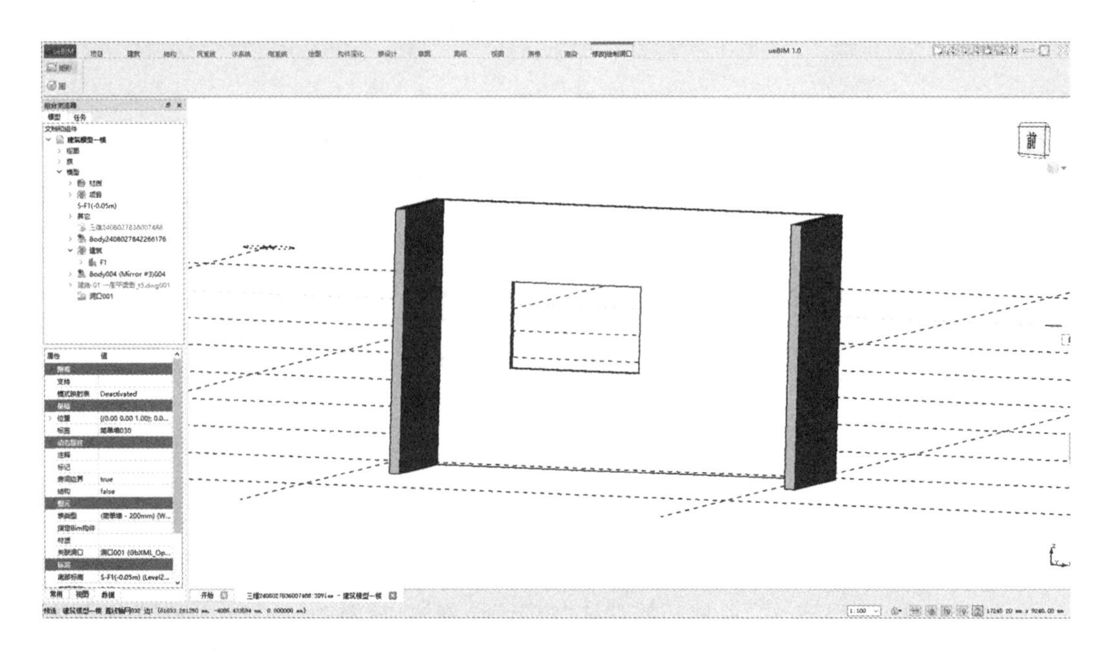

图 3-6-3　绘制洞口

3.7　栏杆绘制

3.7.1　栏杆绘制

本节将选取"三层平面 6.B 轴处中庭上空栏杆"为例,依次讲解栏杆构件创建步骤,其余楼层栏杆参照此栏杆绘制方式创建即可。

由三层平面图(图 3-7-1)可知,栏杆大样详见"J.17 科技楼节点大样图"中的"1 号大样",打开对应大样图纸,找到"1 号大样",栏杆"高度"为"1200 mm",开始绘制栏杆。

(1)单击"建筑"→"栏杆"命令(图 3-7-2)。

(2)在"组合浏览器"中选择栏杆类型,此处选择"栏杆扶手#默认"(图 3-7-3)。

(3)单击"类型编辑",修改栏杆"高度"为"1200 mm"后,单击"确认"(图 3-7-4)。

(4)选择栏杆绘制方式,此处选择默认"两点绘"绘制栏杆(图 3-7-5)。

(5)选择底部标高及底部偏移量,由上述图纸说明可知,此处"底部标高"选择"A-F3(10 m)","底部偏移"为"0 mm"(图 3-7-6)。

(6)绘制栏杆方向。单击选择栏杆起始点,挪动鼠标控制栏杆绘制方向(图 3-7-7)。

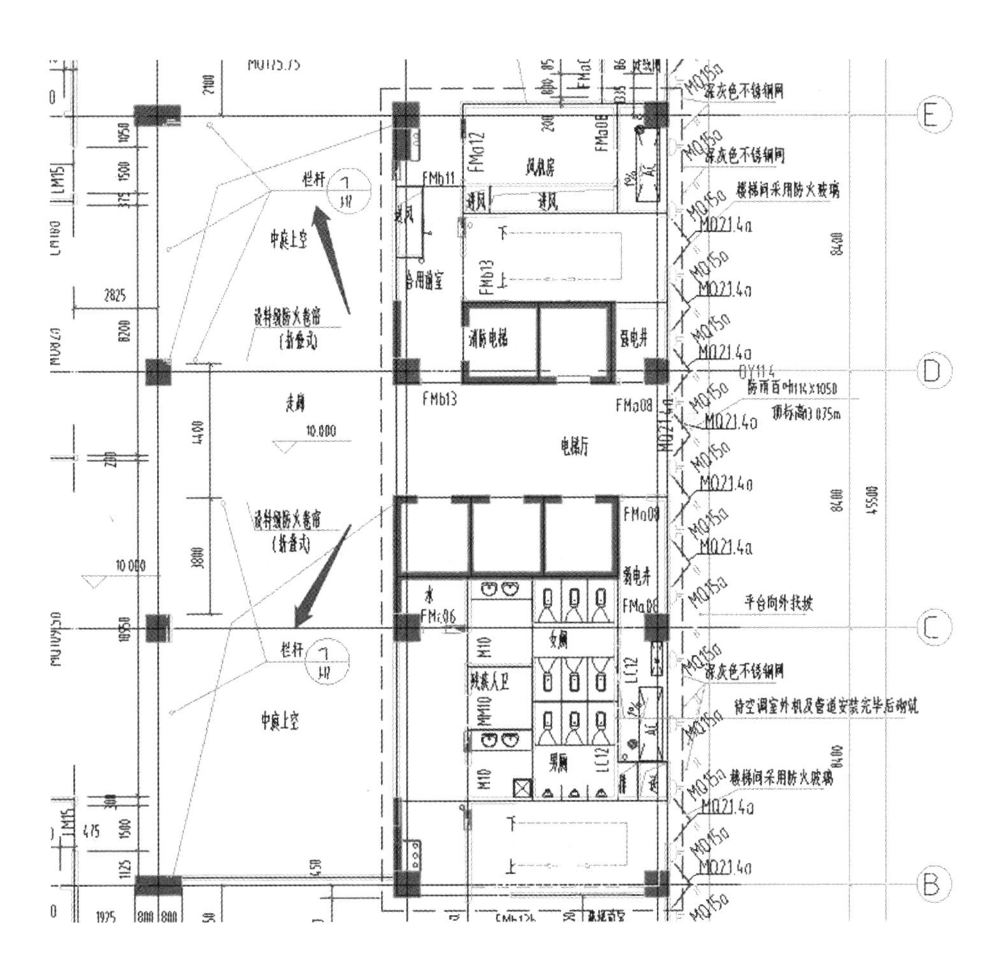

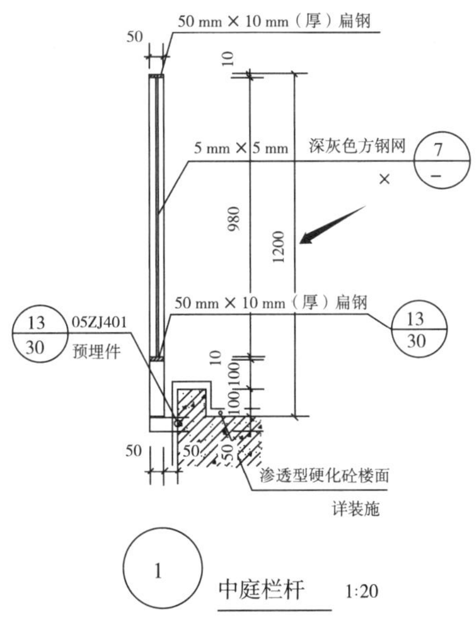
50 mm × 10 mm（厚）扁钢
50
10
5 mm × 5 mm
深灰色方钢网
7
—
980
1200
50 mm × 10 mm（厚）扁钢
13
30
05ZJ401
预埋件
13
30
10
100
100
50
50
50
渗透型硬化砼楼面
详装施
1
中庭栏杆
1:20

图 3-7-1　三层平面图

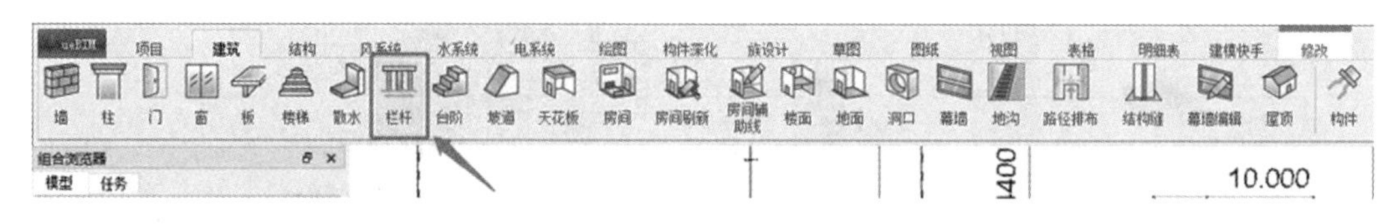

图 3-7-2 “栏杆”命令

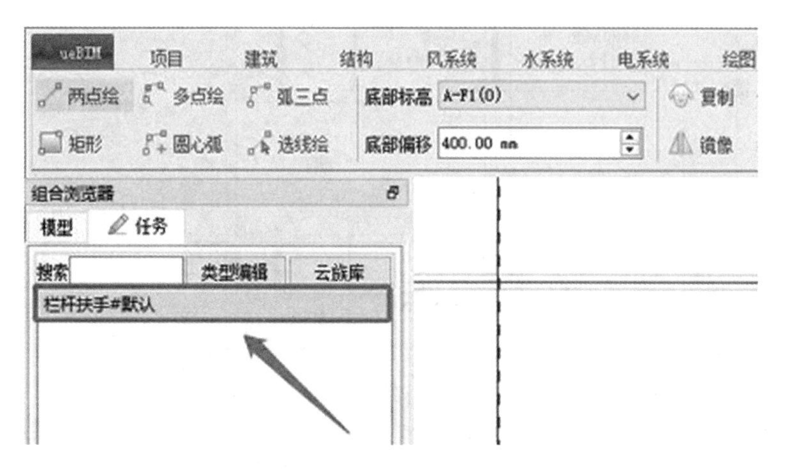

图 3-7-3 设置栏杆类型

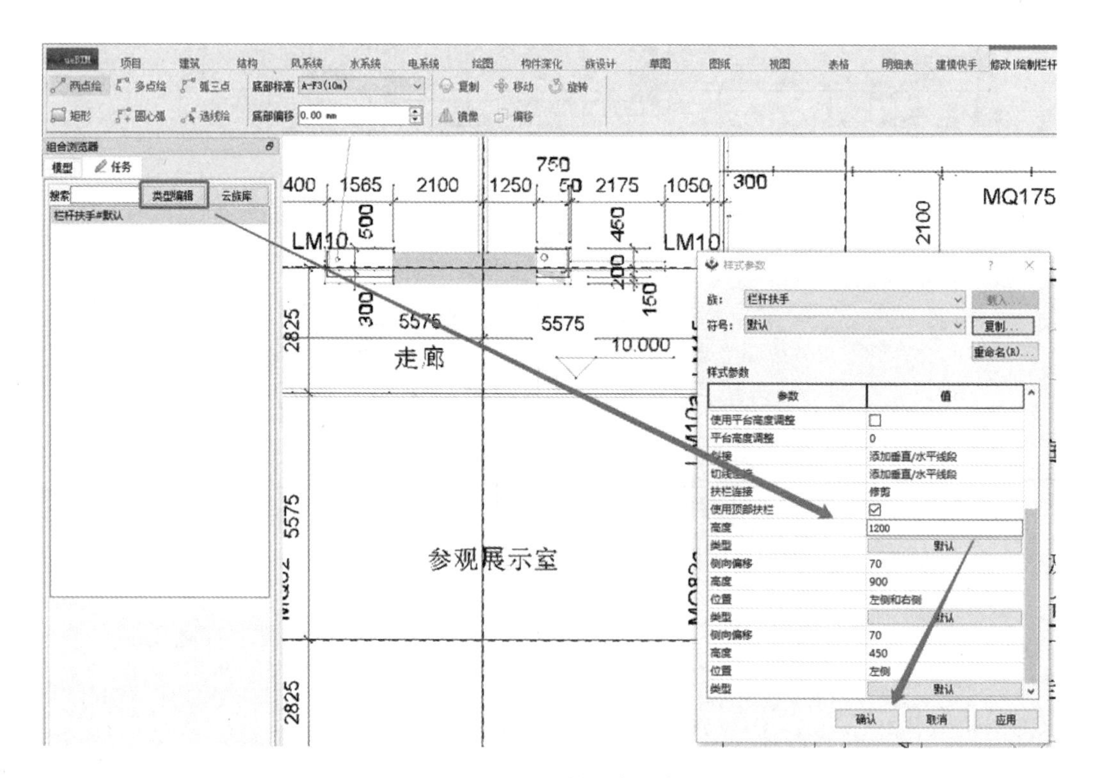

图 3-7-4 设置栏杆高度参数

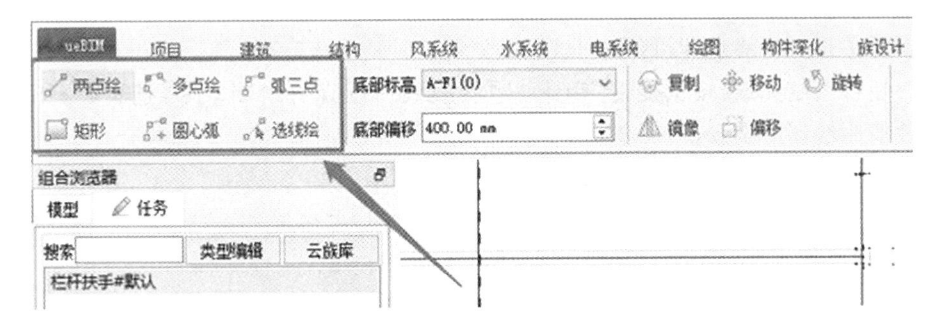

图 3-7-5　选择栏杆绘制方式

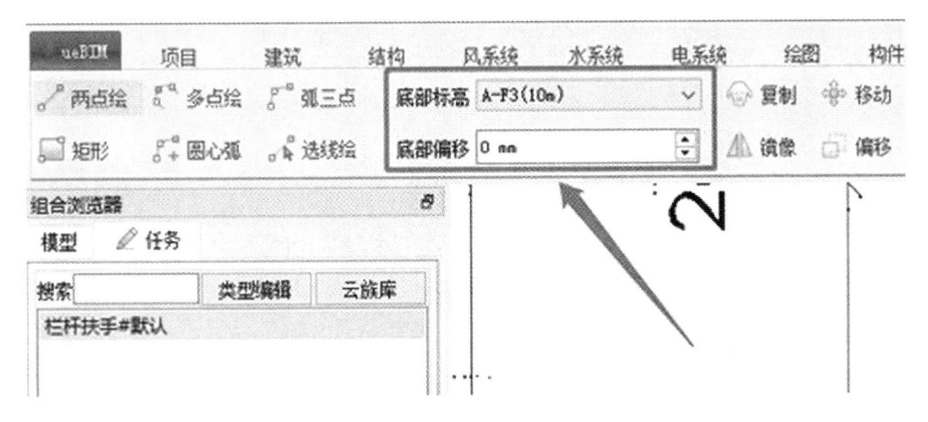

图 3-7-6　设置栏杆底部标高(偏移)参数

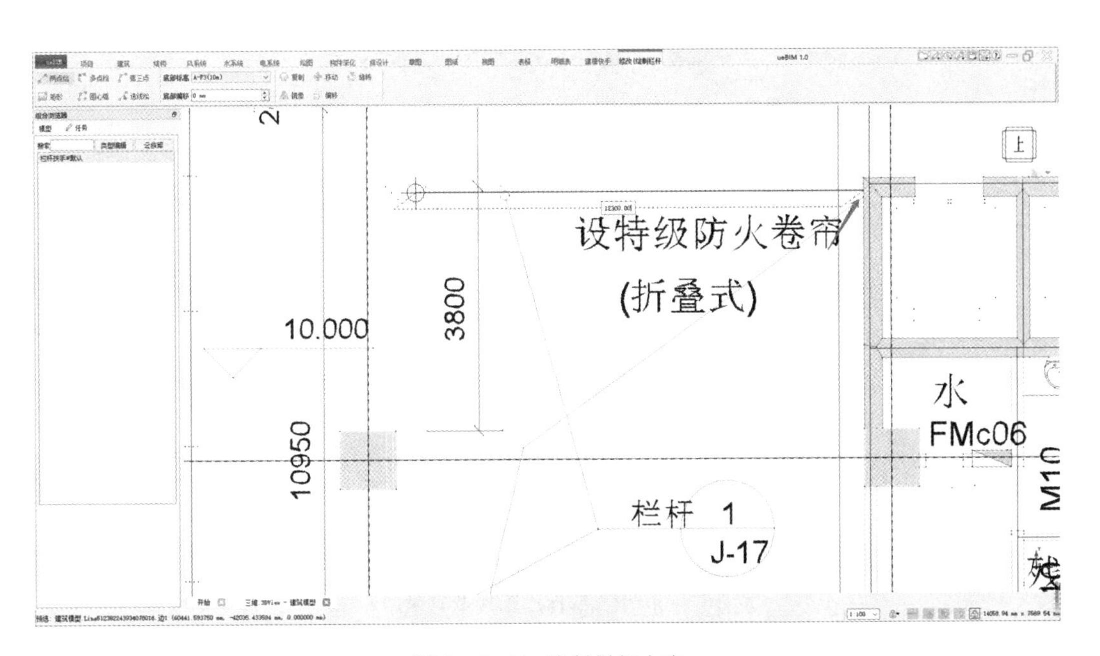

图 3-7-7　绘制栏杆方向

(7)确认栏杆长度，单击选择栏杆终点，也可手动输入栏杆长度，项目中已存在CAD图纸，选择单击栏杆终点即可(图3-7-8)。

(8)栏杆绘制完成，按快捷键“Ctrl＋0”转换到三维查看绘制效果，选中栏杆查看属性，属性值为绘制时设置值(图3-7-9)。

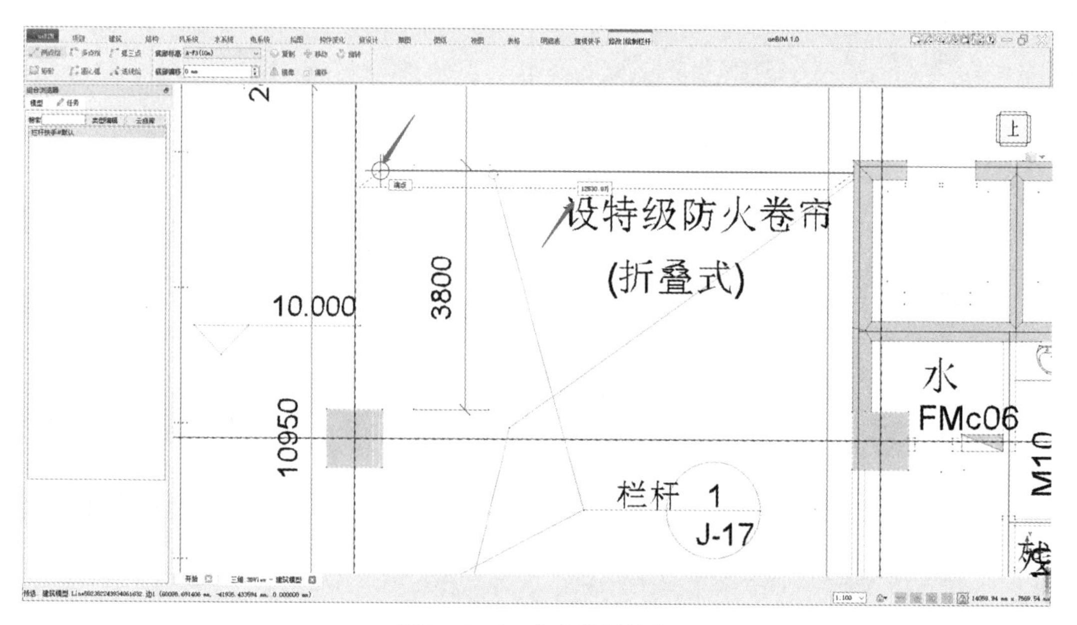

图3-7-8 定义栏杆长度

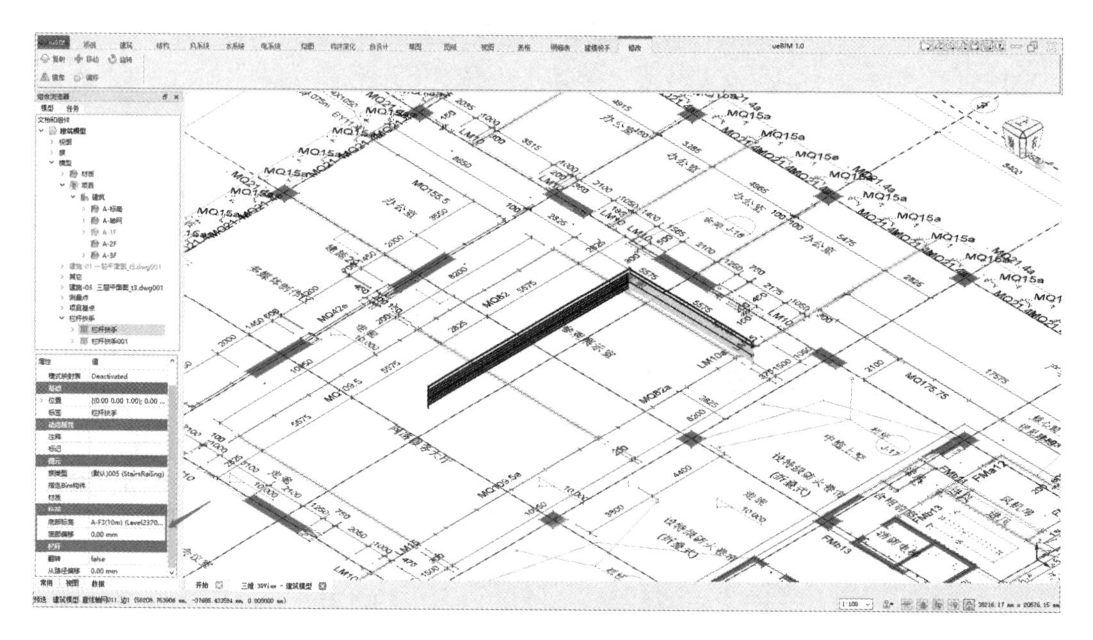

图3-7-9 栏杆三维模型效果图

(9)绘制完成后，将栏杆移动至“组合浏览器”中相应项目文件夹下，便于后期进行模型管理(图3-7-10)。

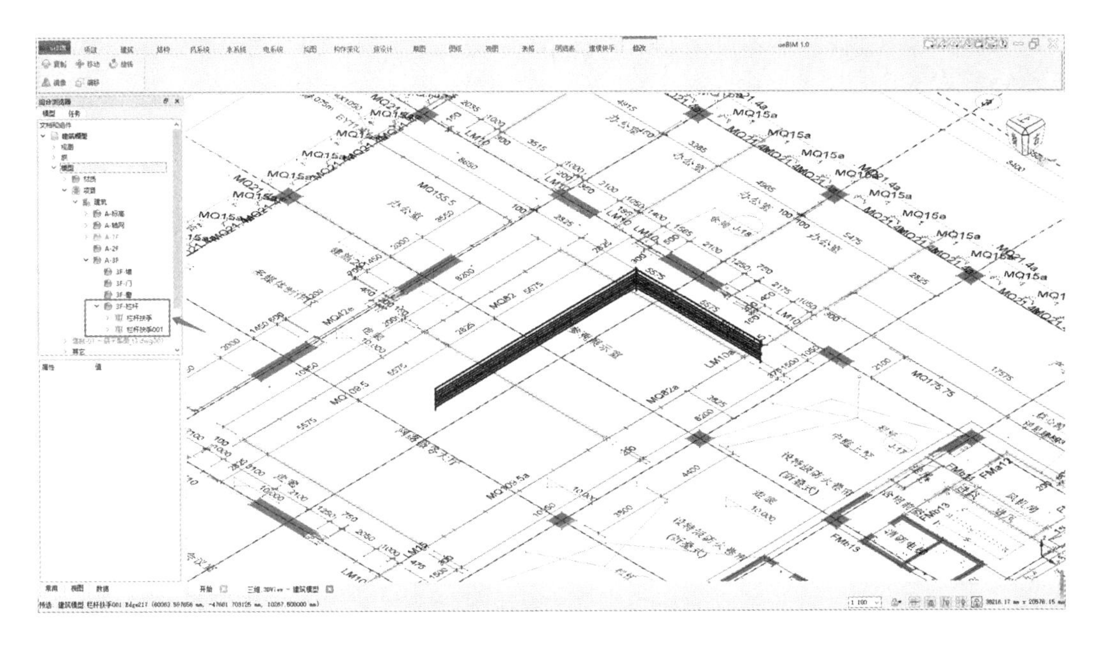

图 3-7-10 整理栏杆编号

3.7.2 栏杆编辑

双击需要编辑的栏杆，选择并编辑需要调整的夹点(图 3-7-11)：当选择“起点”“终点”时，可对栏杆长度及方向进行编辑(图 3-7-12)；当选择“中点”时可对栏杆进行移动操作(图 3-7-13)。

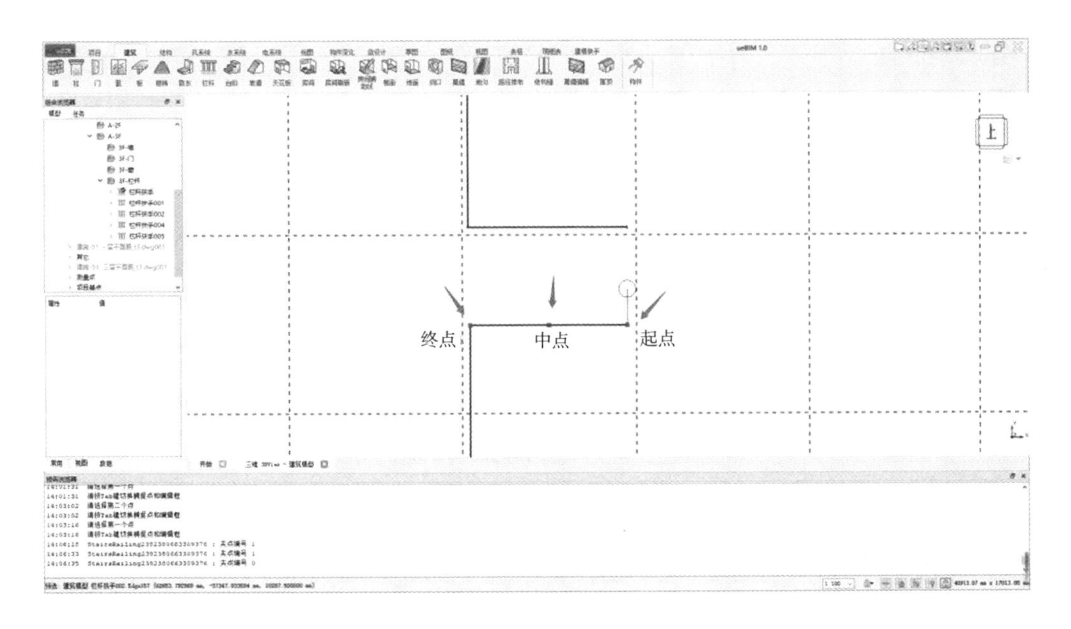

图 3-7-11 编辑栏杆夹点

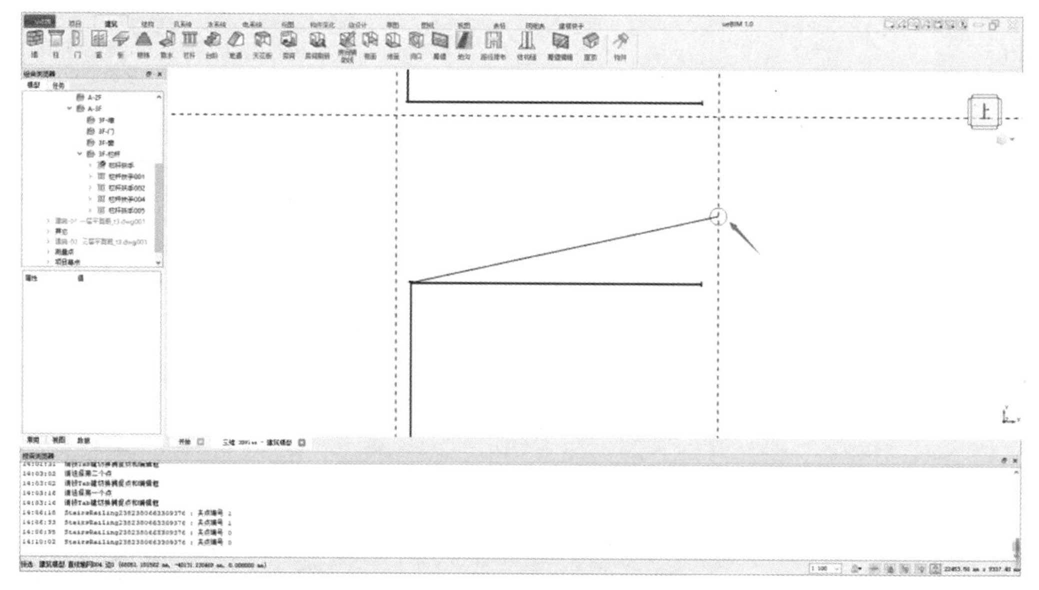

图 3-7-12　编辑栏杆长度及方向

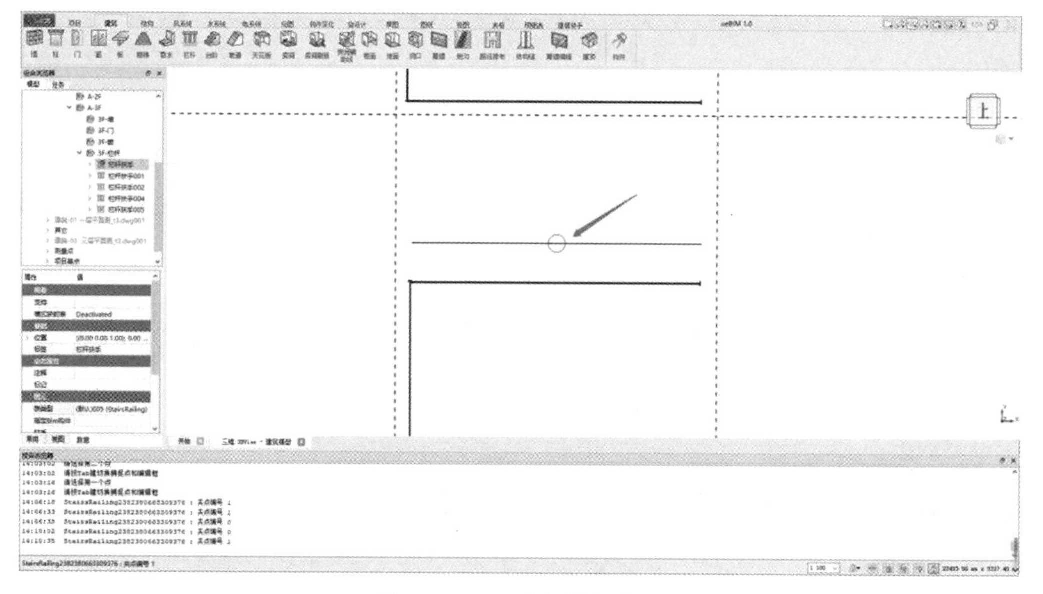

图 3-7-13　编辑栏杆中点

3.8　门的添加及编辑

3.8.1　门添加

本节将选取“首层平面 4.B 轴处风机房 FMa12 门”为例，依次讲解门构件创建步骤，其余楼层门参照此门添加方式创建即可。

由一层平面图（图 3－8－1）可知，门编号为“FMa12”，双扇，未注明墙垛为“100 mm”，依据平面图中门编号，打开对应门窗表图纸，找到对应编号门，门类型为甲级防火门，宽×高为“1200 mm×2100 mm”，开始添加门。

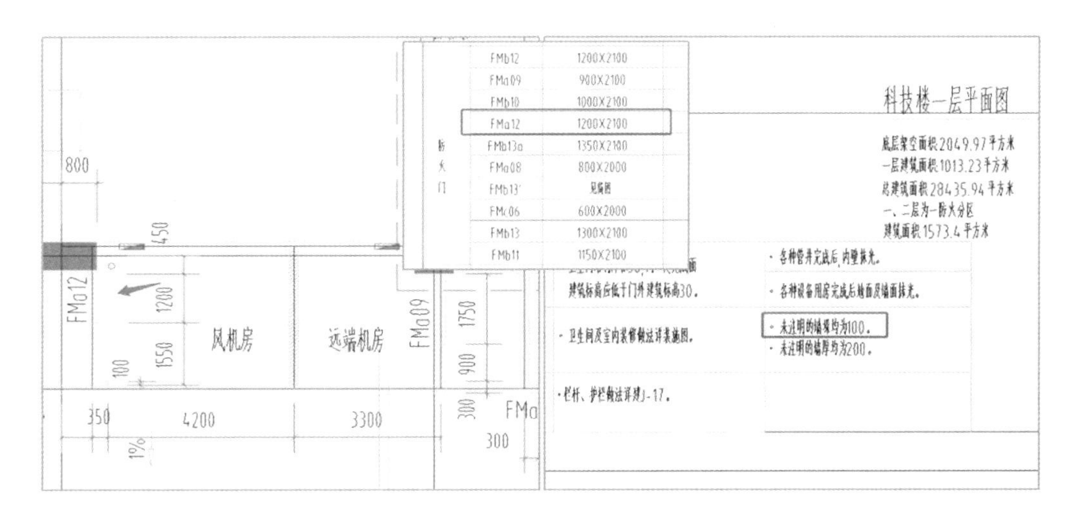

图 3－8－1　门大样图

(1)单击“建筑”→“门”命令(图 3－8－2)。

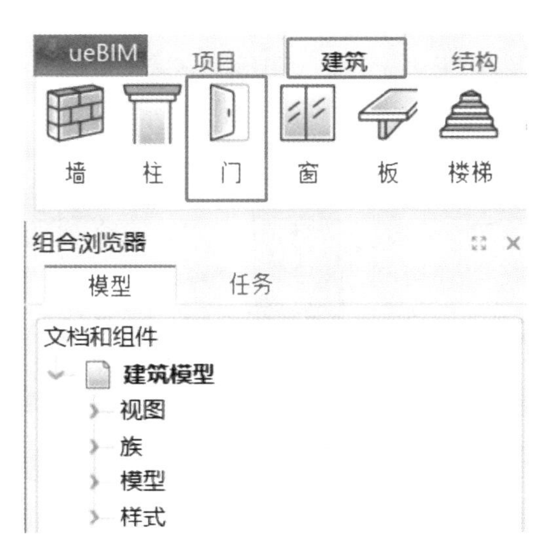

图 3－8－2　单击“建筑”选项卡中的“门”命令

(2)在“组合浏览器”中选择门类型为甲级防火门、双扇(图 3－8－3)。

(3)单击“编辑类型”，进行门的参数编辑(图 3－8－4)。

(4) 单击“复制”，创建一个新门类型，修改名称为“FMa12”，单击“确认”(图 3－8－5)。

(5)依据门窗表，修改门“宽度”为“1200”，“高度”为“2200”，单击“确认”(图 3－8－6)。

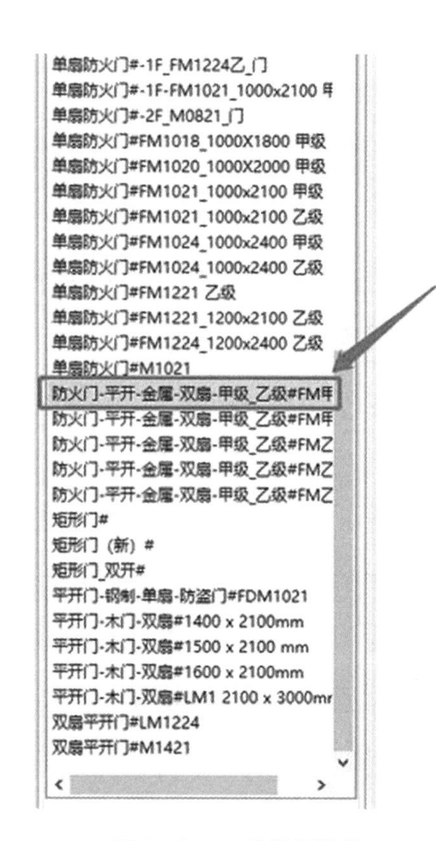

图 3-8-3　选择门类型

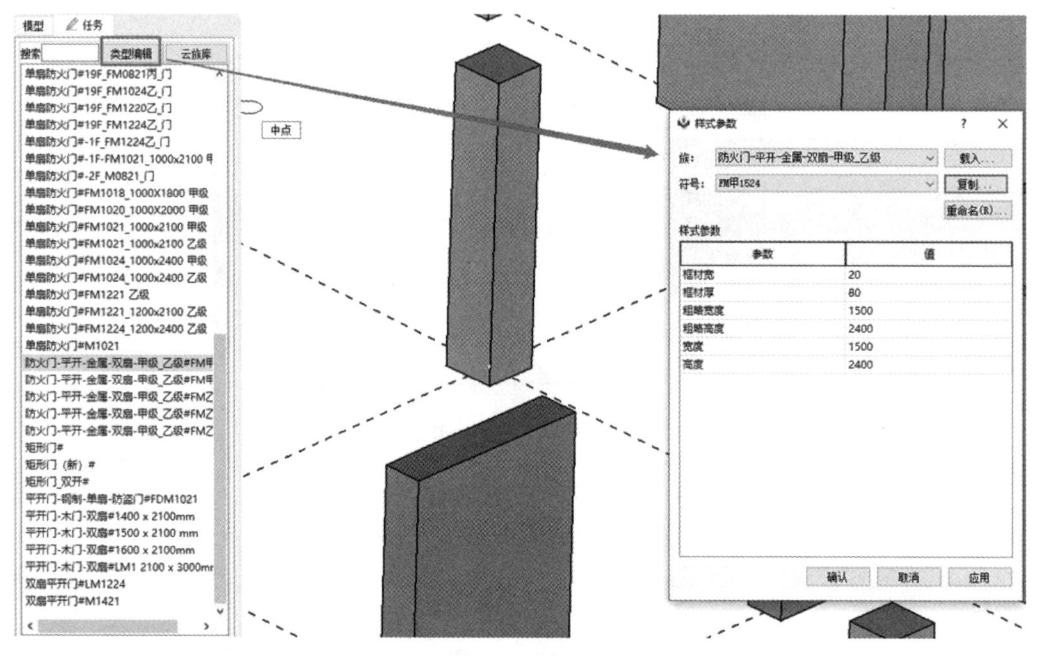

图 3-8-4　编辑门参数

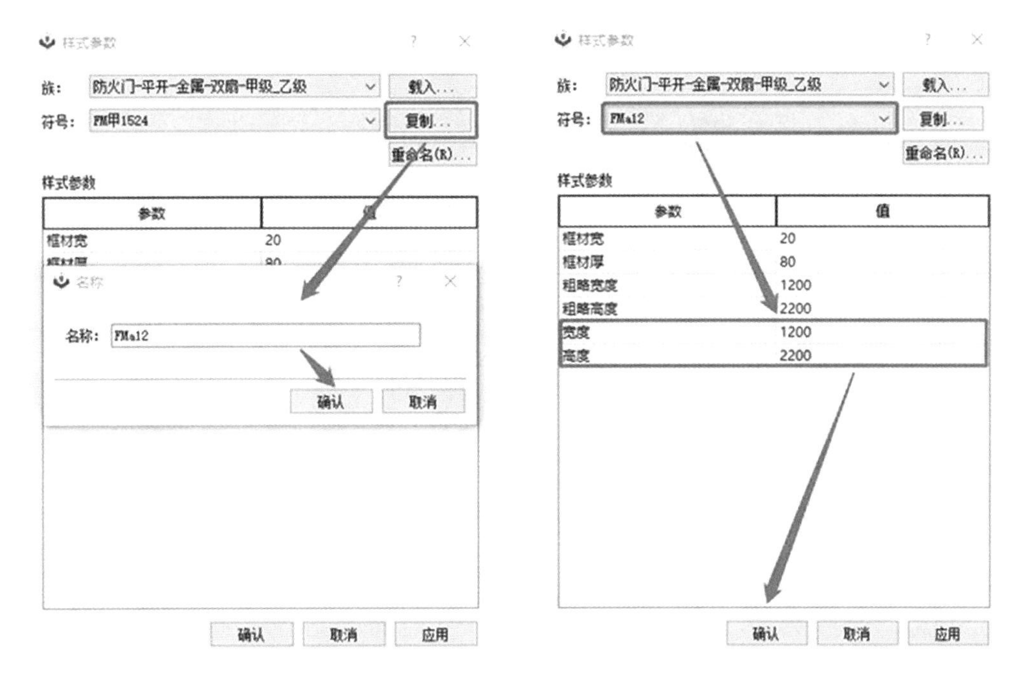

图 3－8－5　修改门名称　　　　图 3－8－6　设置门参数

(6)在“组合浏览器”中找到新建类型，选择放置“标高”“标高偏移”。依据图纸信息可知，放置“标高”为“A－F1(0)”，没有偏移，故“标高偏移”为“0.00 mm”。修改完成后，选择放置位置，鼠标左键单击布置(图 3－8－7)。

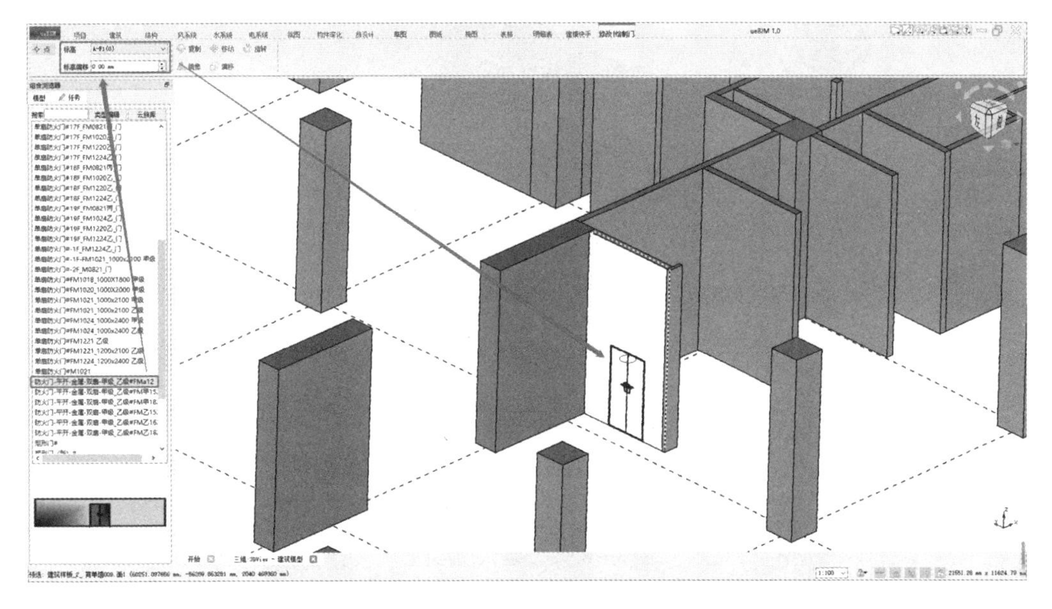

图 3－8－7　设置门标高参数

(7)按“Esc”键退出门绘制命令，选中门，单击墙垛长度数值，此数值等于墙垛到门中心距离，即等于 100＋(1/2 门宽)＝100＋600＝700 mm，输入数值“700”(图 3-8-8)。

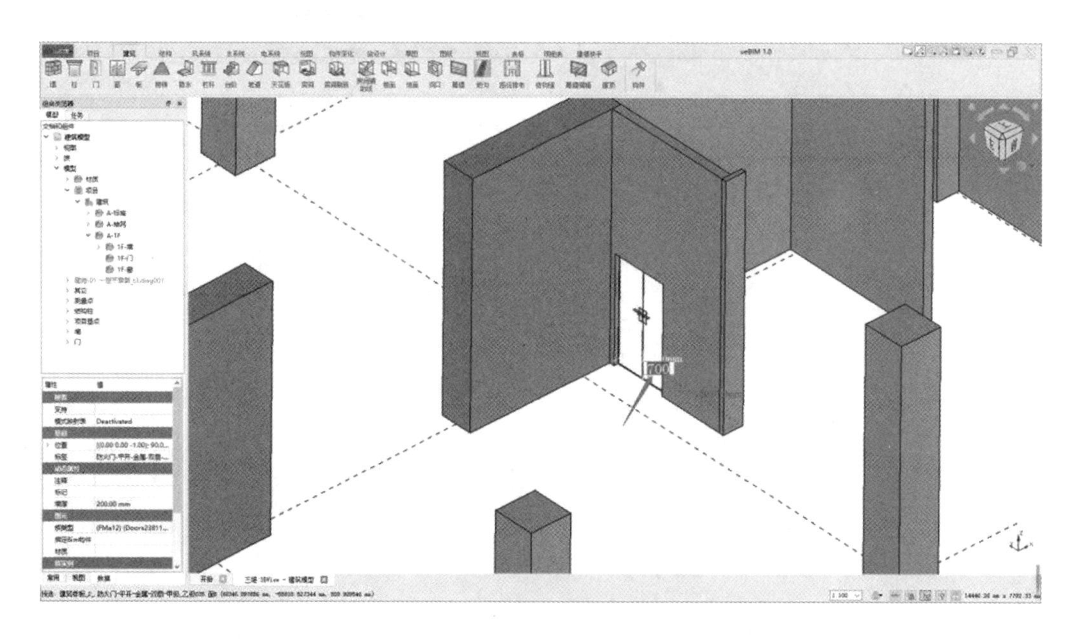

图 3-8-8　设置墙垛参数

(8)按“Enter”键，确认数值输入完成(图 3-8-9)，绘制完成。

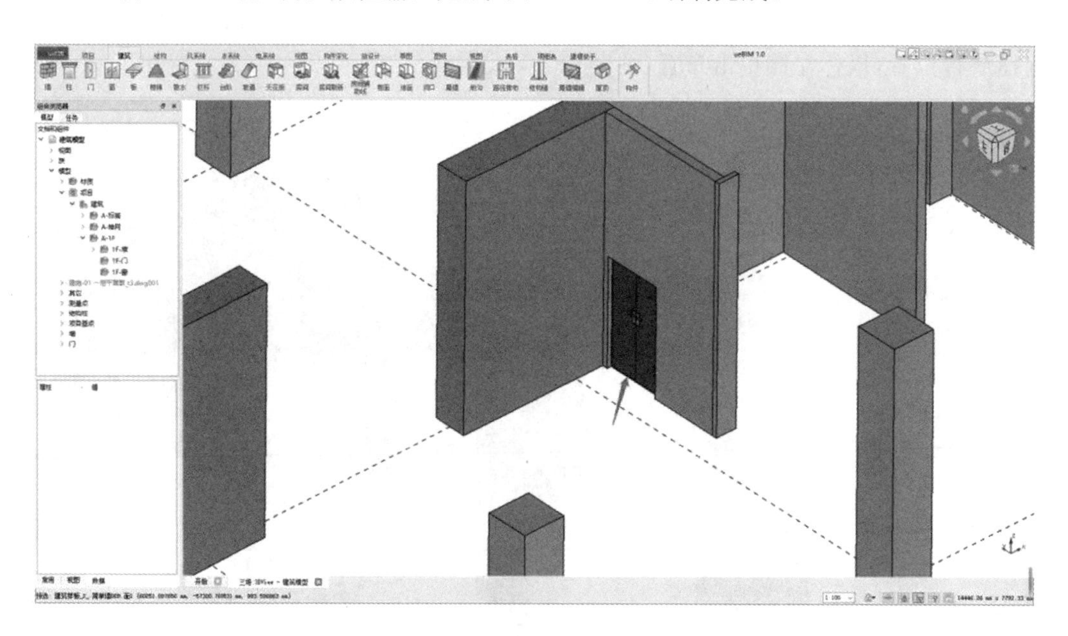

图 3-8-9　确认门参数

(9)绘制完成后将门移动至“组合浏览器”中相应项目文件夹下，便于后期进行模型管理(图 3-8-10)。

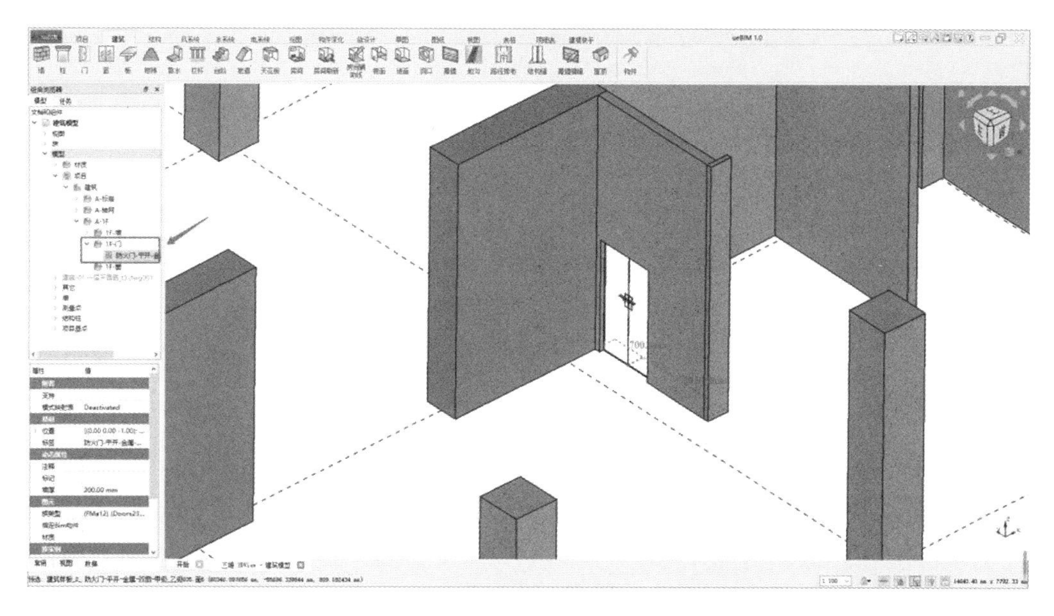

图 3-8-10　整理门编号

3.8.2　门编辑

(1)夹点编辑:双击门,选中夹点,即可对门位置进行编辑(图 3-8-11)。

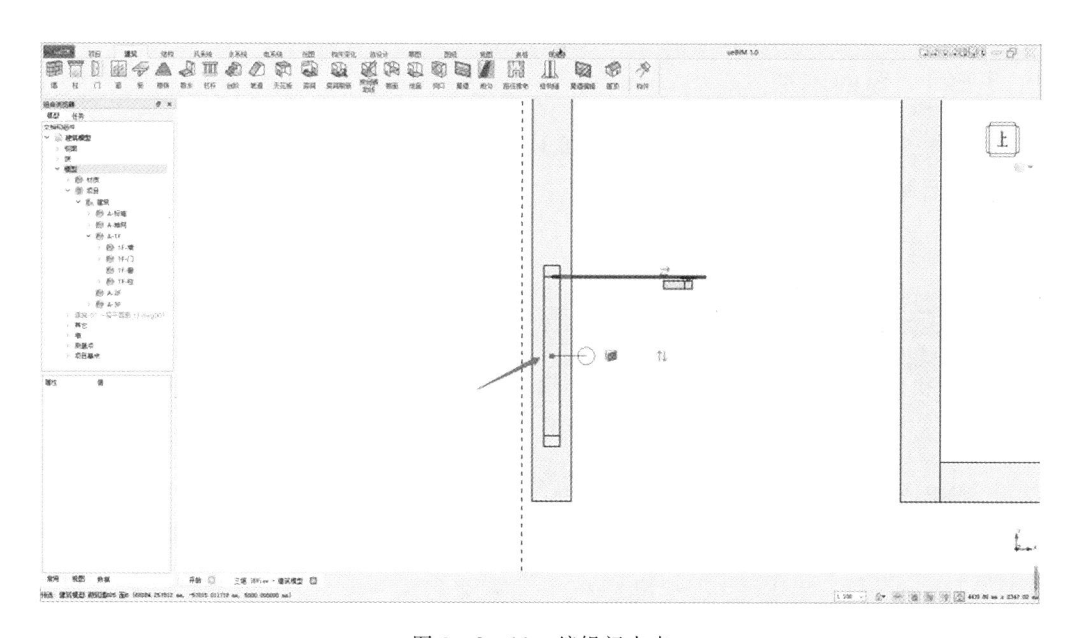

图 3-8-11　编辑门夹点

(2)控件编辑:双击门,单击控件,即可对门开启方向、开关门等进行编辑。(注:此操作仅针对族制作时包含控件门构件,若族设计时未包含控件门构件,将不用进行相关编辑操作)(图 3-8-12)。

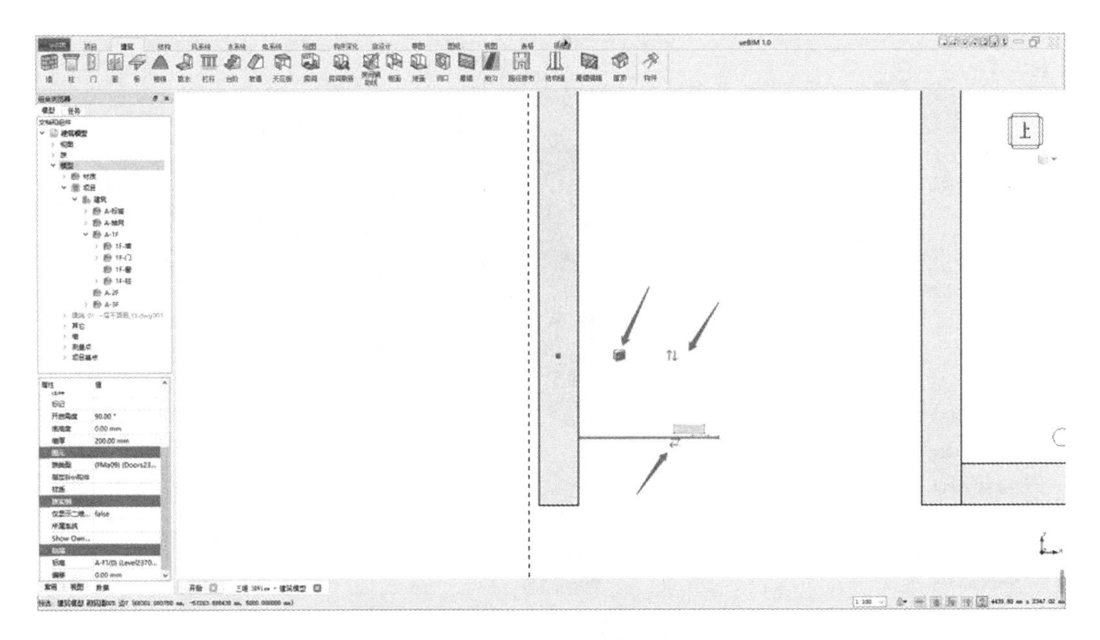

图 3-8-12 门控件编辑

3.9 窗的添加及编辑

3.9.1 窗的添加

本节将选取“首层平面 6.c 轴处工具间 LC12”为例，依次讲解窗构件创建步骤，其余楼层窗参照此窗添加方式创建即可。

(1)单击“建筑”→“窗”命令(图 3-9-1)。

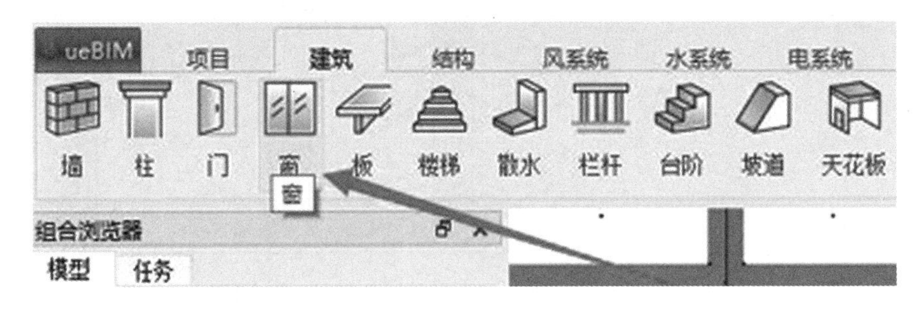

图 3-9-1 “窗”命令

(2)在“组合浏览器”中选择窗类型，选择“双开矩形窗”(图 3-9-2)。

(3)单击“编辑类型”，进行窗参数编辑(图 3-9-3)。

(4)单击“复制”，创建一个新窗类型，修改名称为“LC12”，单击确认(图 3-9-4)。

(5)依据门窗表，修改窗“高度”为“1200”，“宽度”为“1200”，单击“确认”(图 3-9-5)。

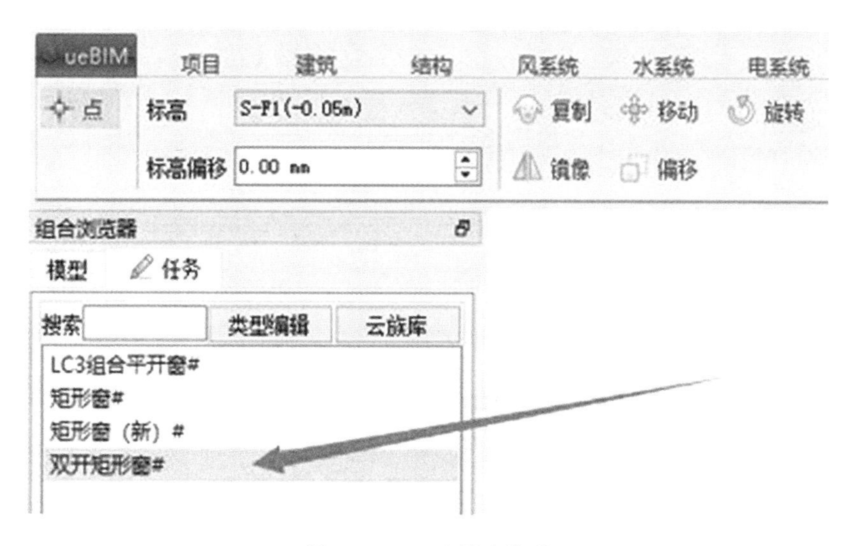

图 3-9-2　选择窗类型

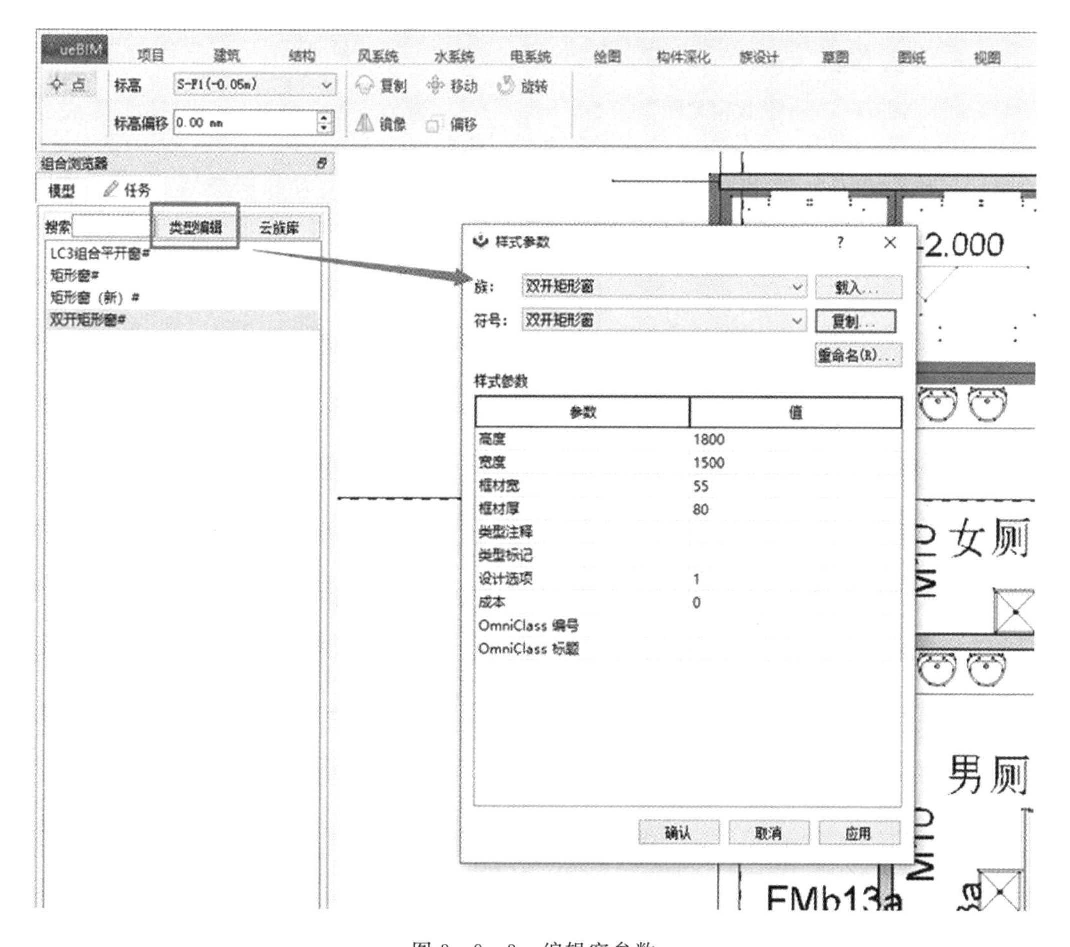

图 3-9-3　编辑窗参数

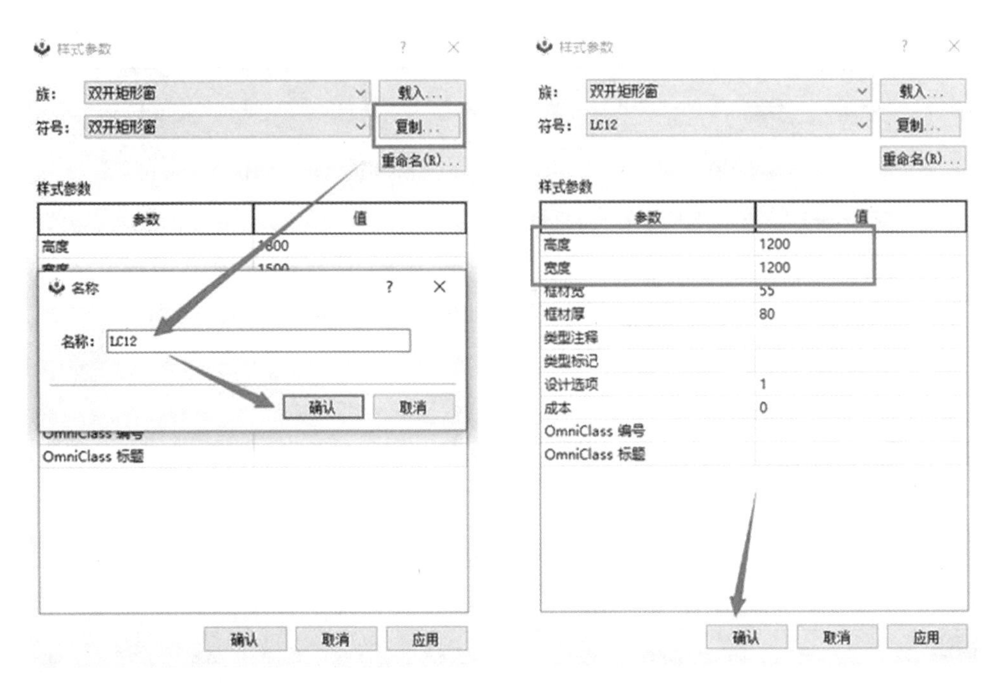

图 3－9－4　修改窗名称

图 3－9－5　设置窗尺寸参数

(6)在“组合浏览器”中,找到“新建类型”,选择放置“标高”“标高偏移”。依据图纸信息可知,放置“标高”为“A－F1(0)”,“标高偏移”为“1500.00 mm”,修改完成后,选择放置位置,鼠标左键单击,完成窗布置(图 3－9－6)。

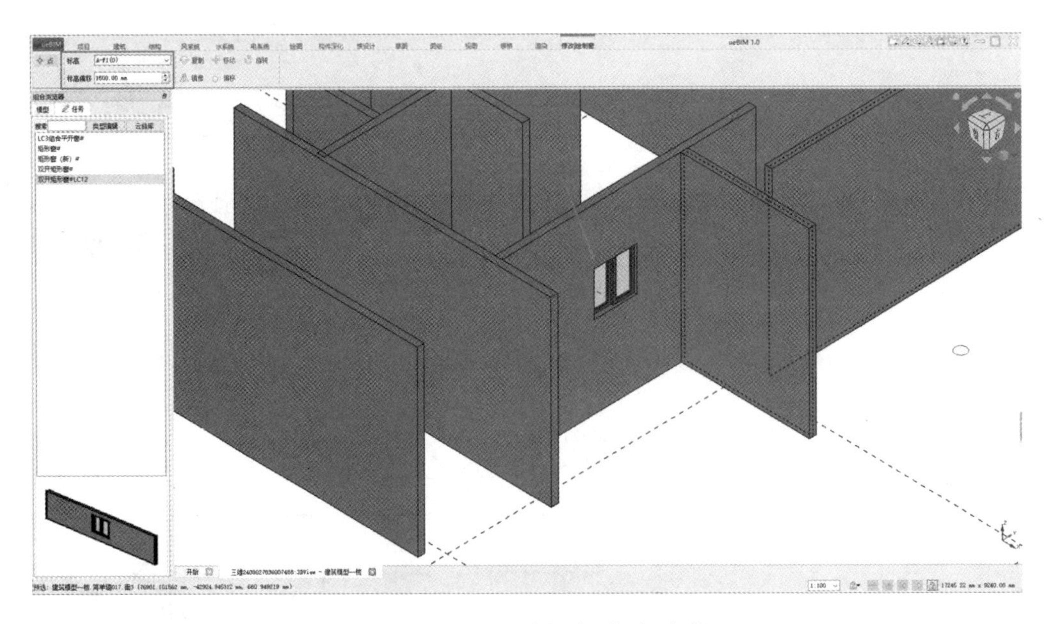

图 3－9－6　设置窗标高(偏移)参数

3.9.2　窗的编辑

(1)夹点编辑:双击窗,选中夹点,即可对窗位置进行编辑(图 3－9－7)。

(2)属性编辑:组合浏览器中,找到布置好的窗构件,在下方属性浏览器中可以更改族类型或修改标高(图 3－9－8)。

图 3－9－7　编辑窗夹点

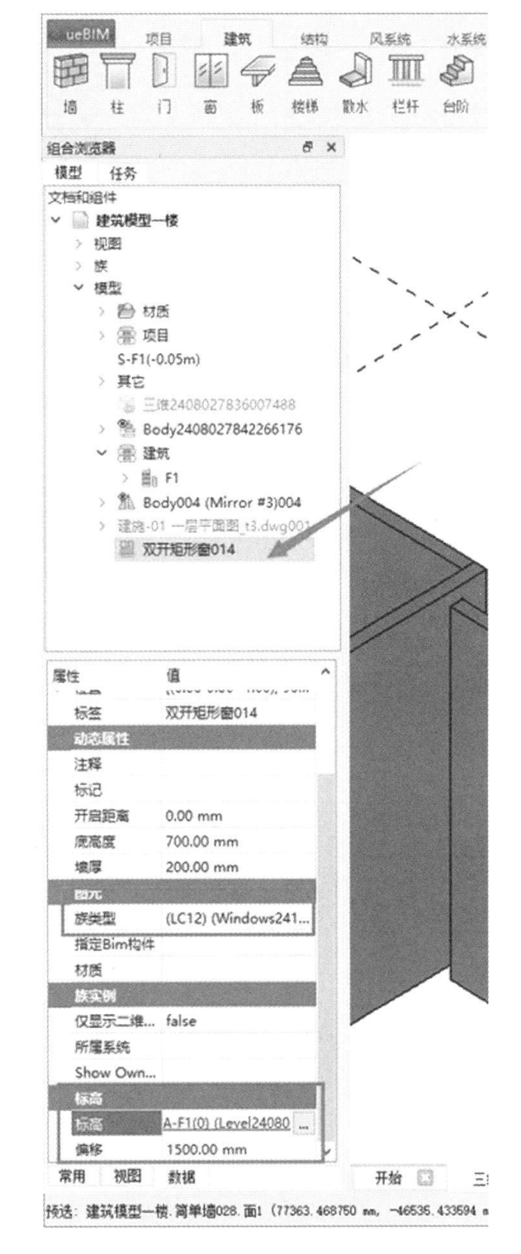

图 3－9－8　编辑窗属性

3.10 能力展示

一、理论知识应用题

扫码完成答题

二、实操应用题

根据图纸要求，完成模型的创建。

PDF版图纸

第四章　水系统模型创建

学习目标

掌握水系统专业管道、管道附件、管道阀门、消火栓等构件创建与修改；掌握水专业各管道系统添加与修改；掌握水专业各管道系统颜色添加与修改；掌握水专业各管道材质添加与修改；掌握管道系统布管配置添加与修改等基本操作；掌握消火栓、喷头、卫浴设备与管道连接等。

素养目标

在水系统模型的创建过程中，引导学生分析水资源的重要性、水污染的危害，以及节水减排的措施，从而培养学生的环保意识和可持续发展的观念。

强调水系统设计与运行中的安全、稳定与高效，让学生认识到自身工作的重要性，树立为人民服务的宗旨，培养他们的职业责任感和道德观。

4.1　管道设置

在进行水管设置时，我们以案例图纸为例(一层给排水平面图)，先绘制给排水，再绘制消防系统。绘制时需要我们寻找进水口或接市政管网处开始画起，立管应结合系统图和平面图来绘制。自动喷淋管进水口如图 4－1－1 所示。

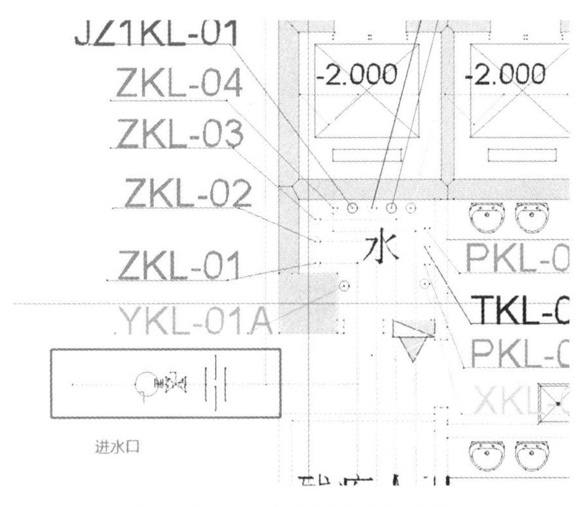

图 4－1－1　自动喷淋管进水口

主菜单栏中的“水系统”选项，包括水管、占位符、管件、附件、堵头、阀门、喷头、软管、卫浴装置、构件、管线调整等命令，根据绘制项目选择相应功能进行绘制(图 4－1－2)。

图 4－1－2 “水系统”选项

4.1.1 功能介绍

“两点绘制”与“多点绘制”的区别：两点绘制是进行一段水管绘制，鼠标左键单击一次所需位置，再单击一次后管道自动断开；多点绘制是在绘制一段水管后，还可以继续绘制下一段，并不会断开，直至画完后按“Esc”键，才可以退出绘制模式(图 4－1－3)。

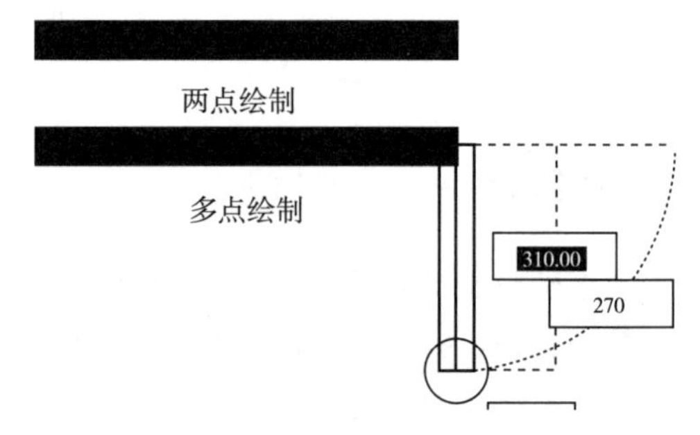

图 4－1－3 水平管道绘制方式

系统设置：设置管道系统。立管绘制方式如图 4－1－4 所示。

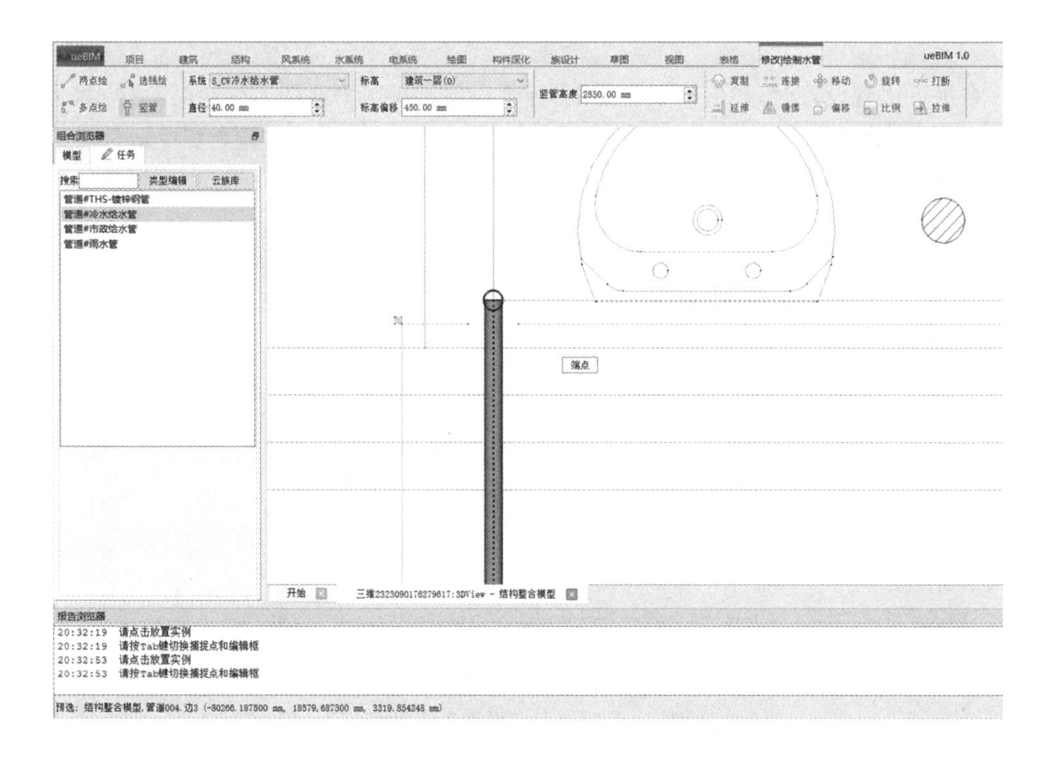

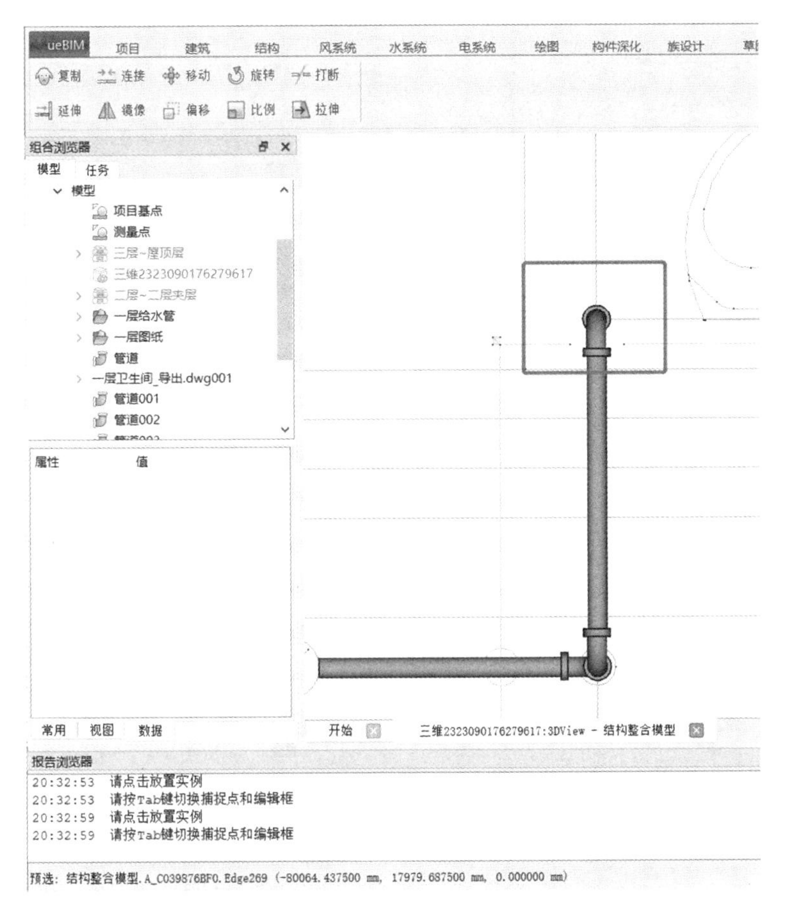

图 4-1-4 立管绘制方式

修改管道：画完管道进行调整和修改（图 4-1-5）。

图 4-1-5 管道调整及修改设置

4.1.2 管道绘制流程

（1）对管道系统命名进行归并，常见的有给水系统、排水系统、消防系统等（图 4-1-6）。

（2）对管道进行材质设置，步骤如图 4-1-7 所示。

（3）设置管道标高和偏移量，需要根据图纸要求布置。若管道在此标高上可以用"＋"键增加偏移量，若管道在标高下可以用"－"键减少偏移量。

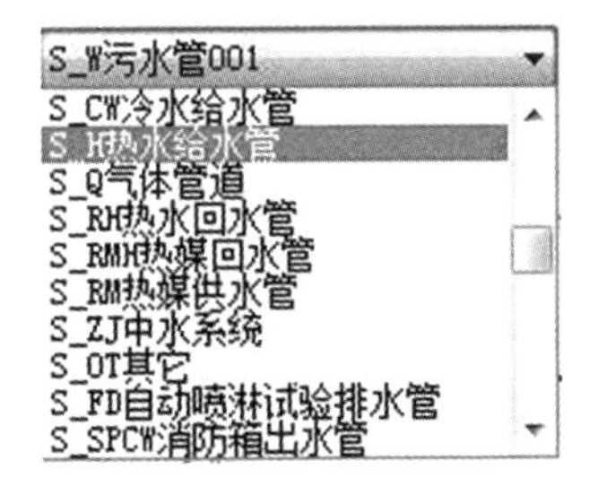

图 4-1-6 管道系统图列表

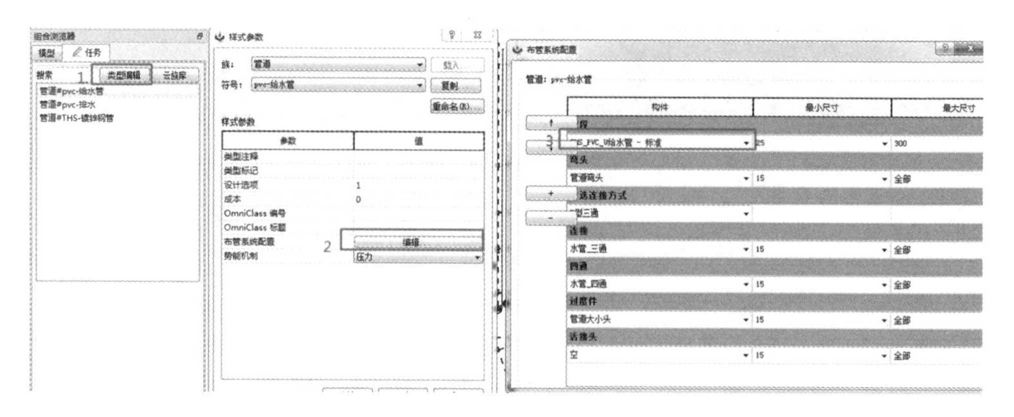

图 4-1-7　设置管道材质

(4)管道数据修改。可以在"组合浏览器"中的模型数据进行管道标高及直径大小设置,也可以在视图中改变颜色(图 4-1-8)。

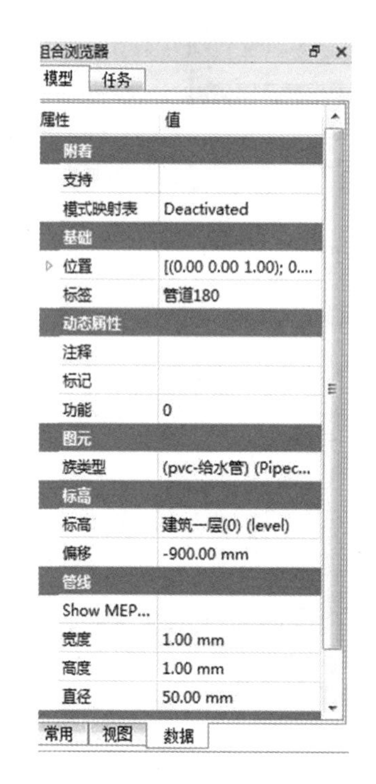

图 4-1-8　修改管道数据

4.2　给水管道及设备建模

给水管为一种绿色、节能、环保管材,具有不生锈、不结垢、不缩径、流体阻力小、可有效减低供水能耗、提高用水点给水量等优点,是一种理想的管网用管道。本节需要掌握如何设置给水管系统、楼层标高及修改管道等。

4.2.1 给水管道系统属性设置

（1）首先导入 CAD 一层给排水平面图纸（水施 .06），与轴网对齐，从地下一层生活供水管网接水到一层开始画起。可参照水系统来画，在图纸上找到“J1KL.01”给水管立管。“J”代表给水管；“L”代表立管，是“立”的拼音首字母；JL 即给水立管；“K”代表科技楼；“数字”为给水管编号；“.”为划分编号。

（2）命令位置：“水系统”→“水管”→“系统”→“S_CW 冷水给水管”。

（3）设置系统：设置管径，并在右侧设置相应楼层标高和偏移量（管道水平管默认梁下 200～400 mm），在“组合浏览器”中设置好材质。

（4）操作说明：选择绘画方式单击命令，将鼠标移到图纸后会出现捕捉光标，根据图纸给水平面建模。若遇到立管时，绘画方式为多点绘画，则需要按“Esc”键退出，选中立管设置标高，再根据需要设置立管高度（图 4-2-1）。立管往楼上走则为“+”键，若往地下走则点击“-”键。

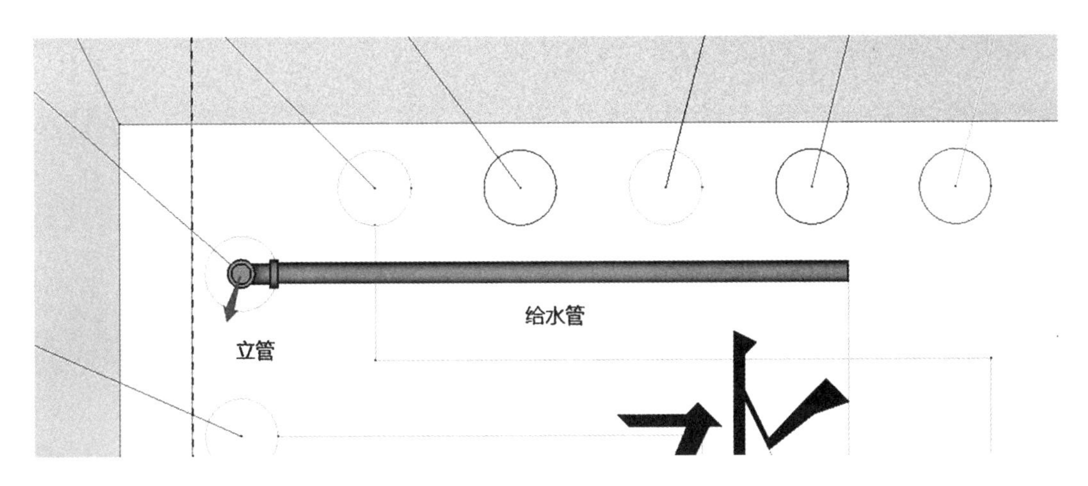

图 4-2-1　绘制管道

4.2.2 给水管道附件设备布置

（1）命令位置：“水系统”→“附件”。

（2）单击“附件”命令，选择所需附件，如阀门、水表等，然后将其移到水管上。当出现黄色时，鼠标右键单击，附件便会附着在管道上（图 4-2-2）。

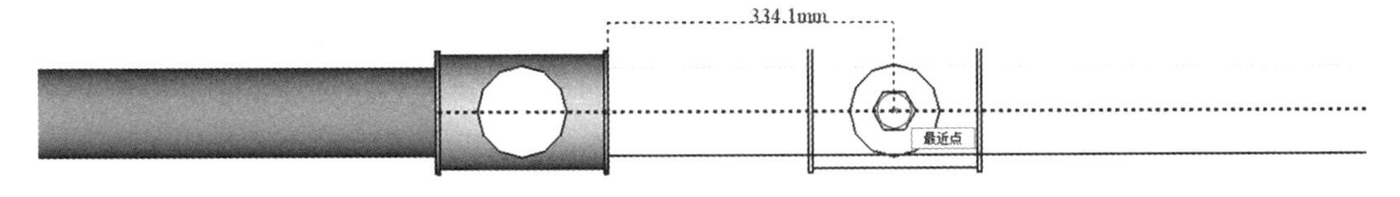

图 4-2-2　布置附件设备

4.2.3 族管件载入

族管件可以通过“类型编辑”进行载入，找到文件所在位置，在“libraries→Families→sys”中找到给排水族管件，选中构件族文件后载入即可(图 4-2-3)。此方法适用于附件、阀门等的载入。

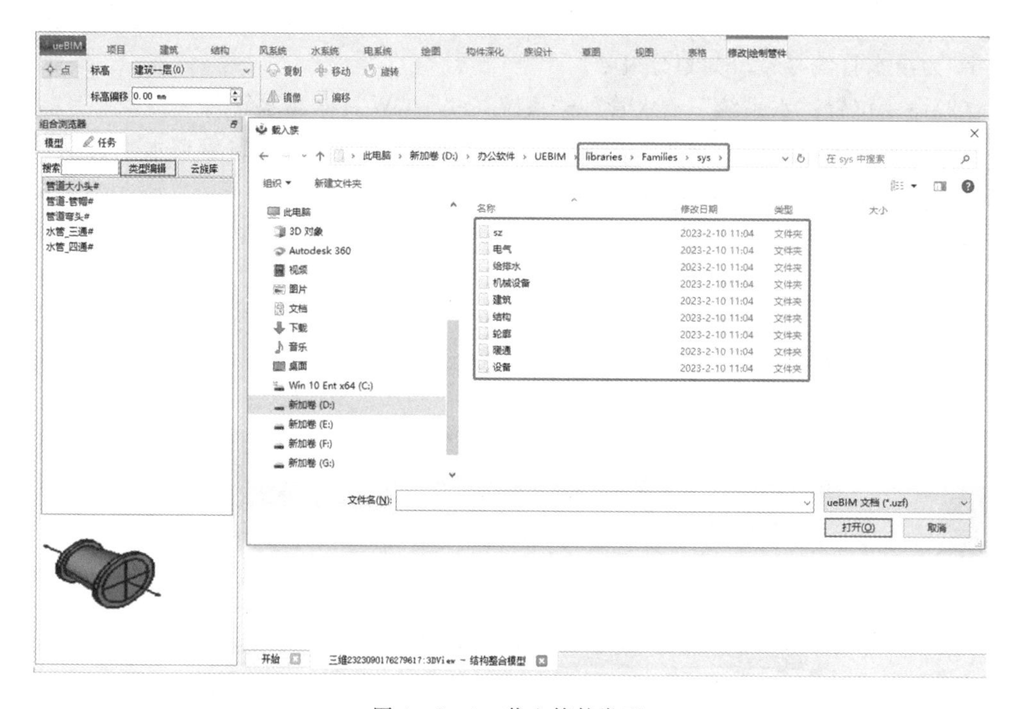

图 4-2-3 载入管件类型

4.3 消火栓系统建模

消防管道是指用于消防方面，连接消防设备、器材，输送消防灭火用水、气体或者其他介质的管道材料。由于特殊需求，消防管道厚度与材质均有特殊要求，并需喷红色油漆，输送消防用水。

消防栓管道系统和属性赋予：

(1)首先导入 CAD 一层给排水平面图纸(水施.06)，和轴网对齐，先从地下一层消防水池接水处到一层开始画起。在图纸中找到“XKL.02”消防水管立管。“X”代表消防栓给水管；“L”代表立管，是“立”的拼音首字母；XL 即消防栓给水立管；“K”代表科技楼；“数字”为给水管编号；“.”为划分编号。

(2)命令位置：“水系统”→“水管”→“系统”→“S_SPCW 消防栓箱出水管”。

(3)系统选择“S_SPCW 消防栓箱出水管”。

(4)标高选择以一层梁下 200～400 mm。

(5)材质设置:“组合浏览器”→“类型编辑”→“布管系统配置”。

(6)选择所需绘制方式(以消防栓立管为例,如图 4-3-1 所示)。

(7)根据平面图和系统图连接消防栓和管道(图 4-3-2)。

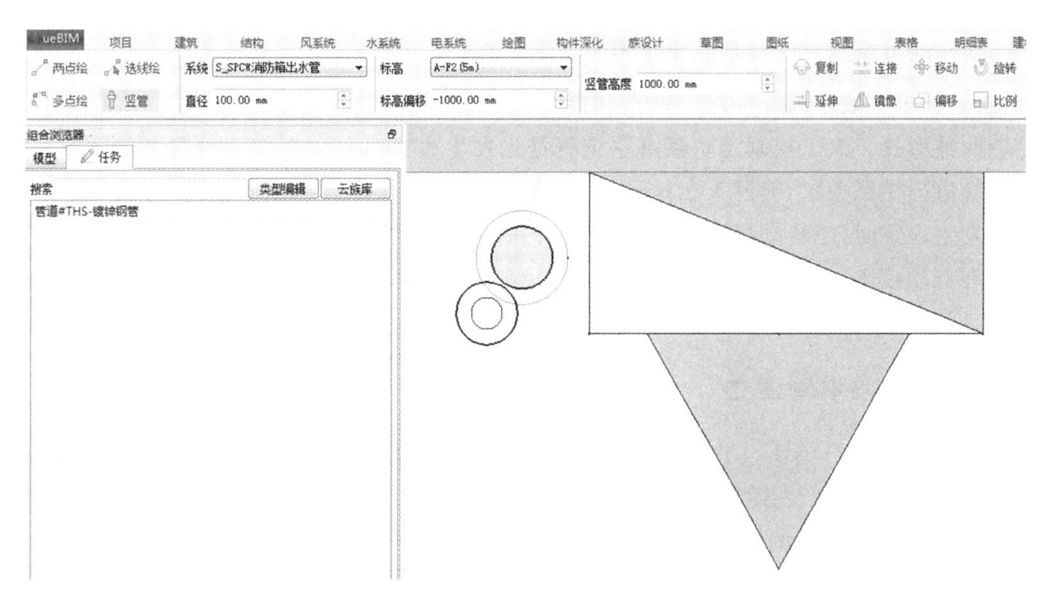

图 4-3-1 消防栓立管绘制方式

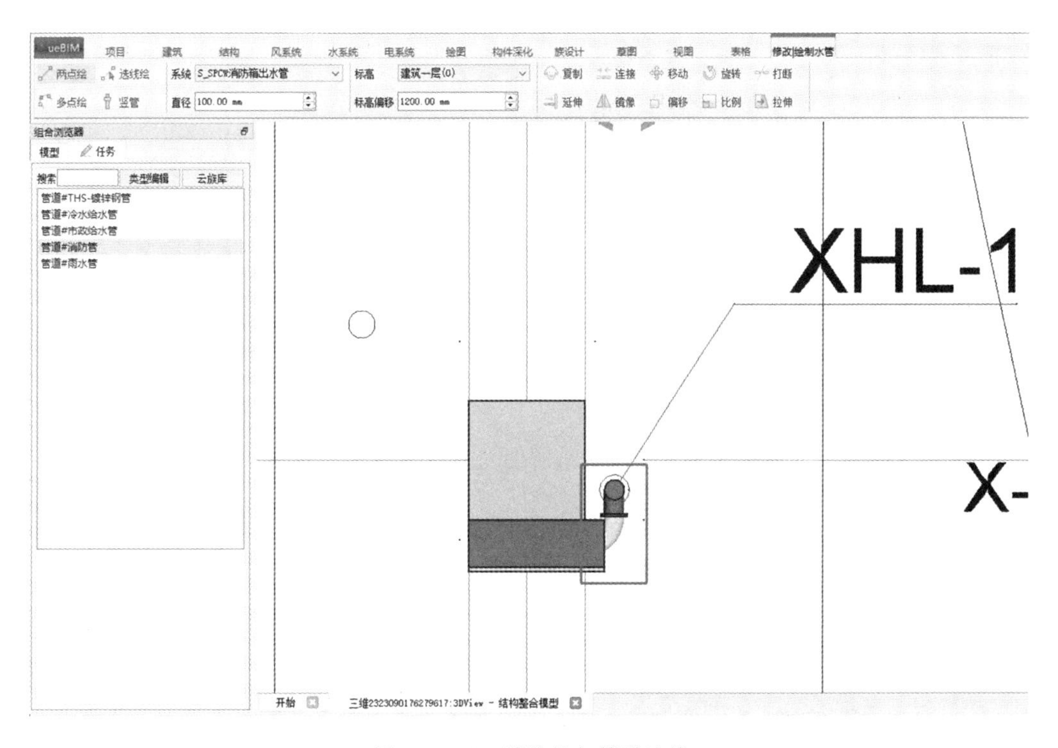

图 4-3-2 消防栓与管道连接

4.4 消防喷淋系统建模

消防喷淋系统是一种消防灭火装置，是应用十分广泛的一种固定消防设施，它具有价格低廉、灭火效率高等特点。根据功能不同，消防喷淋系统可以分为人工控制和自动控制两种形式。人工控制消防喷淋系统就是当发生火灾时需要工作人员打开消防泵，为主干管道提供压力水，喷淋头在这种水压作用下开始工作。自动控制消防喷淋系统是一种在发生火灾时，能自动打开喷头喷水灭火并同时发出火灾报警信号的消防灭火设施，其具有自动喷水、自动报警和初期火灾降温等特点，并且可以和其他消防设施同步联动工作，因此能有效控制、扑灭初期火灾。

4.4.1 喷淋管建立

(1)首先导入CAD一层给喷淋平面图纸，和轴网对齐，先从地下一层消防水池接水处到一层开始画起。在图纸找到“XKL.01”给喷淋水管立管。“X”代表自动喷淋给水管；“L”代表立管，是“立”的拼音首字母；XL即喷淋立管；“K”代表科技楼；“数字”为给水管编号；“.”为划分编号。

(2)命令位置:“水系统”→“水管”→“系统”→“B_SP自动喷淋灭火系统”。

(3)根据图纸要求设置喷淋管径安全级别，通过规范要求确定喷淋管径大小(图4-4-1)。

	序号	喷淋管名称	喷头数量(个)
1	1	DN25	1
2	2	DN32	3
3	3	DN40	4
4	4	DN50	8
5	5	DN65	12
6	6	DN80	32
7	7	DN100	64
8	8	DN125	80
9	9	DN150	100

图4-4-1 确认喷淋管径

4.4.2 喷头建模

(1)命令位置:“水系统”→“喷头”。

(2)喷头类型有上喷头和下喷头,在“类型编辑”选项卡下操作。

(3)调整好管道和偏移量。

(4)放置时鼠标会提醒拾取管道,单击管道后,在管道附近放置喷头会自动连接所选中的管道(图 4-4-2)。

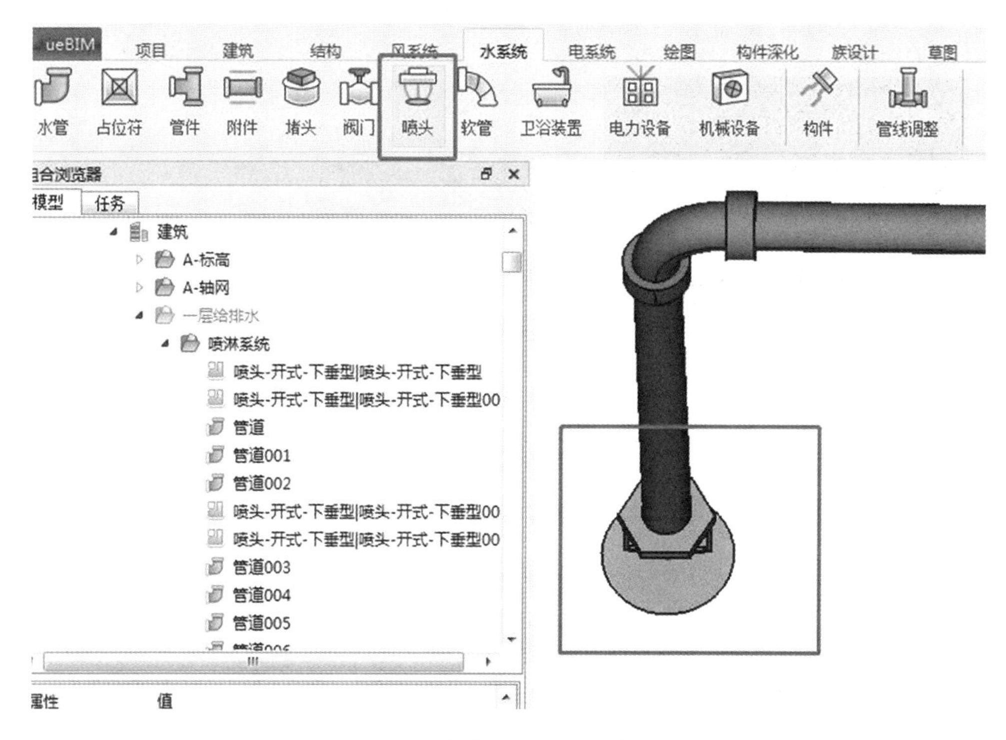

图 4-4-2 喷淋头与喷淋管自动连接

4.5 卫浴系统建模

卫浴从字面上理解为卫生、洗浴,卫浴俗称主要用于洗澡的卫生间,是供居住者便溺、洗浴、盥洗等日常卫生活动的空间及用品。

4.5.1 卫浴设备放置

(1)导入 CAD 一层给排水平面图纸(水施.06)(图 4-5-1),与轴网对齐,找到男厕卫生器具,用软件内置族放置。

(2)命令位置:“水系统”→“卫浴装置”。

(3)在绘图区单击右键设置好“标高”和“标高偏移”,按“空格”调整角度(图 4-5-2)。

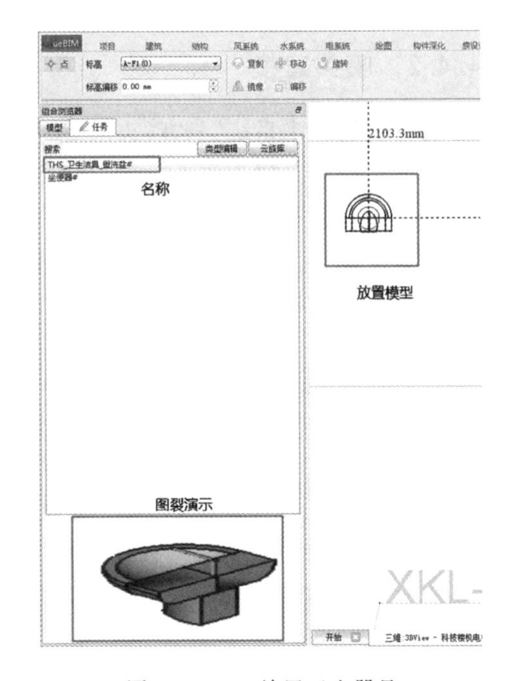

图 4-5-1　一层给排水平面图

图 4-5-2　放置卫生器具

4.5.2　族卫生器具寻找

可在“类型编辑”中载入系统内的“卫浴装置”(图 4-5-3)；还可以在云族库内载入族构件。放置完卫浴装置后，再进行管道绘制，使管道与卫浴装置相互连接。

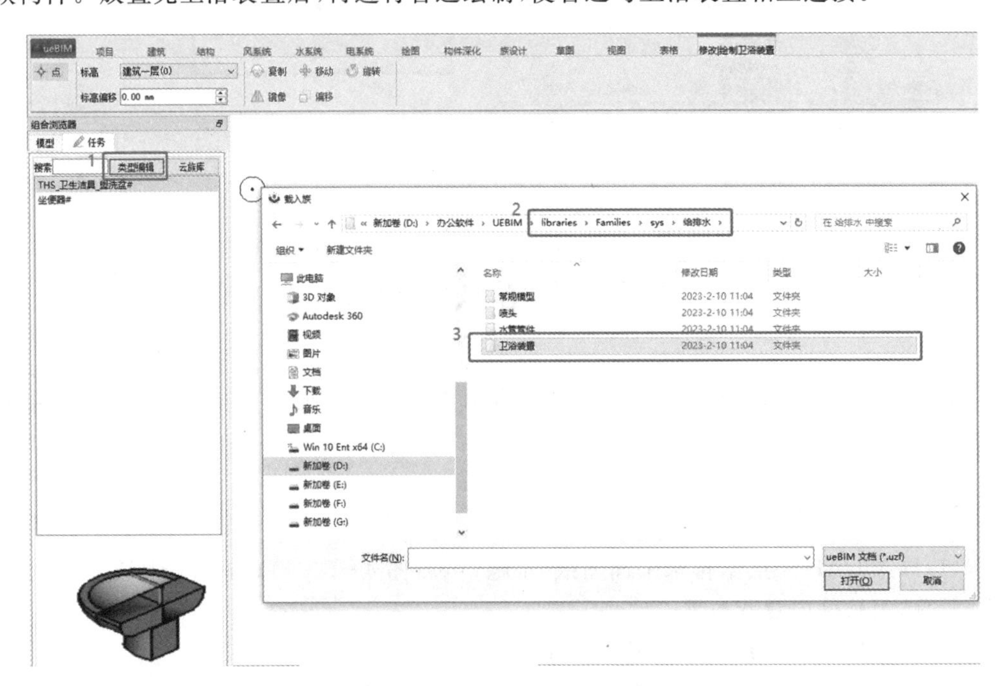

图 4-5-3　载入卫浴装置族库

4.6　能力展示

一、理论知识应用题

扫码完成答题

二、实操应用题

根据图纸要求，完成模型的创建。

CAD 版图纸

PDF 版图纸

第五章　风系统模型创建

学习目标

掌握风系统专业风管、风管附件、风管阀门、机械设备等构件创建与修改；掌握风管系统添加与修改；掌握冷媒管道布置与修改；掌握风管材质添加与修改；掌握风管系统布管配置添加与修改等基本操作。

素养目标

在模型创建过程中，强调团队协作的重要性，培养学生的沟通能力、团队精神和责任感。通过合作完成任务，学生可以学会如何在团队中发挥自己的作用，为团队的成功作出贡献。

鼓励学生在BIM模型创建过程中发挥创新精神，提出新的想法和解决方案。同时，实践操作可以更好地提高学生的动手能力和解决实际问题的能力。

5.1　暖通风管创建

5.1.1　风管设置

(1)单击“新建项目”命令，创建科技楼一层暖通模型文件。

(2)在“组合浏览器”中单击选中项目，再右键选择创建相应模型组(图5-1-1)。

(3)在右上角功能区中单击“菜单”→“导入”命令，在打开界面中单击选择“科技楼一层空调通风平面图纸”(见二维码)，将其载入该项目中。

(4)单击“风系统”→“风管”命令，进入绘制模式(图5-1-2)。

(5)在“组合浏览器”中单击“类型编辑”，打开风管“样式参数”面板，单击“复制”命令，进行项目中风管名称的创建(图5-1-3、图5-1-4)。

(6)在风管“样式参数”面板中单击“布管系统配置”→“编辑”命令，打开风管“布管系统配置”面板。根据具体项目需要，更改布管系统配置(图5-1-5)。

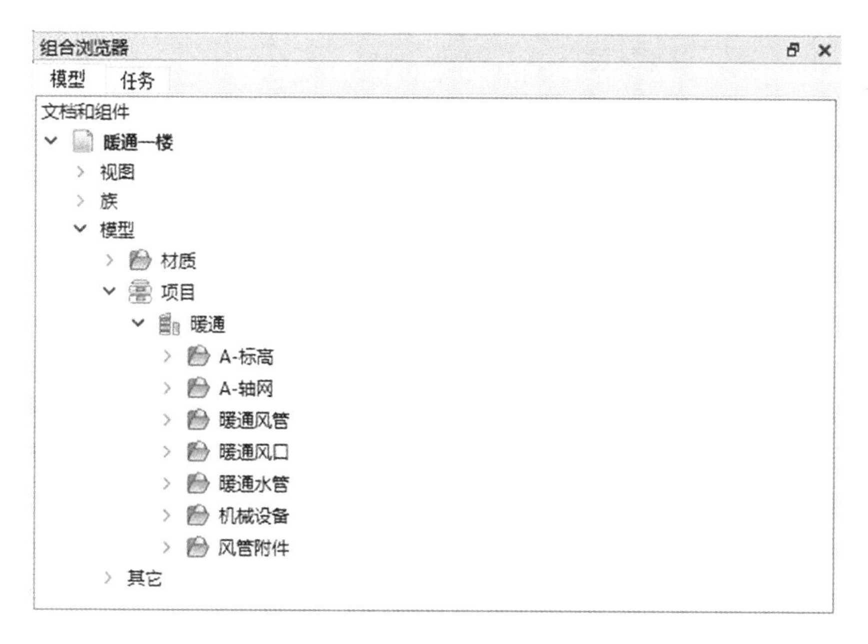

图 5－1－1　创建相应模型组

科技楼一层空调通风平面图纸

图 5－1－2　“风管”命令

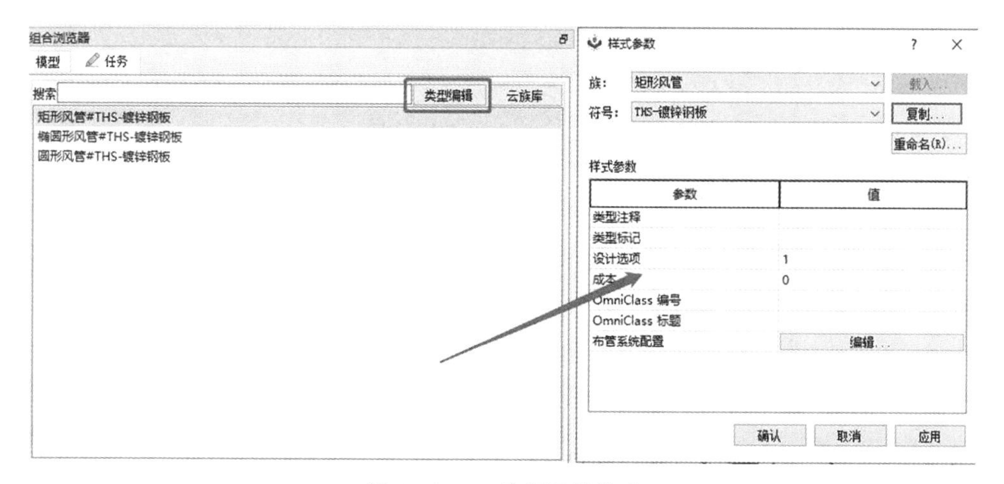

图 5－1－3　编辑风管类型

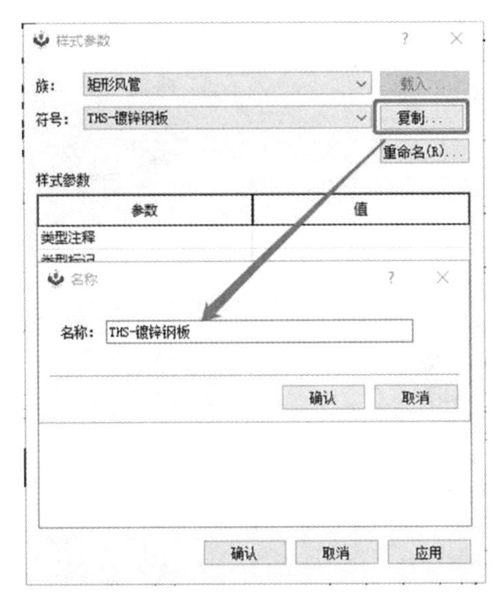

图 5-1-4　创建风管名称

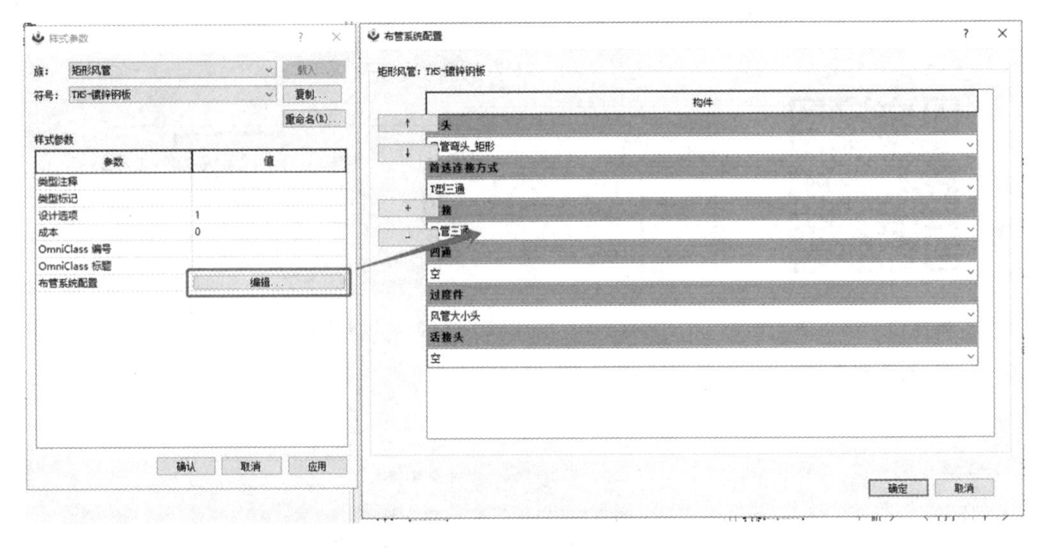

图 5-1-5　布管系统配置

(7)在“组合浏览器”面板中先选择风管类型，后设置风管管径尺寸和标高。“系统”类型为“K_PA 加压送风管”，修改风管“宽度”为“1000.00 mm”，“高度”为“400.00 mm”“标高”为“A-F1(0)”“标高偏移”为“3800.00 mm”(图 5-1-6)。(注：实际风管属性的添加应按项目图纸需求进行填入)

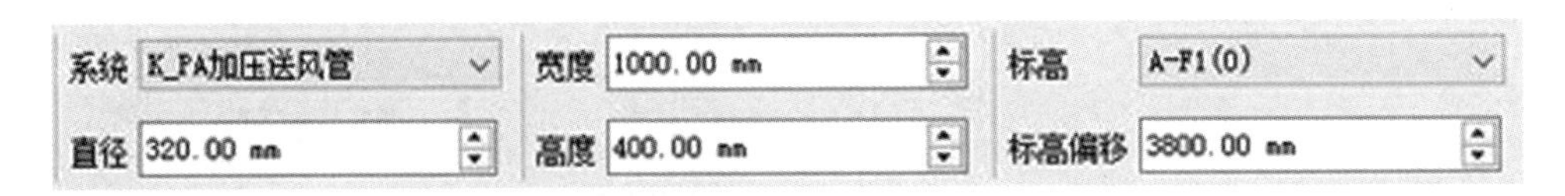

图 5-1-6　设置风管管径尺寸和标高

5.1.2　风管建模

(1)进入风管绘制界面,软件在风管绘制方式上提供4种方式(图5-1-7)。

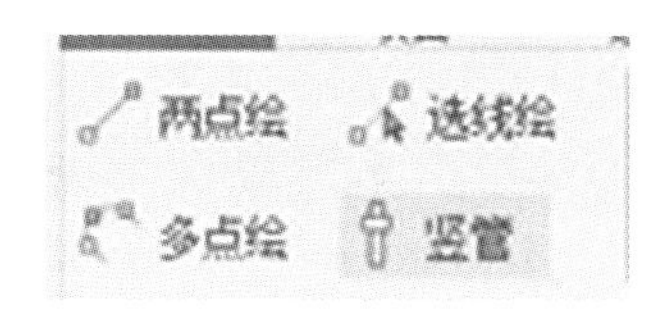

图5-1-7　风管绘制方式

① 两点绘:按直线布置,依次拾取单击“起点”“终点”。

② 多点绘:与两点绘绘制方式相同进行多段绘制,和两点绘区别在于,多点绘可以进行多段管道绘制(图5-1-8)。

③ 选线绘:选择线条,绘制与线条长度相同的风管。

④ 竖管:绘制竖直方向管。对比水平管,竖管绘制增加了“竖管高度”,设置完成“竖管高度”后(图5-1-9),单击放置即可完成。

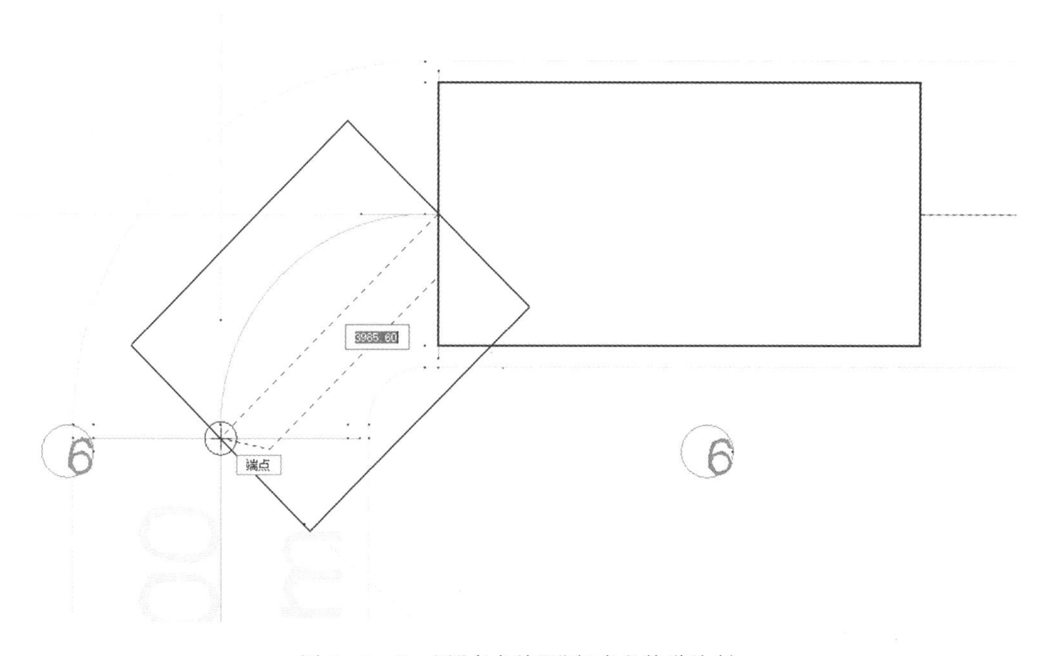

图5-1-8　用“多点绘”进行多段管道绘制

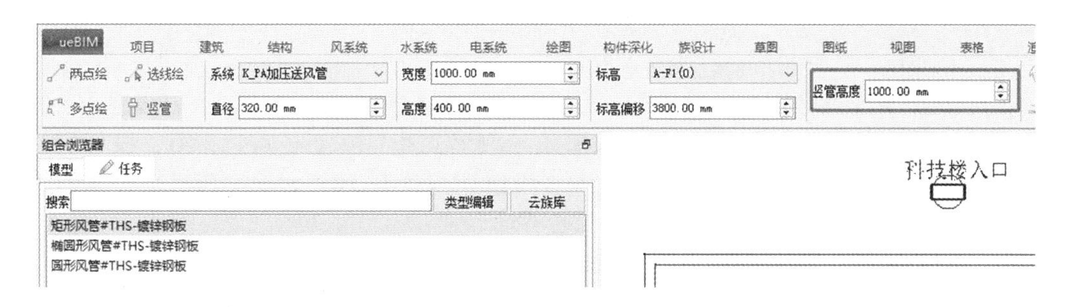

图5-1-9　设置竖管高度

(2)进入绘制面板，选择“多点绘”命令，移动光标单击鼠标左键捕捉绘制风管起点，随即指定管道绘制终点，即可生成一段风管(图 5-1-10、图 5-1-11)。

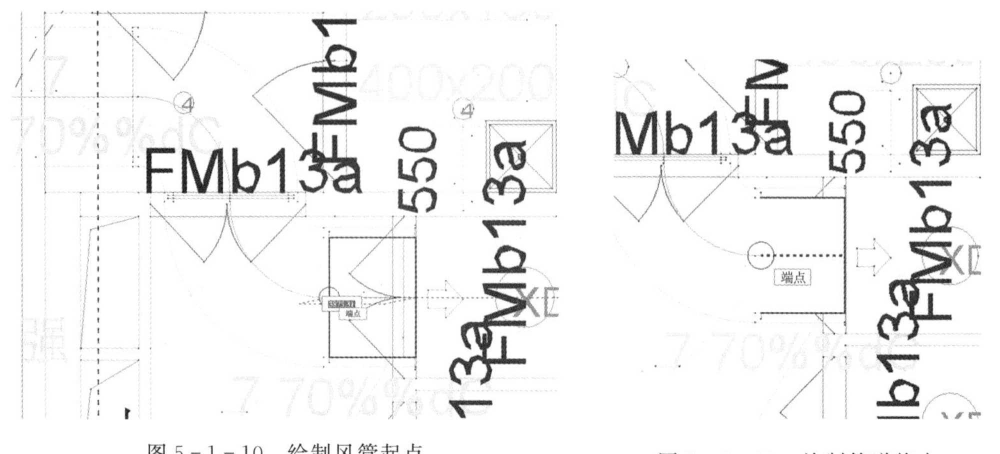

图 5-1-10　绘制风管起点

图 5-1-11　绘制管道终点

(3)绘制风管路径需要改变方向时，软件会自动为该段风管转向点处添加风管弯头(图 5-1-12、图 5-1-13)。

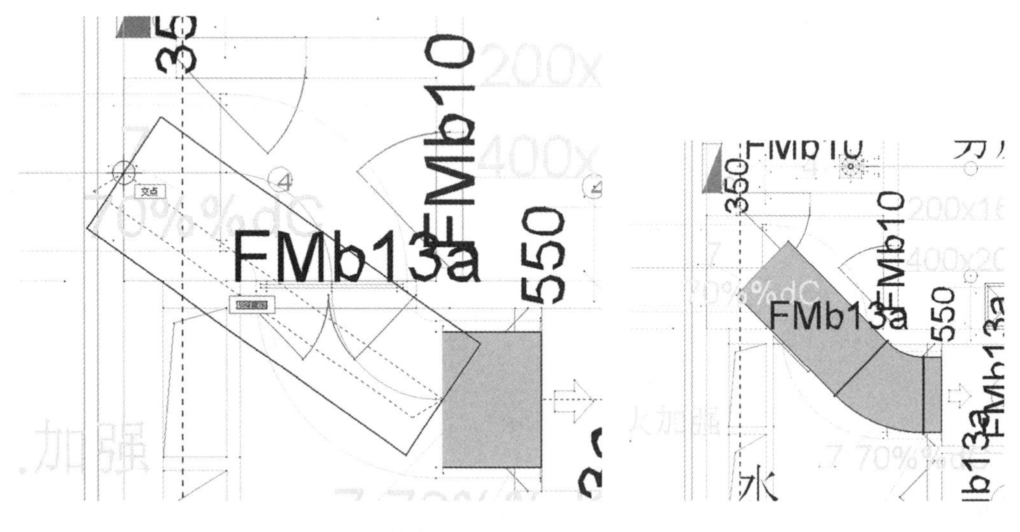

图 5-1-12　自动添加风管弯头(1)

图 5-1-13　自动添加风管弯头(2)

(4)在变径管道绘制上，可将第一段管道绘制终点指定在变径点。在第二段管道绘制时，调整管道参数，将第二段管道绘制起点指定在变径点，再指定第二段管道绘制终点即可(图 5-1-14、图 5-1-15)。

(5)科技楼一层空调通风风管模型绘制完成，三维模型效果如图 5-1-16 所示。

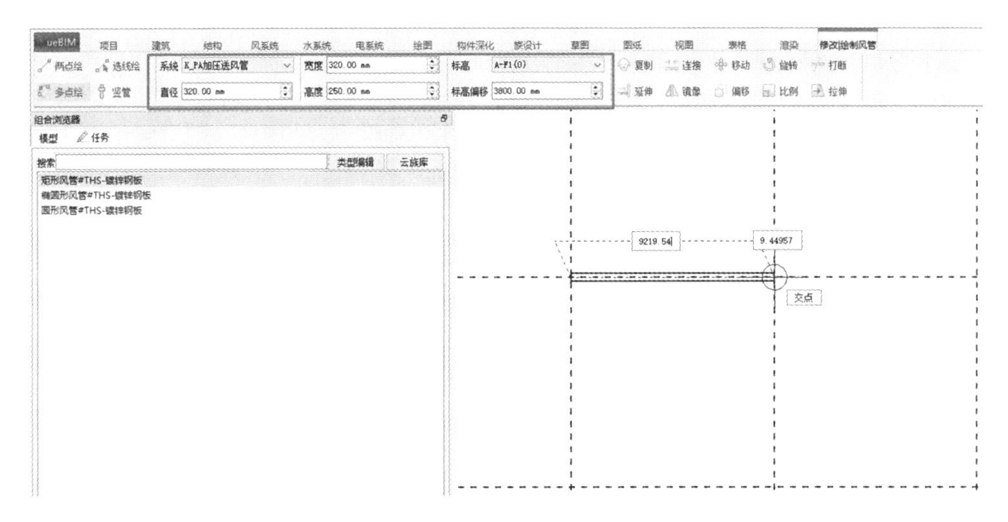

图 5-1-14　调整风管变径参数(1)

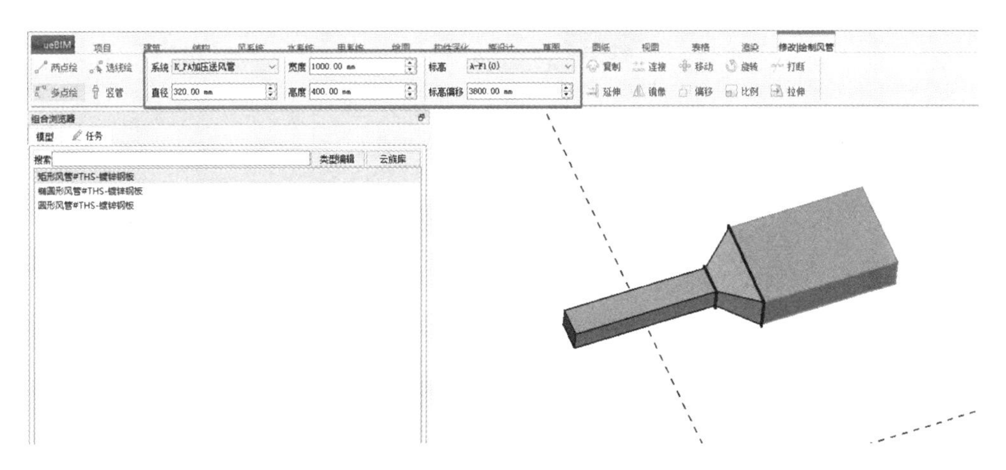

图 5-1-15　调整风管变径参数(2)

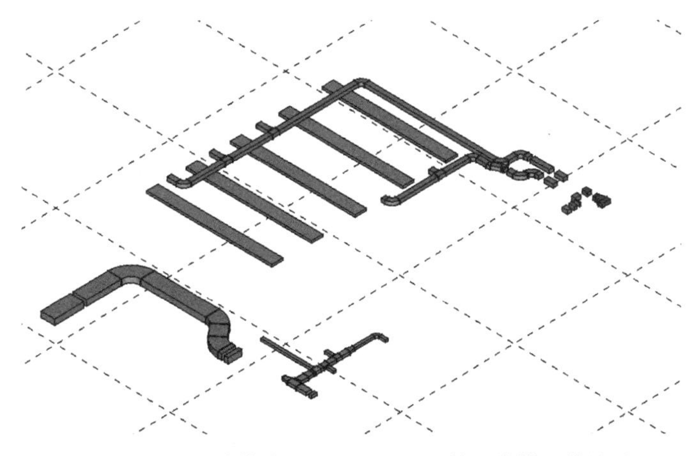

图 5-1-16　科技楼一层空调通风风管三维模型效果图

5.1.3 风管编辑及修改

双击风管构件，拖拽夹点①、夹点②，可修改风管管道夹点（图 5-1-17），按“Esc”键即可退出绘制模式。

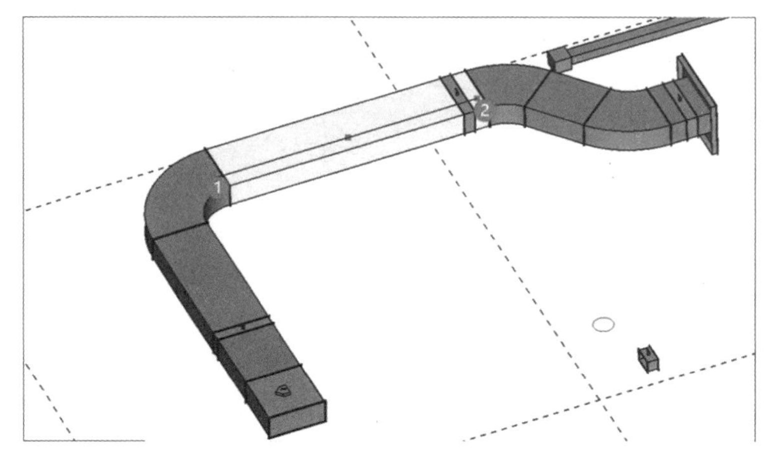

图 5-1-17 修改风管管道夹点

5.2 风管附件添加

(1)单击“风系统”→“附件”命令，进入绘制模式（图 5-2-1）。

图 5-2-1 “附件”命令

(2)在“组合浏览器”面板上，可单击选择一个附件类型，设置“标高”为“A-F1(0)”，“标高偏移”为“3800.00 mm”（图 5-2-2）。（注：实际附件标高信息添加按项目图纸需求进行填入）

(3)用点绘制方式绘制风管附件。根据科技楼一层空调通风平面图情况，移动光标单击鼠标左键选定“附件”放置位置，从而完成风管附件创建（图 5-2-3），按“Esc”键即可退出绘制模式。

(4)若需要在项目中添加附件类型，可在“组合浏览器”中单击“类型编辑”命令，打开附件“样式参数”面板，单击“载入”命令，即可进行项目附件类型载入（图 5-2-4、图 5-2-5）。

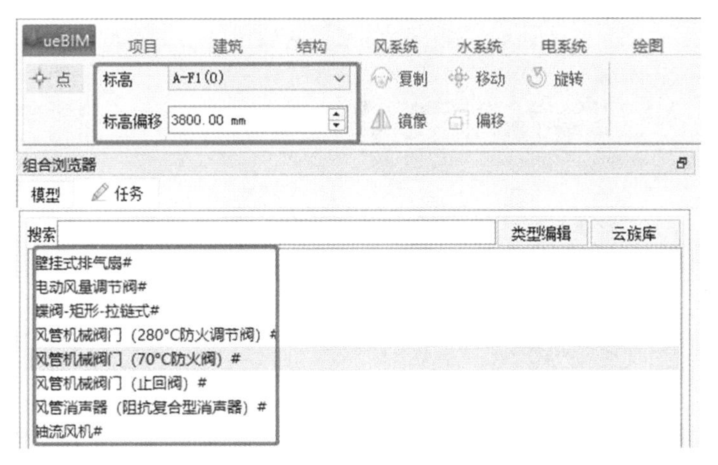

图 5-2-2　设置附件设备标高参数

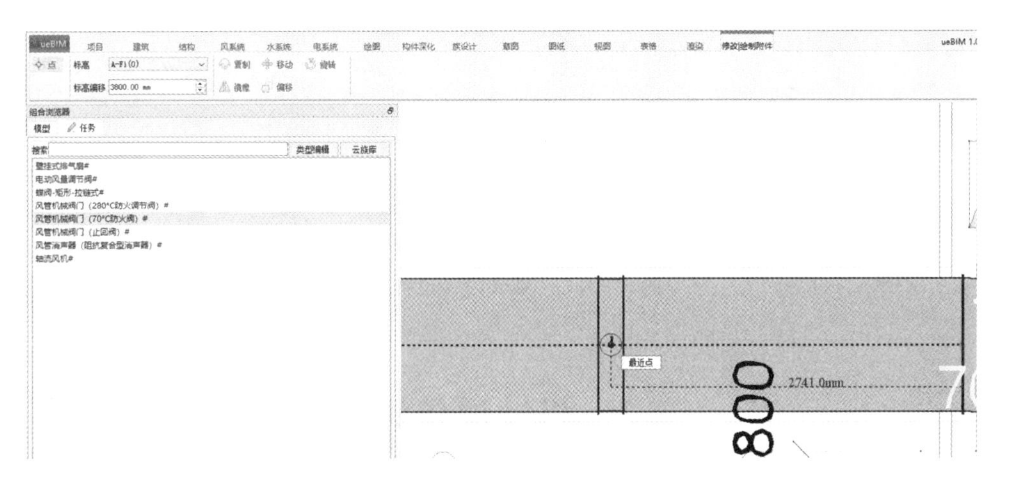

图 5-2-3　布置附件设备

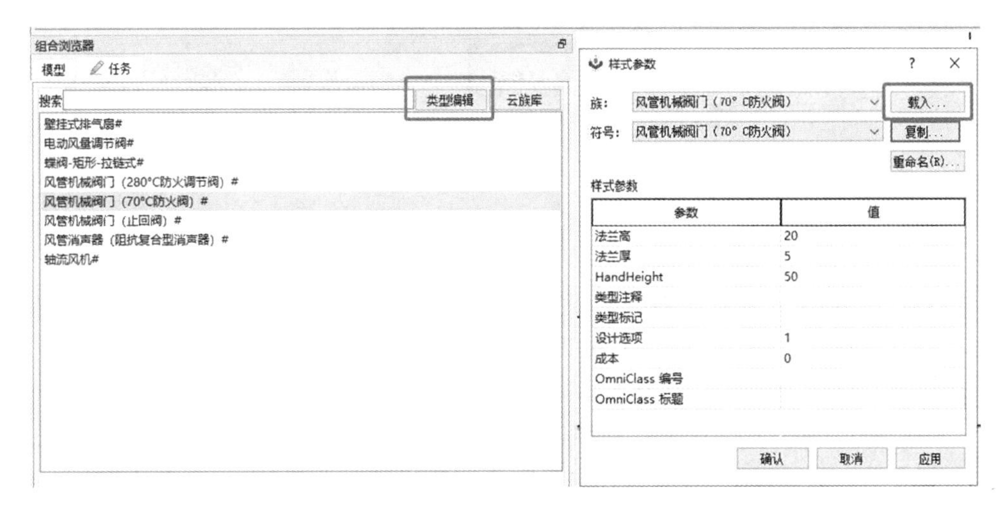

图 5-2-4　编辑附件设备类型

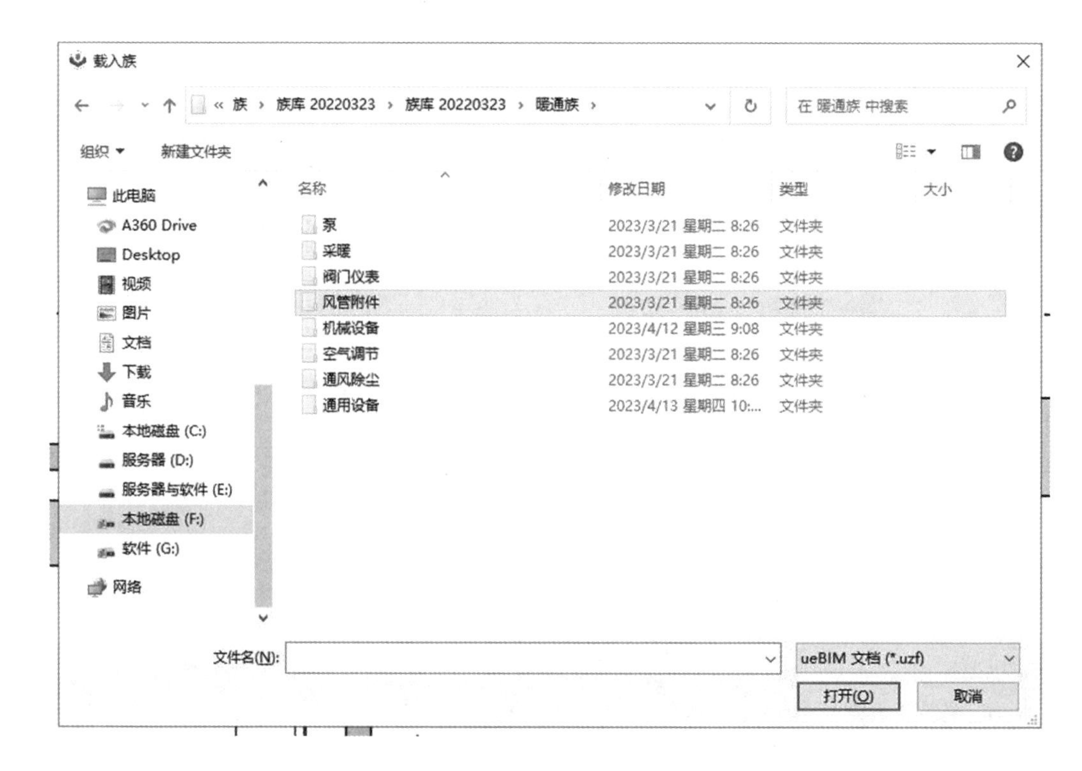

图 5-2-5　载入附件设备族库

5.3　机械设备添加

(1)单击“风系统”→“机械设备”命令，进入绘制模式(图 5-3-1)。

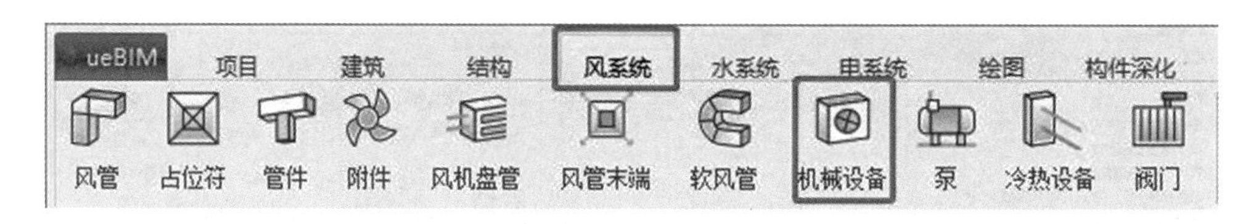

图 5-3-1　单击“风系统”选项卡中的“机械设备”命令

(2)用点绘制方式绘制机械设备(图 5-3-2)。根据科技楼一层空调通风平面图情况，移动光标单击鼠标左键选定“机械设备”放置位置，从而完成风管机械设备创建，按“Esc”键即可退出绘制模式。机械设备三维模型如图 5-3-3 所示。

(3)在“组合浏览器”中单击“类型编辑”，打开机械设备“样式参数”面板，可修改机械设备样式参数。机械设备添加完成后，若需要调整机械设备参数，可在左边“组合浏览器”中的“属性”界面进行修改(图 5-3-4)。

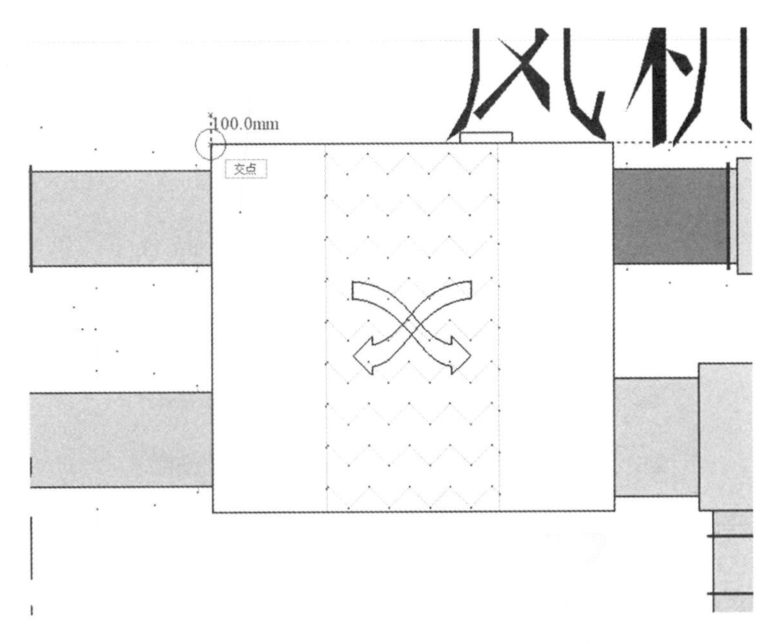

图 5-3-2　用点绘制方式绘制机械设备

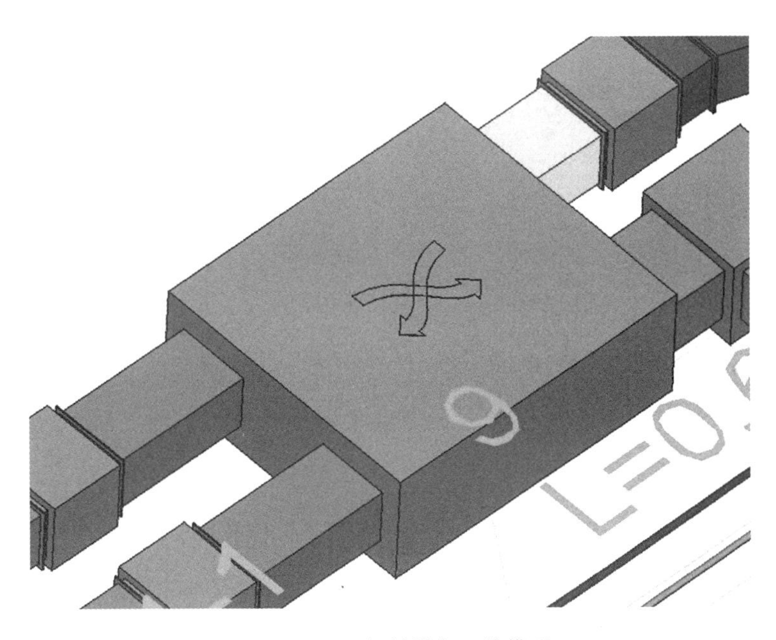

图 5-3-3　机械设备三维模型

标高:在顶部标高单击更改链接对象命令即可更换已设置好的标高,单击偏移数值可修改偏移量。

动态属性:可修改机械设备的高度、长度和宽度。

图元:可修改机械设备材质和族类型。单击族类型,可打开“样式参数”面板,编辑机械设备参数;单击材质,可为机械设备附上实际项目材质属性。

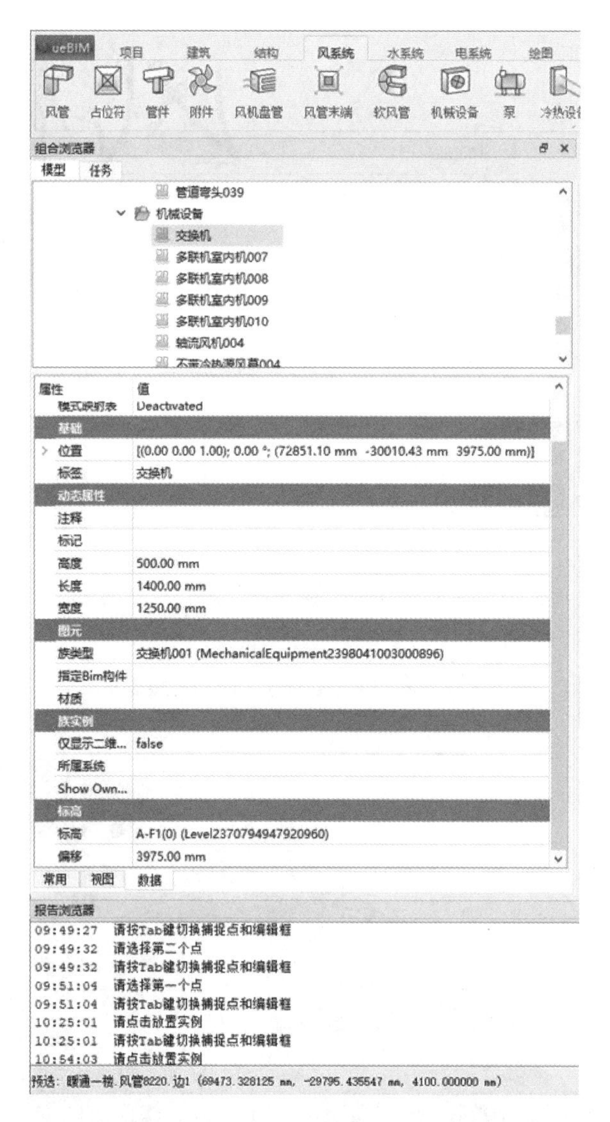

图 5-3-4　设置机械设备属性参数

5.4　暖通水管创建

5.4.1　水管设置

科技楼一层冷媒管道平面图纸

(1)在右上角功能区中单击“菜单”→“导入”命令，在打开界面中单击选择“科技楼一层冷媒管道平面图纸”(见二维码)，将其载入该项目中。

(2)单击“水系统”→“水管”命令，进入绘制模式(图 5-4-1)。

图 5-4-1 单击“风系统”选项卡中的“水管”命令

(3)在“组合浏览器”中单击“类型编辑”,打开水管“样式参数”面板,单击“复制”命令,进行项目中水管名称创建(图 5-4-2、图 5-4-3)。

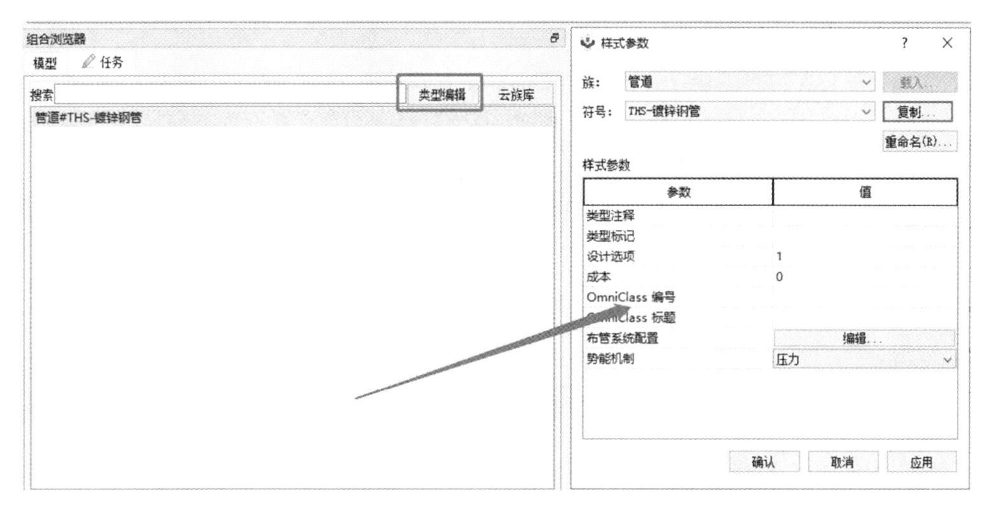

图 5-4-2 打开“样式参数”面板

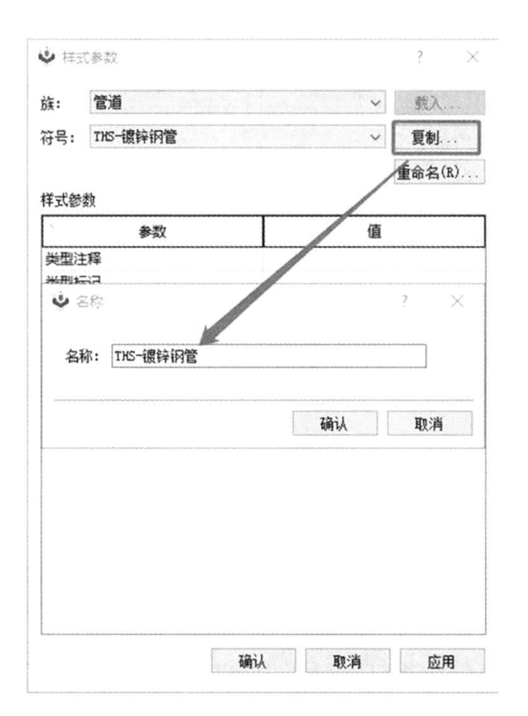

图 5-4-3 水管名称创建

(4)在水管样式面板中单击“布管系统配置”→“编辑”命令,打开水管“布管系统配置”面板。根据具体项目需要,更改系统布管配置参数(图 5-4-4)。

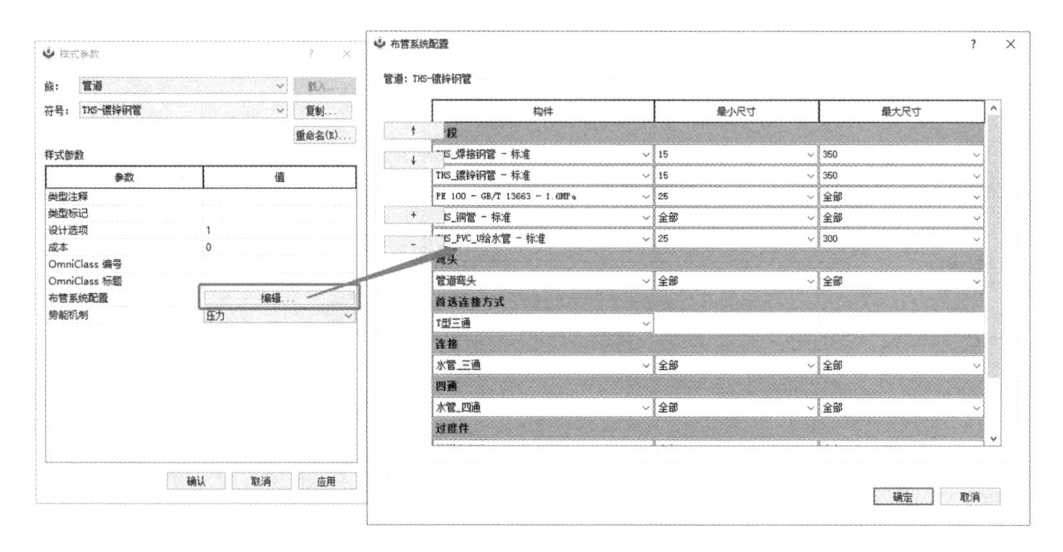

图 5-4-4 设置布管系统配置参数

(5)在“势能机制”项下拉菜单中选择“压力”选项(图 5-4-5)。

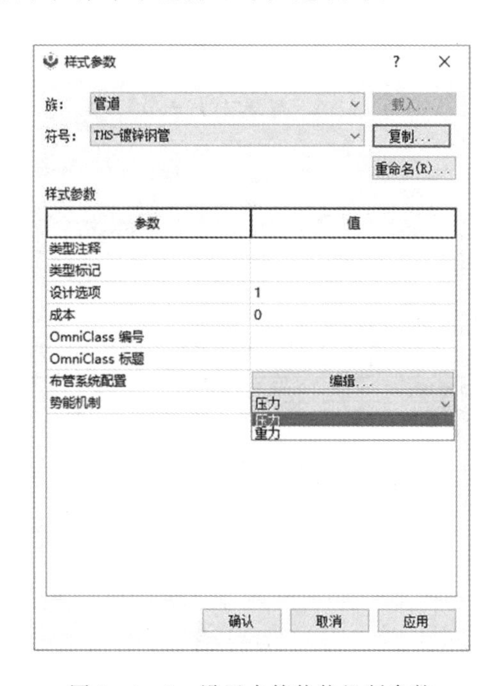

图 5-4-5 设置水管势能机制参数

(6)在“组合浏览器”面板中先选择水管类型,再设置风管直径和标高。“系统”类型为“S_LN 空调冷凝水管”,修改水管“直径”为“32.00 mm”“标高”为“A-F1(0)”“标高偏移”为“3600 mm”(图 5-4-6),实际水管属性添加按项目图纸需求进行填入。

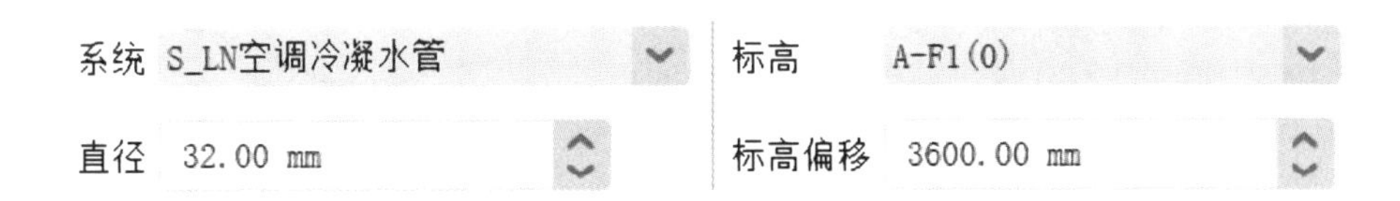

图 5-4-6　设置水管管径及标高参数

5.4.2　水管建模

(1)进入水管绘制界面,软件提供以下 4 种水管绘制方式(图 5-4-7),可参考风管绘制部分,此处不再赘述。

图 5-4-7　水管绘制方式

(2)移动光标单击鼠标左键选定结构墙“起点”“终点”,完成一段“S_LN 空调冷凝水管”绘制(图 5-4-8)。生成构件后,按“Esc”键即可退出绘制命令。

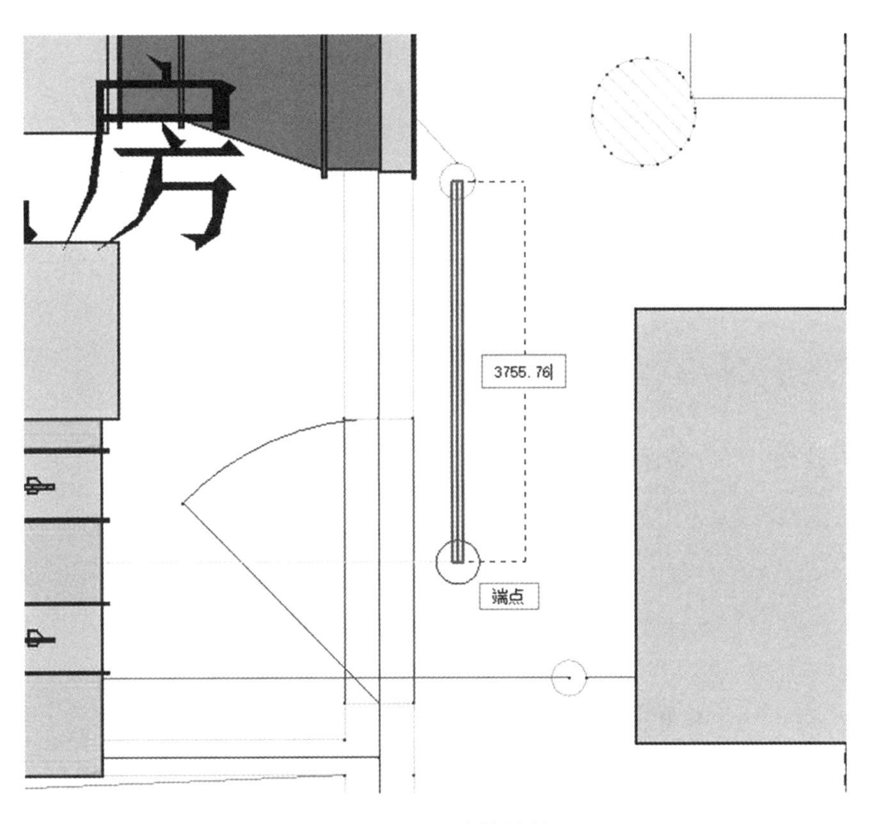

图 5-4-8　水管绘制

(3)在冷媒管道绘制中,常常会遇到多段管道相交现象,就需要根据不同项目信息对管线局部进行调整。例如,不同系统水管相交(不符合图纸要求情况)时,需根据图纸需求,调整水管布置高度(图 5-4-9)。

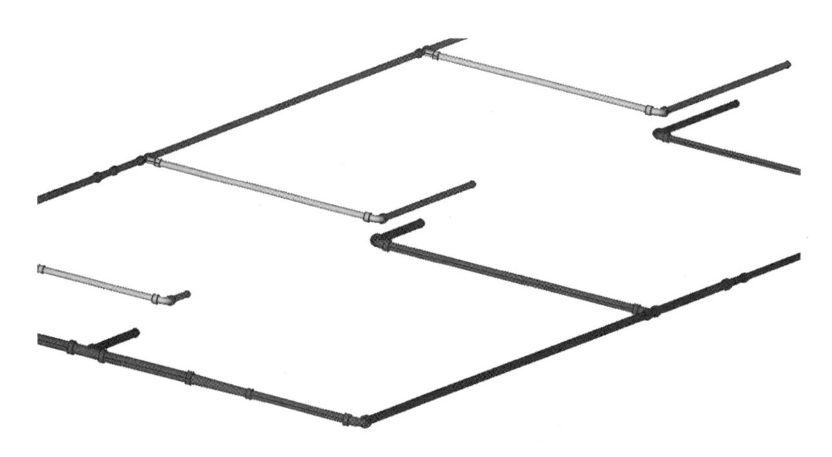

图 5-4-9　调整水管布置高度

（4）同一个系统水管相交，需要为相交点添加弯头管件，如水管三通、水管四通等。在两段“S_LN 空调冷凝水管”相交处，软件会自动为该段风管转向点处添加三通或四通管件（注：水管四通必须在两段水管垂直相交情况下才能生成）。三通弯头生成效果如图 5-4-10 所示，四通弯头生成效果如图 5-4-11 所示。

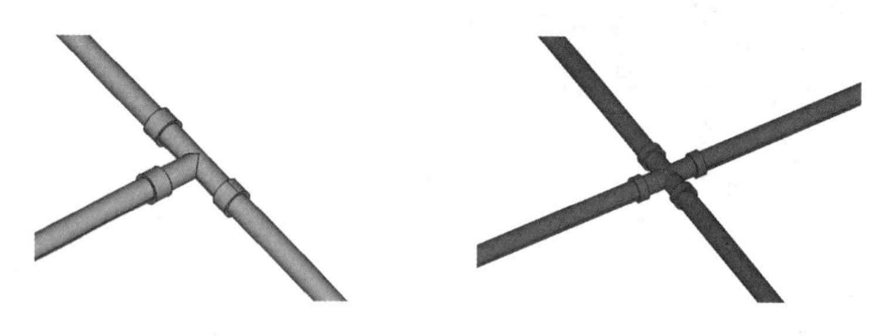

图 5-4-10　水管三通弯头　　图 5-4-11　水管四通弯头

（5）科技楼一层冷媒管道模型创建完成，三维模型效果如图 5-4-12 所示。

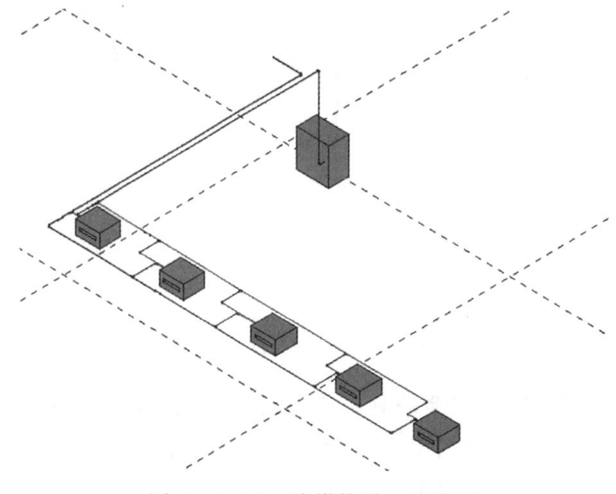

图 5-4-12　冷媒管道三维模型

5.4.3　水管编辑及修改

双击水管构件，拖拽夹点①、夹点②，可修改水管起始点（图 5-4-13），按“Esc”键即可退出绘制模式。

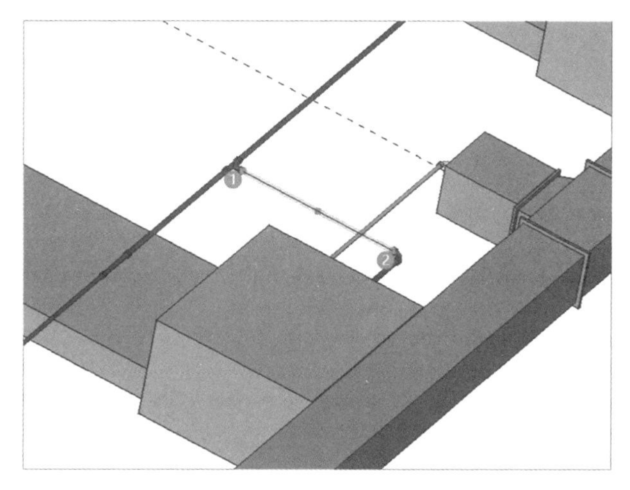

图 5-4-13　编辑及修改水管夹点

5.5　能力展示

一、理论知识应用题

扫码完成答题

二、实操应用题

根据图纸要求，完成模型的创建。

CAD 版图纸

PDF 版图纸

第六章 电系统模型建模

学习目标

本章节主要介绍项目“电气系统”中桥架、电气设备、照明设备、线管等构件创建与修改，掌握桥架系统颜色添加与属性修改，掌握电气专业构件族类型等属性修改与添加。

素养目标

在 BIM 电系统模型建模过程中，注重培养学生精益求精的工作态度。要求学生严格按照规范和标准进行操作，追求细节的完善，以培养出具有严谨、细致工作态度的专业人才。

鼓励学生在 BIM 电系统模型建模过程中发挥创新思维，提出新的设计方案和解决方案。学生通过实践操作，可以提高自己的实践能力和解决问题的能力，为未来的职业发展打下坚实基础。

6.1 电气桥架

6.1.1 桥架绘制

(1)在菜单栏中打开“科技楼项目共享标高和轴网模型”文件并另存为“科技楼_E_F01”。根据《建筑信息模型设计交付标准》GB/T 51301—2018 相关规定，模型文件命名方式:[项目代码]_[项目名称]_[单体建筑名称]_[专业代码(英文)]_[楼层代码]_[分区代号]。

(2)在菜单栏中选择“导入”命令(图 6-1-1)，图纸名称为“科技楼一层配电平面图”(见二维码)。

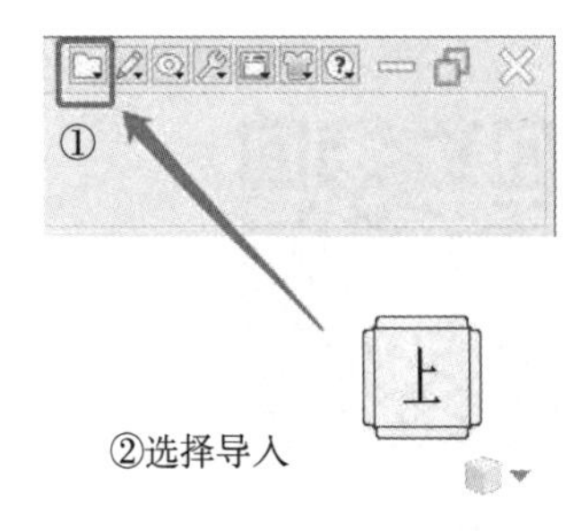

图 6-1-1 导入模型文件

科技楼一层配电平面图

(3)单击“电系统”→“桥架”命令(图 6-1-2)进入桥架绘制界面,选择“两点绘”命令。软件提供的桥架绘制方式有“两点绘”“选线绘”“多点绘”“竖管”(图 6-1-3)。

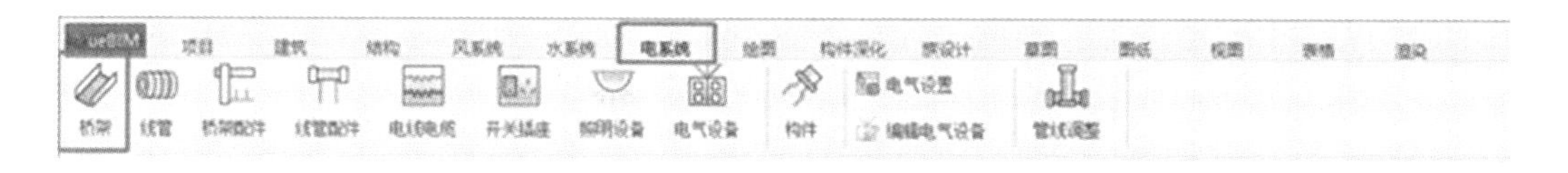

图 6-1-2 单击“电系统”选项卡中的“桥架”命令

(4)在功能菜单栏中输入桥架“宽度”为“200.00 mm”,“高度”为“100.00 mm”,“标高”“A-F1(0)”,“标高偏移”为“4200.00 mm”(图 6-1-4)[注:图中桥架“宽度”“高度”“安装高度”为(贴梁底)敷设(图 6-1-5)]。

(5)“组合浏览器”中提供桥架样式包括:“槽式桥架#THS—槽式桥架—弱电”“槽式桥架#THS—槽式桥架—消防”“槽式桥架#THS—槽式桥架—照明”“梯级式桥架#THS—梯级式桥架—弱电”“梯级式桥架#THS—梯级式桥架—消防”“梯级式桥架#THS—梯级式桥架—照明”等。本次选择“槽式桥架#THS—槽式桥架—照明”,单击左键(图 6-1-6)。

图 6-1-3 桥架绘制方式

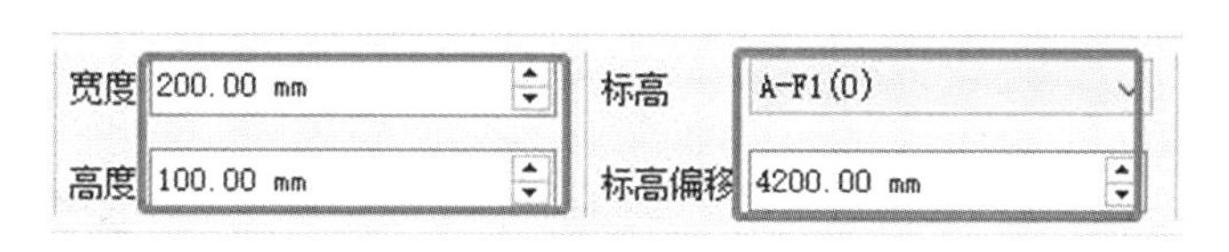

图 6-1-4 设置桥架尺寸(标高)参数

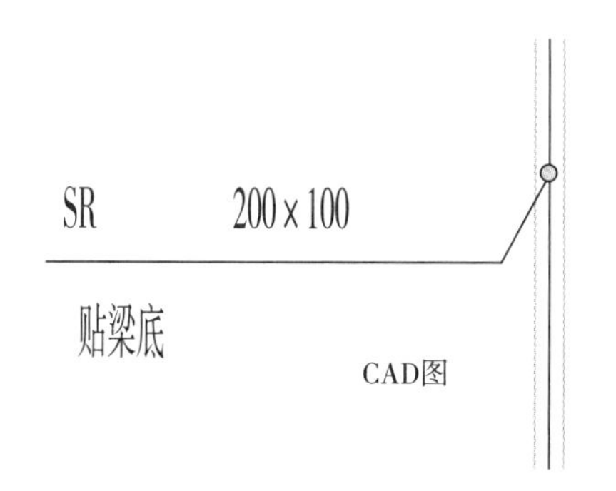

图 6-1-5 桥架尺寸大样

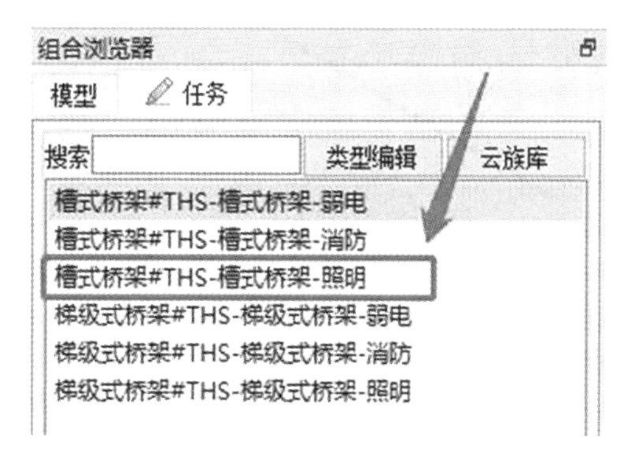

图 6-1-6 选择“槽式桥架#THS—槽式桥架—照明”

(6)光标移动至绘图建模区,使用“两点绘”按直线绘制,依次拾取单击“起点”“终点”(图 6-1-7);双击电气桥架可以通过夹点 1 或夹点 2 拖拽延长或缩短(图 6-1-8)。至此,电气桥架三维模型绘制完成(图 6-1-9)。

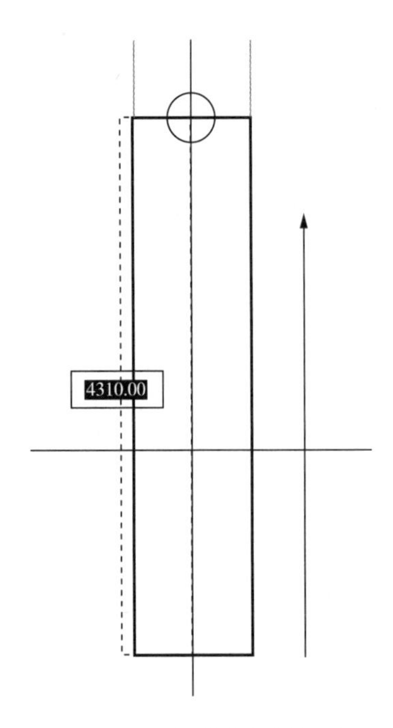

图 6-1-7 绘制电气桥架两点

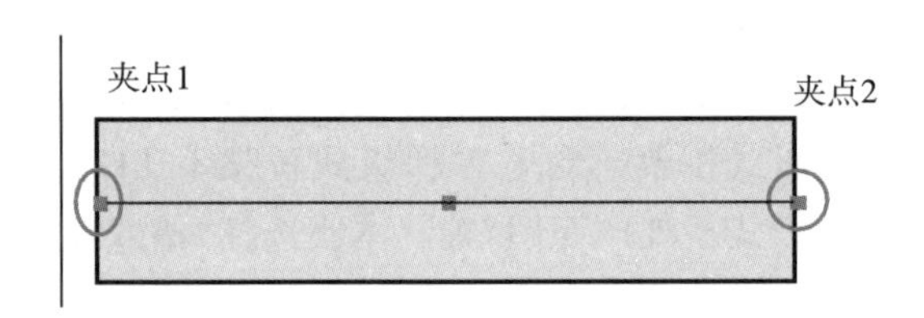

图 6-1-8 伸缩电气桥架长度

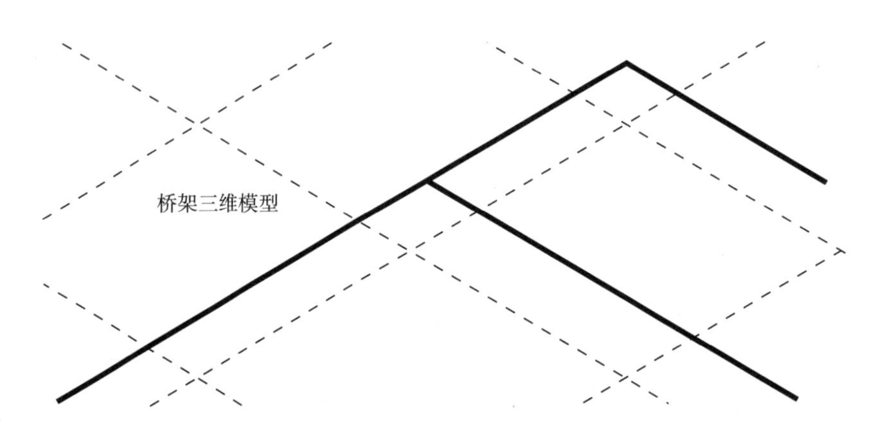

图 6-1-9 电气桥架三维模型效果图

6.1.2 竖管

(1)单击“电系统”→“桥架”命令(图 6-1-10)。

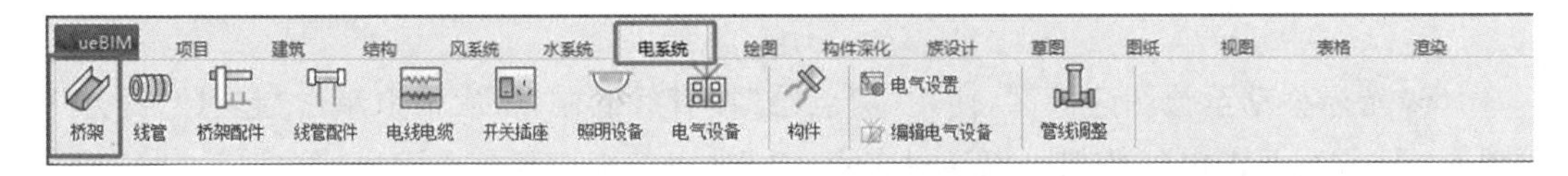

图 6-1-10 “桥架”命令

(2)在功能菜单栏中选择“竖管”命令(图 6－1－11)。在功能菜单栏中输入“宽度”为“600.00 mm”,“高度”为“200.00 mm”,“标高”为“A－F1(0)”,“标高偏移”为“00 mm”“竖管高度”为“5000.00 mm”(图 6－1－12)。注意:图中桥架“宽度”“高度”“安装高度”为竖向敷设。

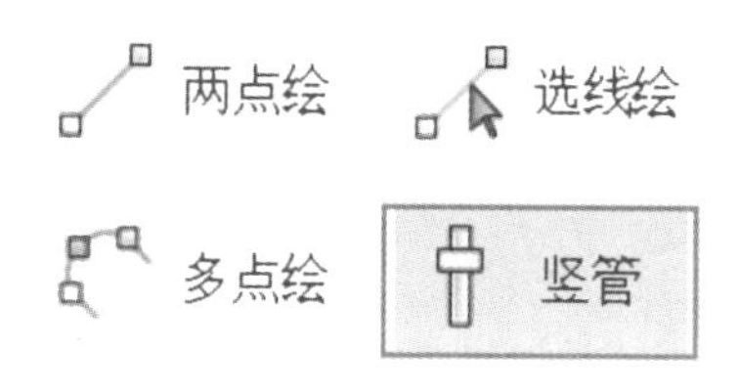

图 6－1－11　在功能菜单栏中选择“竖管”

(3)在“组合浏览器”中单击右键选择“槽式桥架＃THS－槽式桥架－照明”(图 6－1－13)。

(4)鼠标移动至绘图建模区,单击左键即可布置竖管,完成点绘(图 6－1－14),按两次“Esc”键结束当前绘制命令。

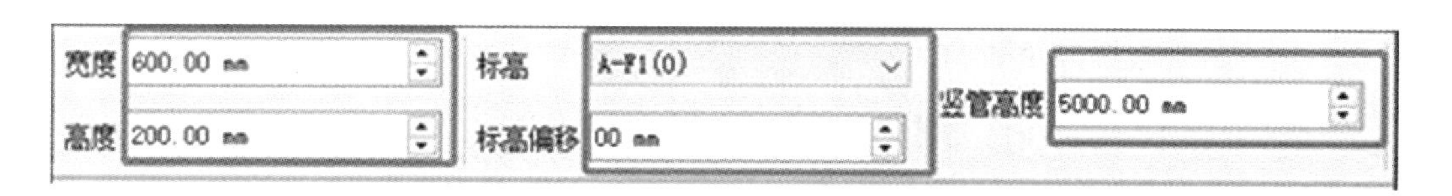

图 6－1－12　设置电气桥架竖管尺寸(标高、高度)

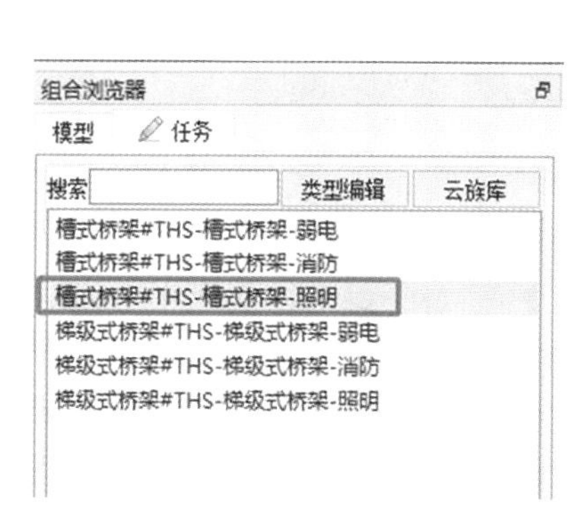

图 6－1－13　选择“槽式桥架＃THS－槽式桥架－照明”

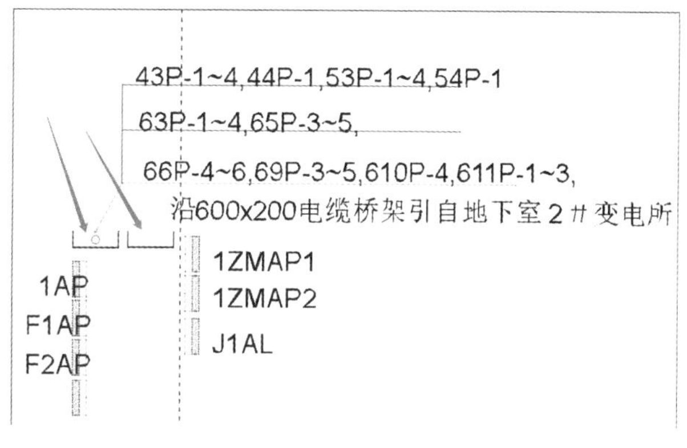

图 6－1－14　电气桥架竖管位置平面图

(5)对桥架属性赋予颜色以便于辨认,根据个人建模习惯自定义颜色,选择需要赋予颜色的桥架,按住“Ctrl”键可进行连续多次选择。在“组合浏览器”中下半区“属性”栏中选择“视图”→“对象样式”命令,再分别双击“线颜色”“点颜色”“形状颜色”进行修改(图 6－1－15、图 6－1－16),完成赋予颜色后的电气桥架三维模型如图 6－1－17 所示。

图 6-1-15　电气桥架"对象样式"中的颜色属性

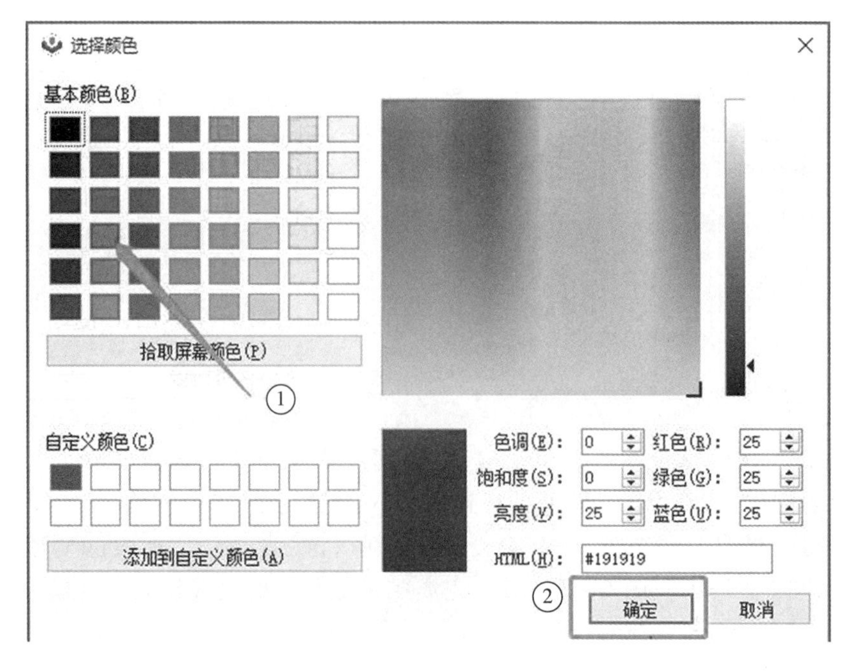

图 6-1-16　为电气桥架选择颜色属性

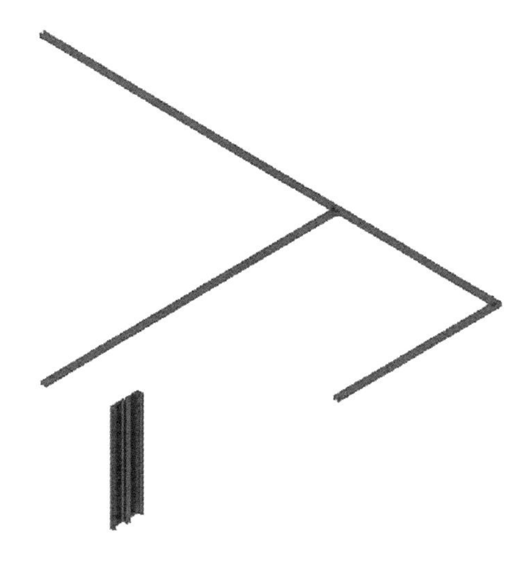

图 6-1-17　赋予颜色后的电气桥架三维模型效果图

6.2　电气设备布置

本章节配电箱、开关插座建模所需参数均来自设备设计说明(图 6-2-1)。

七. 设备安装方式及高度(底边距地)

1. 动力柜落地安装,在地下最底层时 0.2 米,其它 0.1 米。(底部用槽钢垫高)
2. 配电间、机房、地下层的配电箱、控制箱明装 1.4 米。卷闸门控制箱明装,距顶约 0.5米。
3. 竖井内配电箱明装. 位置、高度视安装检修等因数确定.
4. 走廊梯间,办公室配电箱暗装 1.4 米.
5. 各住户配电箱暗装 1.8 米.
6. 机房、竖井内的插座均1.4米暗装.
7. 跷板开关、触摸延时开关、电铃开关暗装 1.4 米,吊扇调速开关及风机盘管控制器明装 1.4 米.
8. 楼梯及走廊的红外感应或声控开关暗装,距顶 0.3 米或吸顶安装.
9. 插座均暗装: S1.4 米, 0.3米, 贴地暗装 在卫生间安装的插座须距淋浴间的门边0.6米以上,无淋浴间距喷头1.2米。在阳台,卫生间安装的插座均应加防溅盖板。安装距地1.8米及以下的插座均应选用安全型.
10. 出口指示灯安装于门框上方或吊装距地 2.2~2.5 米;走廊及楼梯间诱导灯距地0.5米,暗装.
11. 无障碍卫生间求助按钮距地 0.5 米,门外求助警铃距地 2.4 米.
12. 防火卷帘门两侧设手动控制按钮,距地 1.5 米.
13. 消防设备的配电、控制箱应设明显标志.

图 6-2-1　设备设计说明

6.2.1 配电箱设备

(1)单击“电系统”→“电气设备”命令(图 6-2-2)。

图 6-2-2 “电气设备”命令

(2)在功能菜单栏中单击“点”命令,“标高”为“A - F1(0)”,“标高偏移”为“200.00 mm”(图 6-2-3,注:标高偏移距离根据图纸设计说明所得)。

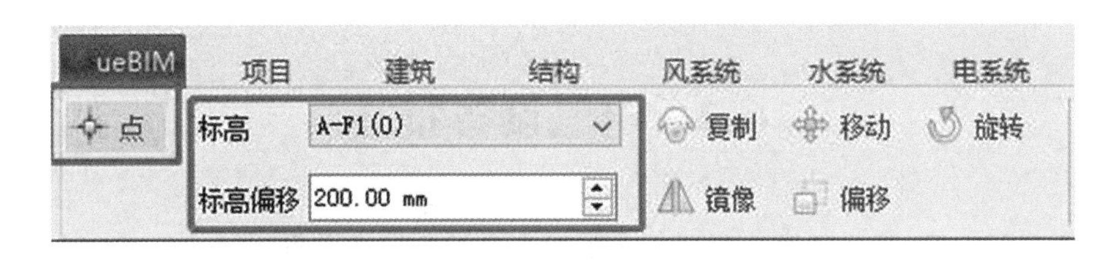

图 6-2-3 设置配电箱高度(标高)参数

(3)在“组合浏览器”中选择“配电箱#”,单击“类型编辑”命令对配电箱进行编辑重命名(图 6-2-4)。

图 6-2-4 配电箱类型编辑

(4)单击“复制”命令(图 6-2-5),将配电箱命名为“1KAP”,输入完成后单击“确认”(图 6-2-6)。再单击“确认”即完成配电箱命名(图 6-2-7)。

(5)在“组合浏览器”中选择“1KAP”配电箱,鼠标移动至绘图建模区,按“空格”键对“1KAP”配电箱进行旋转至180°,左键单击“点”布置即可完成(图 6-2-8、图 6-2-9),按两次“Esc”键结束当前绘制命令。

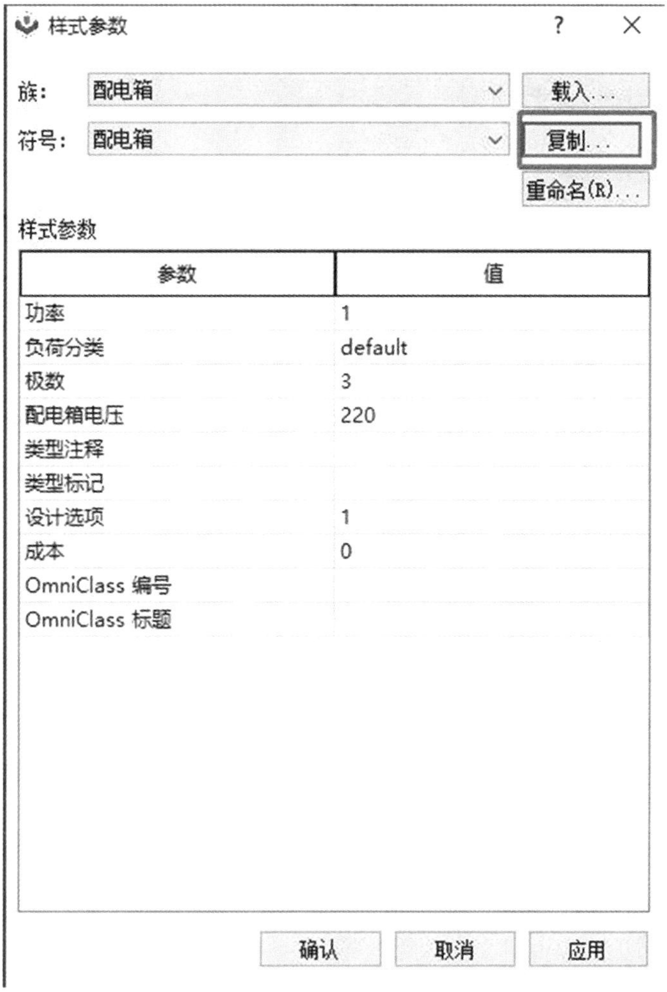

样式参数 ? ×

族：配电箱 载入...

符号：配电箱 复制...

重命名(R)...

样式参数

参数	值
功率	1
负荷分类	default
极数	3
配电箱电压	220
类型注释	
类型标记	
设计选项	1
成本	0
OmniClass 编号	
OmniClass 标题	

确认 取消 应用

图 6-2-5 复制配电箱构件

名称 ? ×

名称：1KAP

确认 取消

图 6-2-6 输入配电箱构件名称“1KAP”

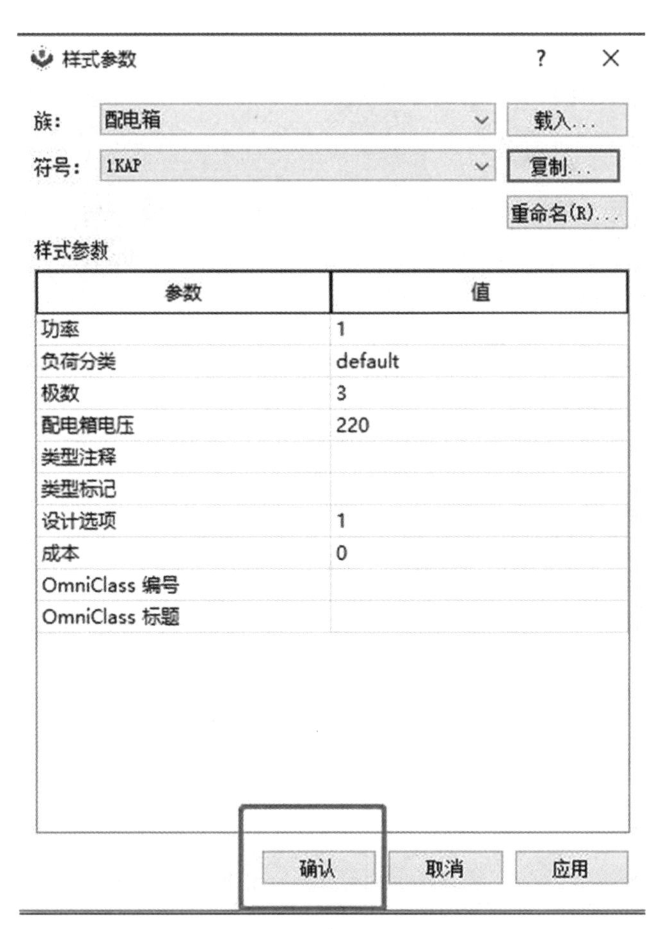

图 6-2-7 完成配电箱命名

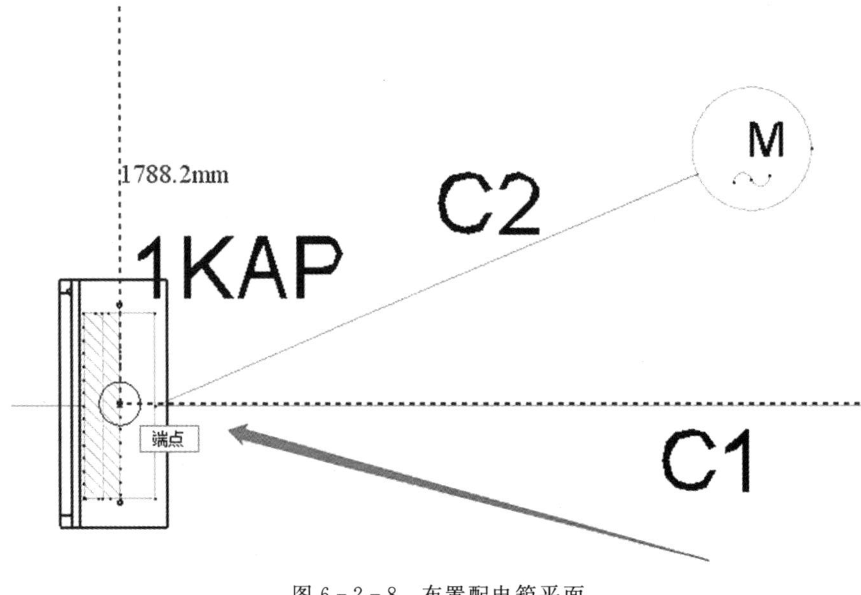

图 6-2-8 布置配电箱平面

图 6-2-9　配电箱三维模型效果图

6.2.2　开关插座

(1)单击“电系统”→“开关插座”命令(图 6-2-10)。

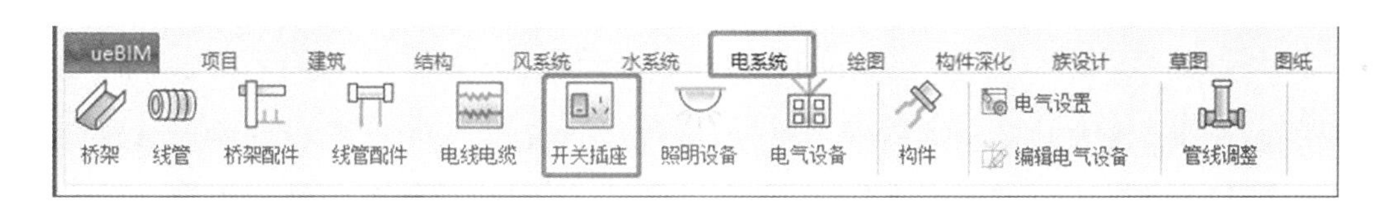

图 6-2-10　“开关插座”命令

(2)功能菜单栏中单击“点”命令,设置“标高”为“A-F1(0)”,“标高偏移”为“300.00 mm”(图 6-2-11,标高偏移距离根据图纸设计说明所得)。

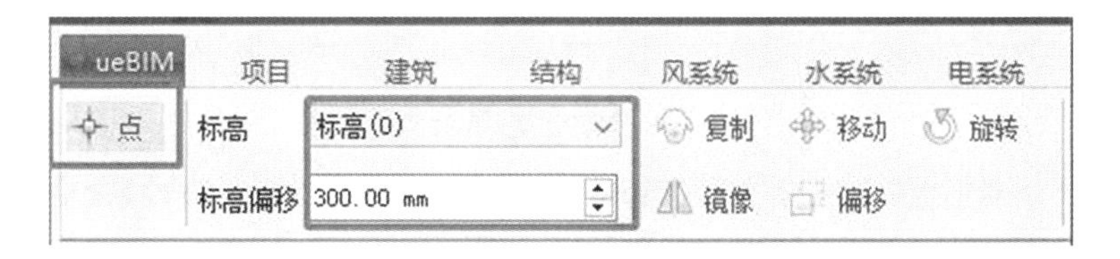

图 6-2-11　设置开关插座标高参数

(3)在“组合浏览器”中选择“单相二三孔插座一暗装♯”(图 6-2-12)。

(4)光标移动至绘图建模区,在三维中放置插座(注:开关、插座等基于墙三维、立面皆可放置),放置完成后按两次“Esc”键结束当前绘制命令(图 6-2-13)。

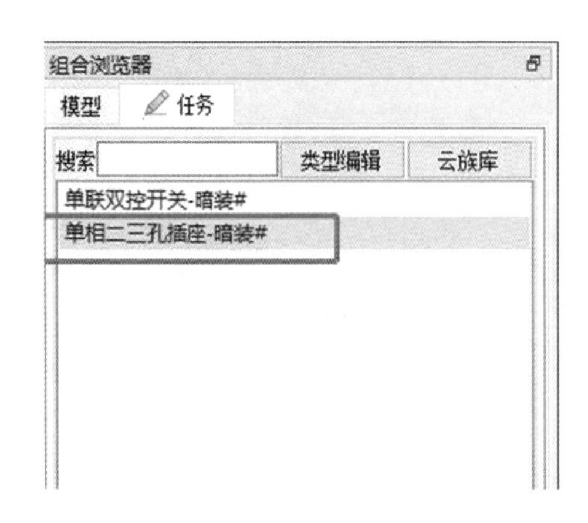

图 6-2-12 选择"单相二三孔插座—暗装#"

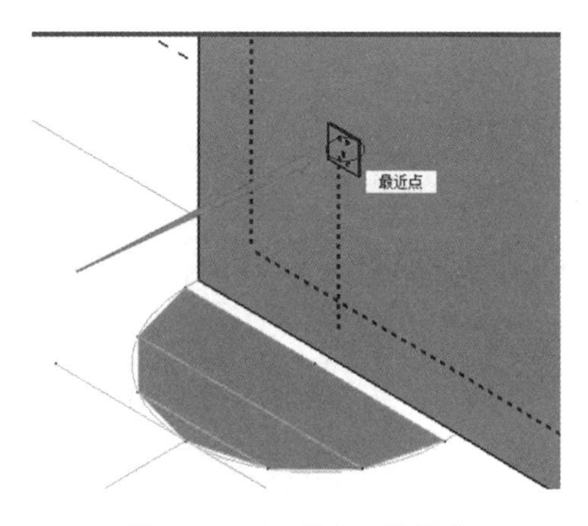

图 6-2-13 插座三维模型

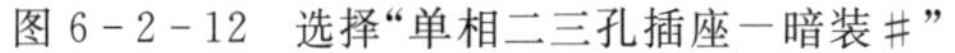

6.3 照明设备

(1)单击"电系统"→"照明设备"命令(图 6-3-1)。

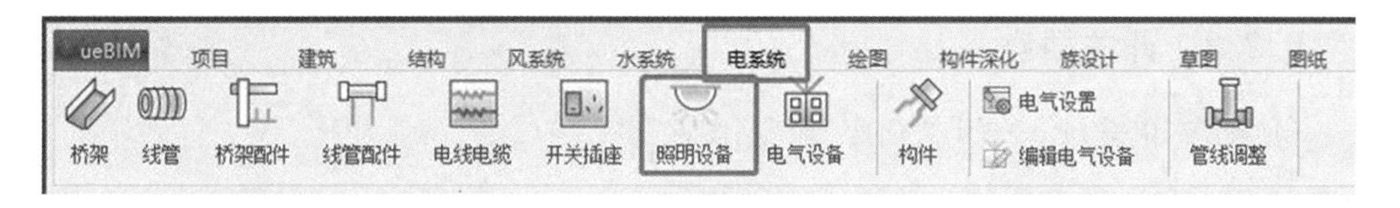

图 6-3-1 "照明设备"命令

(2)在功能菜单栏中单击"点"命令,设置"标高"为"A-F2(5 m)","标高偏移"为"—120.00 mm"(图 6-3-2,标高偏移距离根据图纸设计说明所得)。

图 6-3-2 设置照明设备标高参数

(3)在"组合浏览器"中选择"室内普通灯具#",并单击"类型编辑"命令进行灯具重命名(图 6-3-3)。

(4)单击选择"复制"命令并将照明设备命名为"明装吸顶式—筒灯",命名完成后单击"确认",再单击"确认"(图 6-3-4)。在"组合浏览器"中单击选择改名后的"明装吸顶式—筒灯",光标移动至绘图建模区平面中,"点"放置照明设备,放置完成,按两次"Esc"结束当前绘制命令(图 6-3-5、图 6-3-6)。

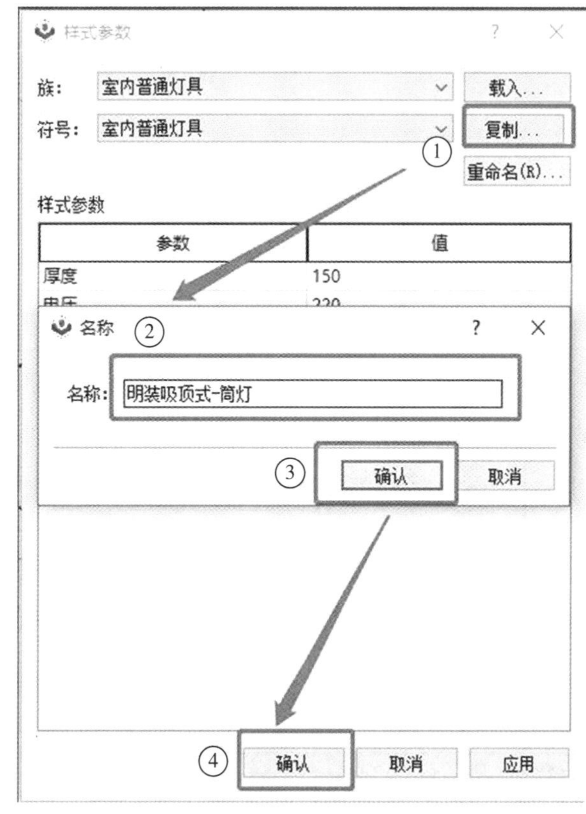

图 6-3-3　编辑照明设备类型　　　　图 6-3-4　复制照明设备名称

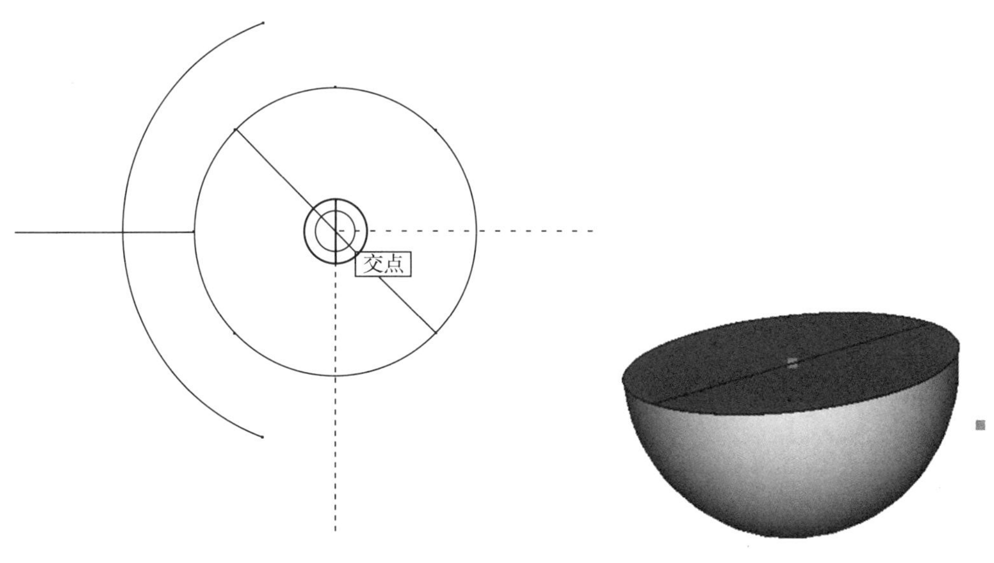

图 6-3-5　照明设备平面图位置　　　　图 6-3-6　照明设备三维模型

6.4 线 管

6.4.1 线管

(1)单击“电系统”→“线管”命令(图 6-4-1)。

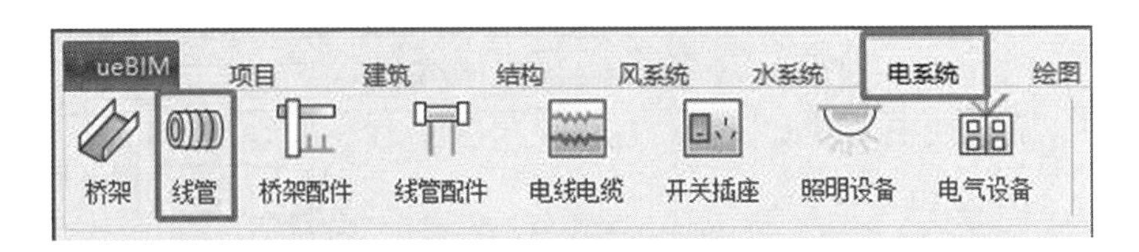

图 6-4-1 “线管”命令

(2)在功能菜单栏中单击“多点绘”命令,设置“直径”为“20.00 mm”,“标高”为“A-F1(0)”,“标高偏移”为“0.00 mm”(图 6-4-2,标高偏移距离根据图纸设计说明所得)。

图 6-4-2 设置线管管径(标高)参数

(3)在“组合浏览器”中单击选择“线管#THS—线管”,并把光标移动至绘图建模区,线管绘制完成,按两次“Esc”键结束当前绘制命令(图 6-4-3、图 6-4-4)。

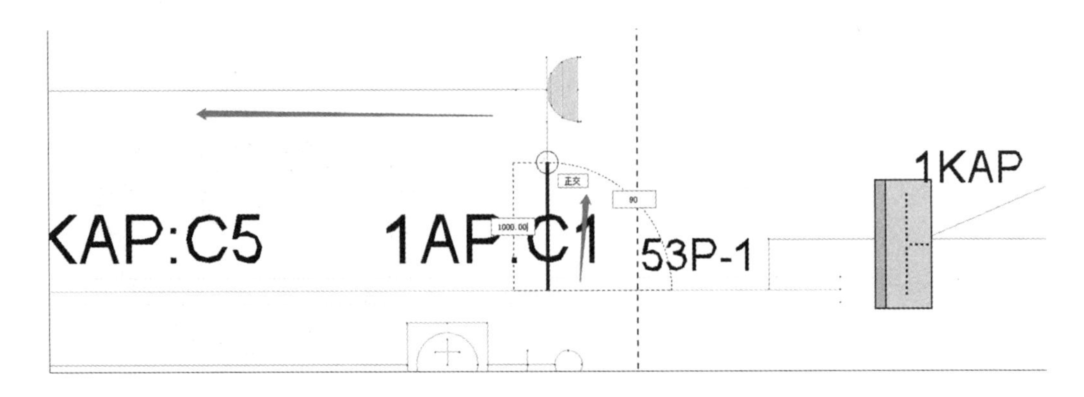

图 6-4-3 线管平面图纸位置

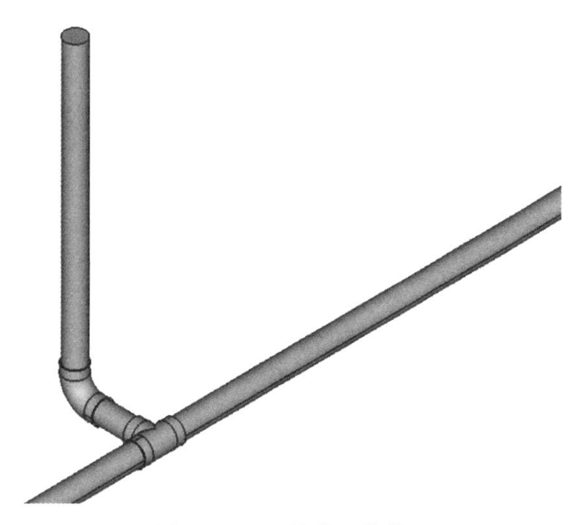

图 6-4-4　线管三维模型

6.5　能力展示

一、理论知识应用题

扫码完成答题

二、实操应用题

根据图纸要求，完成模型的创建。

CAD 版图纸

PDF 版图纸

第七章　模型整合与交付

学习目标

掌握按专业、楼层、施工顺序等标准拆分与合并模型；掌握链接模型锚点创建等基本操作；掌握按深圳市既有建筑建模交付标准等标准新建文件，拆分、合并模型等基本操作。

素养目标

在BIM模型整合与交付过程中，团队协作与沟通至关重要。学生需要学会如何与不同专业的团队成员有效沟通，共同解决问题，以确保BIM模型的顺利整合与交付。这一过程有助于培养学生的团队协作精神和沟通能力。

BIM模型整合与交付涉及项目的多个阶段和利益方，学生需要对自己的工作负责，具备高度的责任心和敬业精神。这种精神的培养有助于学生在未来的职业生涯中更好地履行自己的职责。

7.1　模型拆分

鉴于目前计算机软硬件性能限制，使用单一模型文件进行工作不太可能完成，整个项目必须对模型进行拆分，以便提高项目操作效率，实现不同专业间协作。

在建模之前规划好分组或完成之后进行分组，管道立管等需要在楼层标高位置进行打断，打断后应备份文件。备份完成后，删除多余构件，最后保存或另存为指定位置和名称，其他专业使用同样操作(图7-1-1)。

模型
项目
结构
S-标高
S-轴网
F1-结构柱
F2-结构梁
F1-结构墙
F1-结构坡道
F2-结构楼板
F1-结构楼梯
F1-结构扶手

图7-1-1　模型构件分组

7.2　模型合并

模型整合应遵循以下原则：

一是按专业整合。对应每个专业，整合所有业态和楼层模型，便于各专业进行整体分析和研究。

二是按施工顺序整合。按实际施工顺序整合模型，便于排查项目实施过程中可能出现的问题。

三是建立项目完整模型。将各专业整合模型组合到一个完整模型中，以用于项目综合分析。要合并或链接到一起的模型，首先要保证其与原模型当中项目基点和测量点保持一致。

7.2.1　合并项目

单击文件菜单，选择“合并项目”命令，选择要合并的工程文件，单击右下角打开，将需要合并的项目合并进来。合并好之后，可以在左侧“组合浏览器”当中看到合并项目，且会按照原工程保存，还可以手动进行修改。

7.2.2　链接模型

(1)打开链接工程和要链接到的工程，在链接工程的左侧“组合浏览器”当中选择工程文件主名称，右键单击“链接操作”→“锚点”命令(图 7-2-1)。

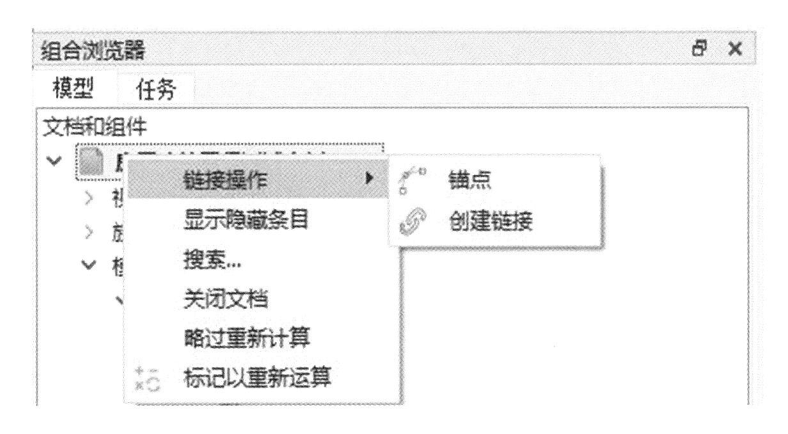

图 7-2-1　链接模型

(2)将工程当中的模型拖拽至锚点内(图 7-2-2)。

(3)打开要链接到的模型，在链接到的工程的左侧“组合浏览器”当中选择工程文件主名称；右键“链接”创建后，选中“属性”当中数据栏，设置“链接对象”(图 7-2-3)。

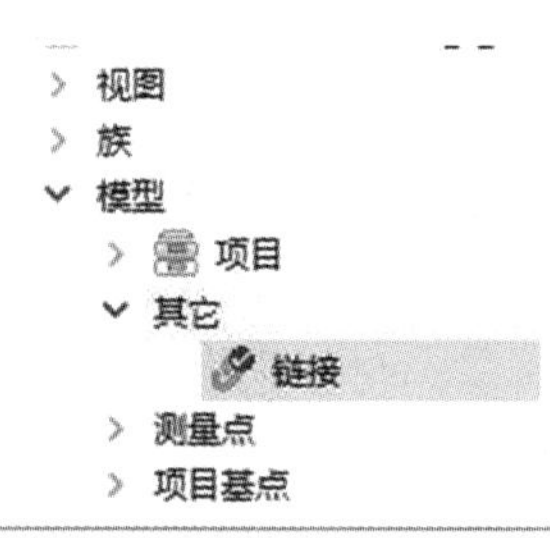

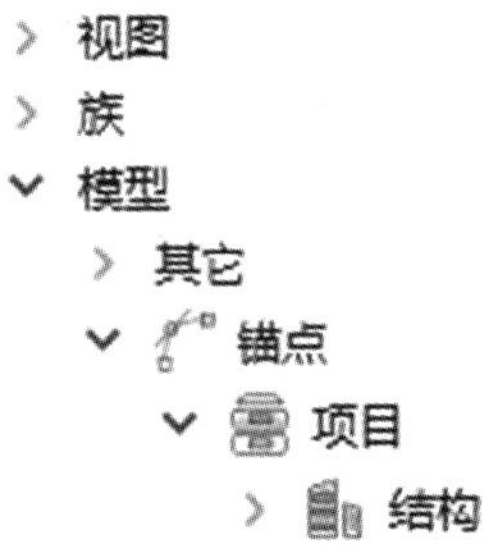

视图
族
模型
其它
锚点
项目
结构

图 7-2-2 拖拽模型至锚点

视图
族
模型
项目
其它
链接
测量点
项目基点
属性
值
链接
链接对象
链接位置变换
false
位置
[(0.00 0.00 1.00); 0.00 °; (0.00 mm 0.00 mm 0.00...
显示元素
true
元素个数
0
链接执行
缩放
1.00
比例列表
[]
基础
标签
链接
常用
视图
数据

图 7-2-3 模型链接对象

(4)选择“案例工程”中的“锚点”后，单击“确定”(图 7-2-4)。

(5)链接完成后可以在视图当中看到链接到本工程当中的模型，左侧“组合浏览器”中也可以展开链接查看链接到工程中的所有构件(图 7-2-5)。

链接
案例工程_S_F5
案例工程_S_F6
锚点
同步选中的子对象
搜索
清除
确定
重设
取消

图 7-2-4 确定锚点

案例工程_S_F5
视图
族
模型
项目
测量点
项目基点
结构框架
其它
链接
项目
结构
轴网
结构标高
六层结构

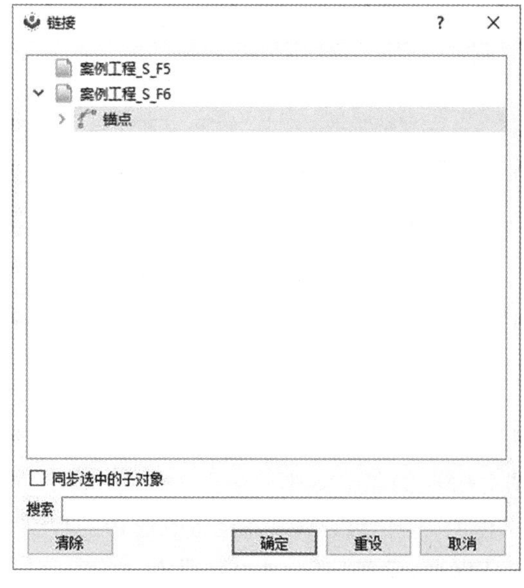

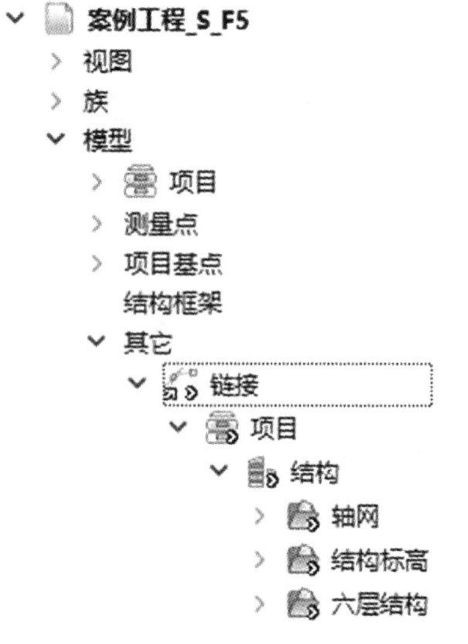

图 7-2-5 查看链接到工程中的所有构件

7.3　模型交付

ueBIM 模型根据《深圳市建筑信息设计交付标准》进行命名，本项目以深圳市既有建筑建模为例（图 7－3－1），按照要求进行分层与整合分类，对成果进行提交。

3.2.1　既有重要建筑工程项目电子文件夹的建立应采用目录树结构，项目电子文件夹结构与命名宜符合表3.2.1的规定。

表3.2.1　项目电子文件夹结构与命名

文件夹层级	命名方式
第一级	项目代码+项目名称
第二级	交付物类别（D1–D4）
第三级	专业类别

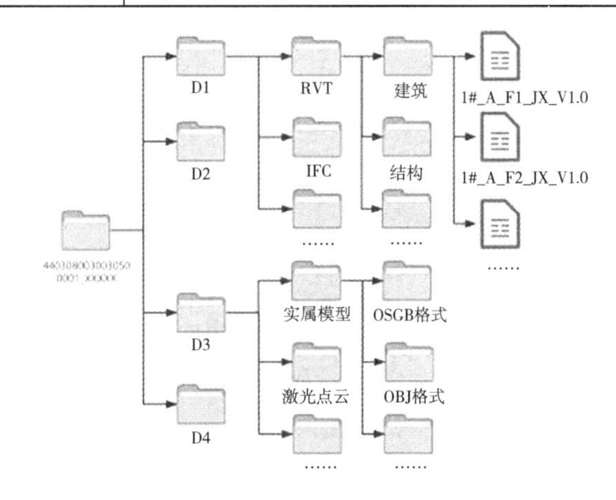

D1、D3类文件夹示意

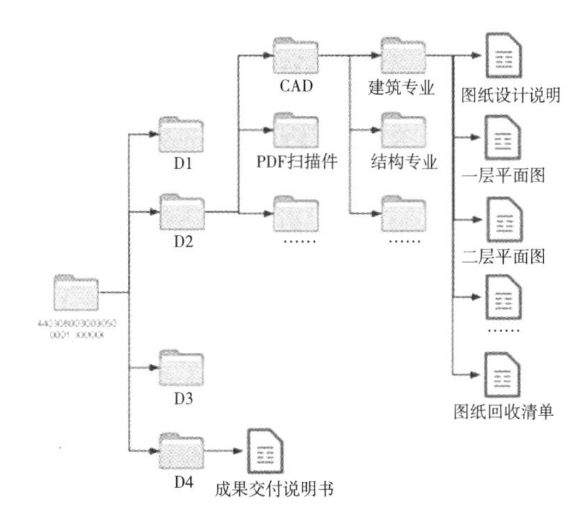

D2、D4类文件夹示意

图 7－3－1　模型交付标准案例

7.4 能力展示

一、理论知识应用题

扫码完成答题

二、实操应用题

以第二章的实操应用题为基础，完成标注模型的交付。

PDF 版图纸

第八章　族概念及应用

学习目标

掌握ueBIM系统族和用户族区别；掌握用户族创建、修改等操作；掌握族类型添加与修改；掌握风管、水管族键接件添加与修改；掌握族造型添加与修改；掌握门、窗、设备等参数化族创建。

素养目标

鼓励学生利用BIM族进行创意设计，培养学生的创新思维和实践能力，使学生能够在实践中发现问题、解决问题。

学生通过BIM族的协同设计功能，可以提高自己在团队中的协作能力和沟通能力，增强其团队意识。

8.1　族概念介绍

族是ueBIM软件中组成项目的单元，同时也是参数信息载体，是一个包含通用属性集和相关图形表示的图元组。族中每一个类型都具有相关图形表示和一组相同参数，称作族类型参数。常用的族大致可以分为两类：可载入族和系统族。

（1）可载入族

概念：使用族样板创建项目外扩展名为“.RFA”的文件。

特性：可载入项目，属性可自定义。

（2）系统族

概念：系统族是指非用户在族环境里定义族（在族环境定义族称为用户族，如梁、柱、门、窗、基础等），如墙、板、栏杆扶手、坡道等。这些系统族一般形状比较任意，不容易由参数来驱动。由参数来驱动会非常复杂，其本身依赖草图线条，而草图线条又是任意段含曲或直甚至包括所有类型曲线，这种族难以实现由用户去定义或维护成本很高，且定义族重用性也不好，故存在系统族概念。系统族在实现时，会充分考虑该系统类型特性，结合关联草图线条，再实现符合用户期望的三维图形。

特性：不能作为外部文件载入、创建。

8.2 门族创建

门是基于主体的构件，可以添加到任何类型墙内。首先选择要添加的门的类型，然后指定门在墙上的位置，ueBIM将自动剪切洞口并放置门。

本章中以单扇门为例。

8.2.1 创建族并设置类型和参数

(1)打开“C:\ueBIM 1.0\libraries\Templates\Family\门模板”文档，呈现一个墙和洞口(图8-2-1)。

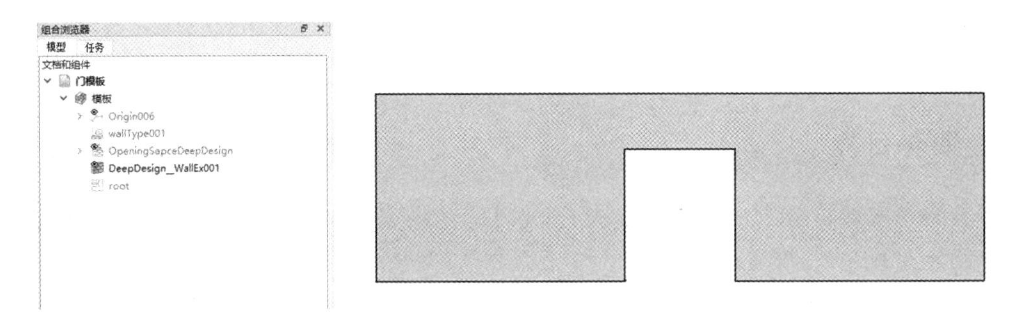

图8-2-1 创建单扇门族库

(2)单击“族设计”→“类型和参数”命令，再单击左下角“新建命令”，给族模板新建角度参数。角度的“参数类型”设置为“实例”，“参数数据”设置为“角度”(图8-2-2)。

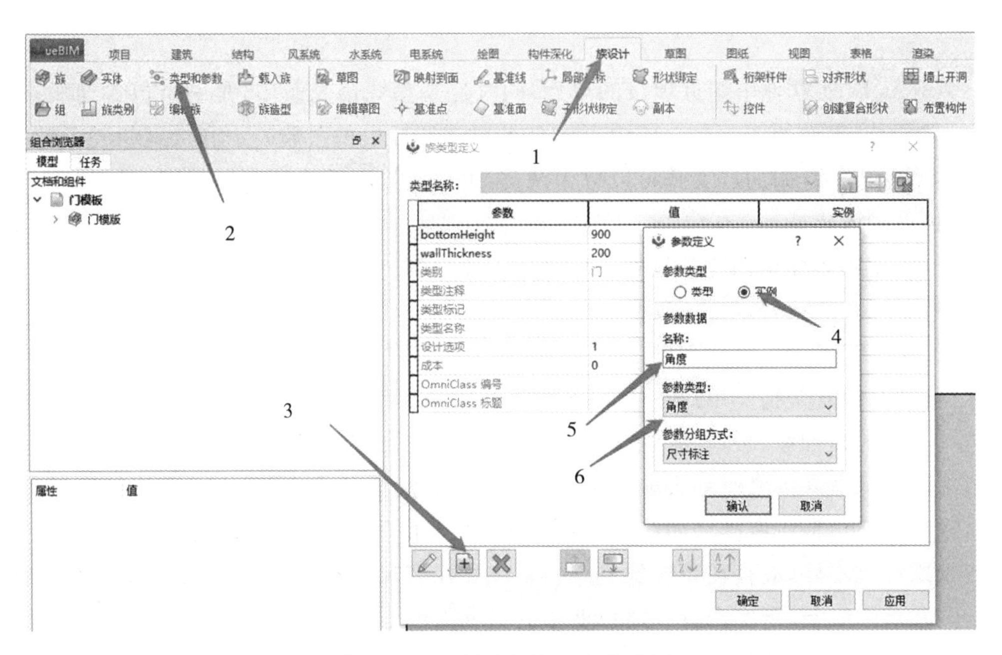

图8-2-2 设置单扇门参数类型

(3)添加“宽”“高”“门框宽”和“门框厚”的参数，最后单击“确定”(图 8-2-3)。

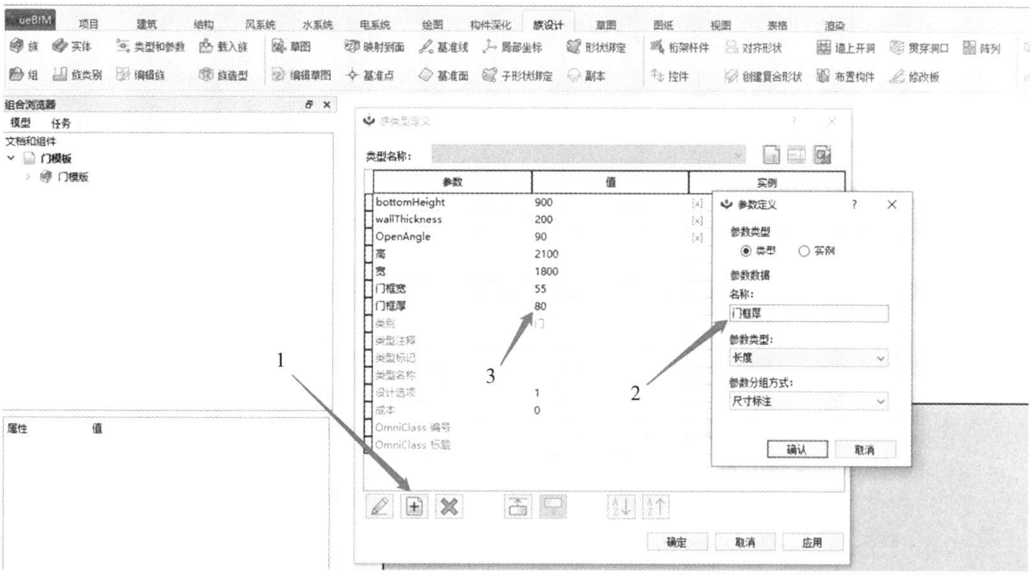

图 8-2-3　定义单扇门族库参数信息

8.2.2　编辑洞口草图

(1)选中“墙”，然后按空格键将墙隐藏(图 8-2-4)。

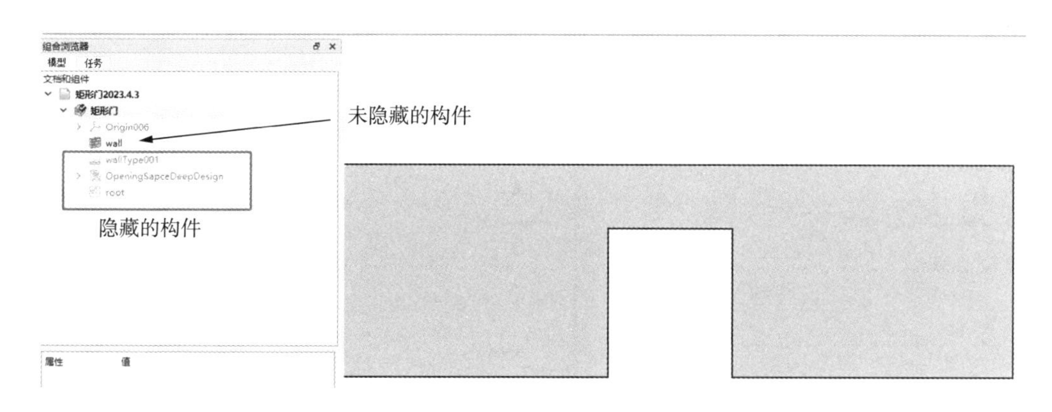

图 8-2-4　隐藏墙体

(2)打开左侧“组合浏览器”中的“OpeningSapceDeepDesign”→“Pad”图元，选中草图“HoleOut”；再选择“草图”→“编辑约束”命令，为洞口草图添加约束(图 8-2-5)。

(3)设置左上角约束类型，在弹出的距离约束框及公式编辑框内，添加与“Z”轴对称线段的距离约束，并在公式编辑器中输入“root. 宽”(图 8-2-6)。

(4)设置“X”轴距离约束为“root. bottomHeight＋root. 高”(图 8-2-7)。

(5)为左下角点与“X”轴添加距离约束为“root. bottomHeight”(图 8-2-8)。

图 8-2-5 为洞口草图添加约束

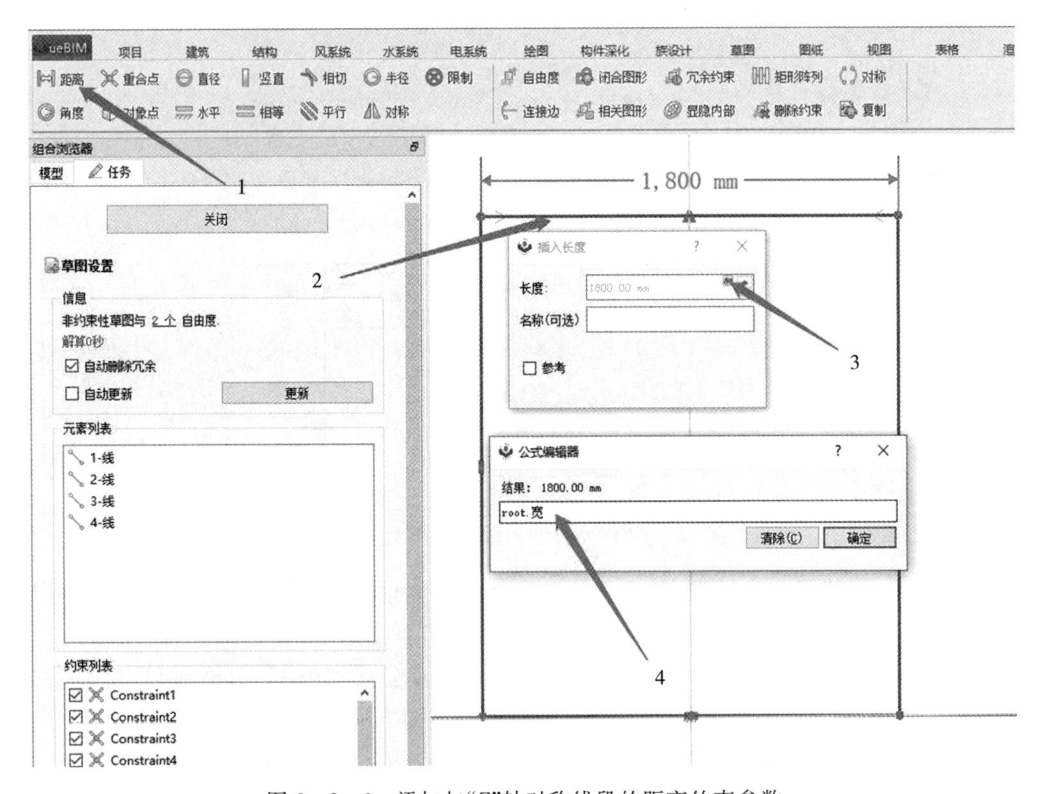

图 8-2-6 添加与“Z”轴对称线段的距离约束参数

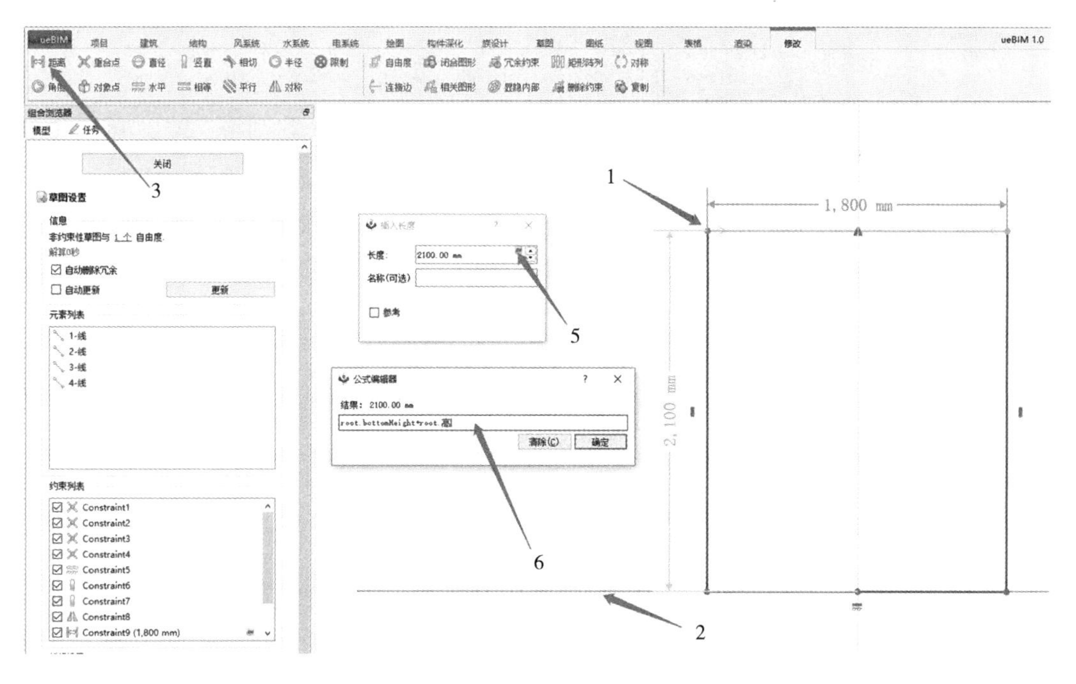

图 8-2-7　设置"X"轴距离约束参数

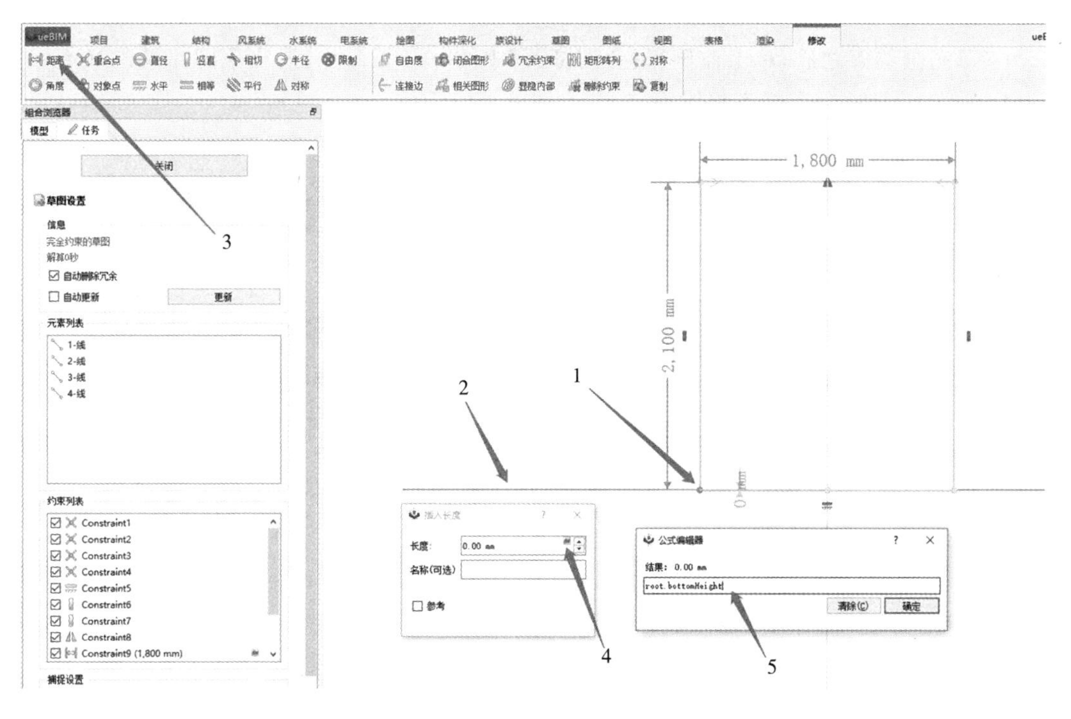

图 8-2-8　为点与"X"轴添加距离约束参数

(6)完全约束图元在视图中是完全绿色图形，左侧浏览器的信息位置也会提示是"完全约束的草图"(图 8-2-9)。

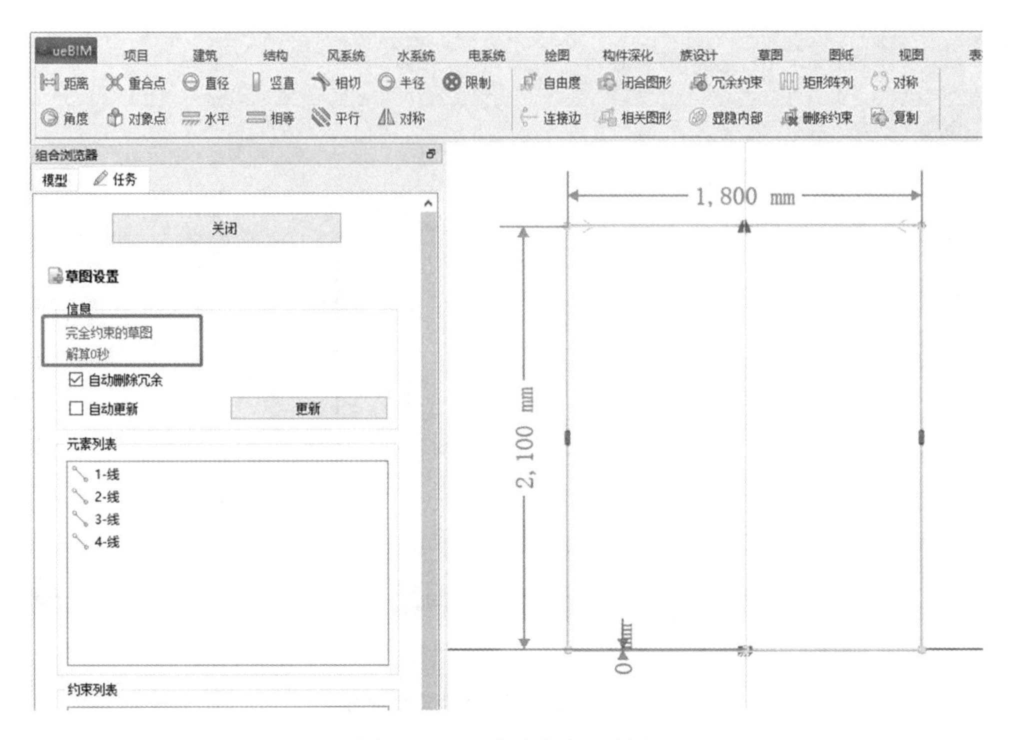

图 8-2-9　完全约束的草图

(7)完全约束之后，单击左侧“组合浏览器”中的“关闭”命令，退出草图。单击“OpeningSapceDeepDesign”，按空格键隐藏图元(图 8-2-10)。

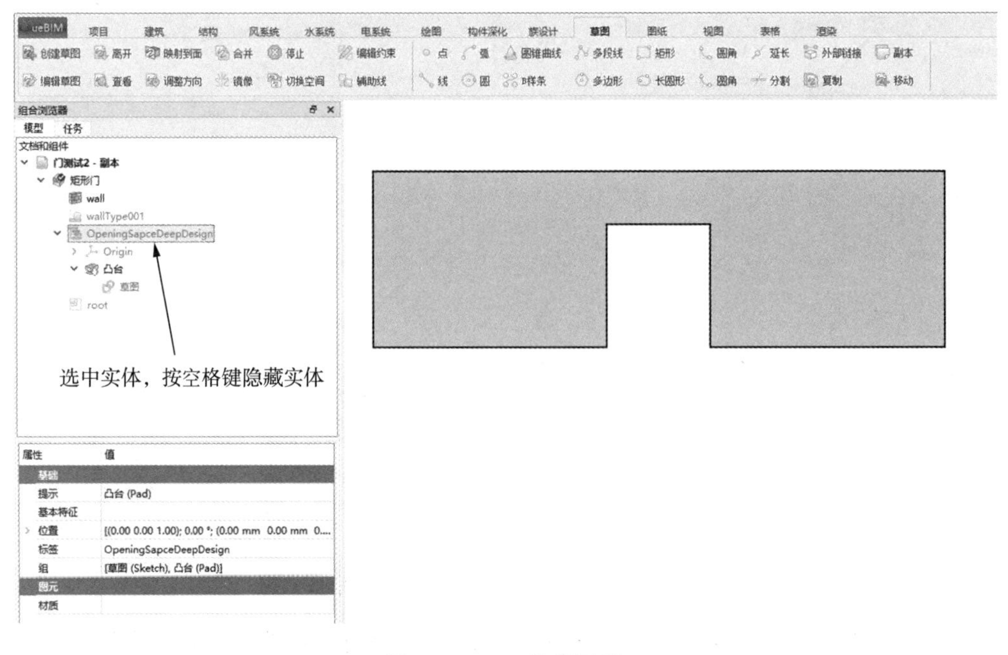

图 8-2-10　隐藏图元

8.2.3　创建门框

(1)在“族设计”选项卡下,单击“实体”命令创建一个新实体(Body)(图 8-2-11)。

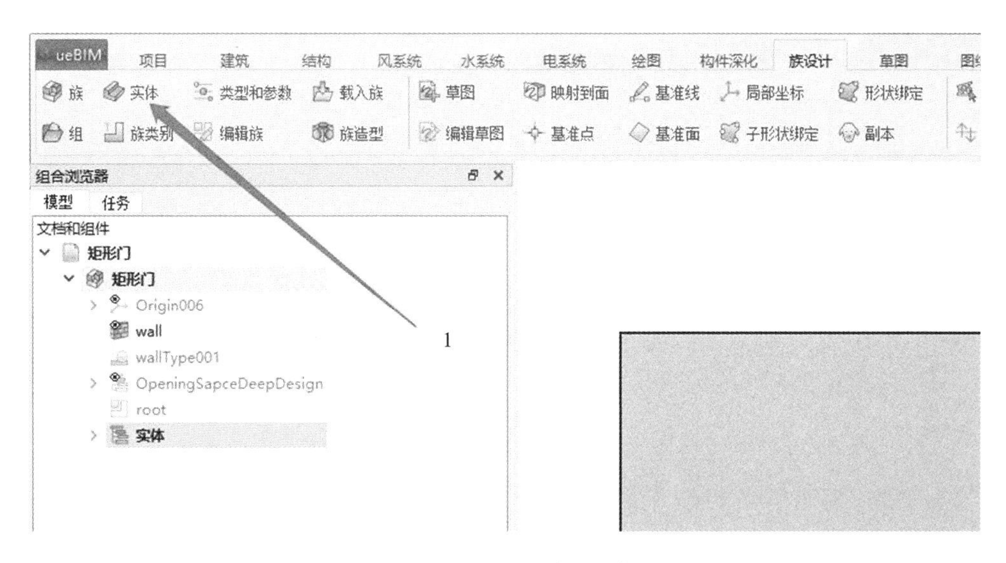

图 8-2-11　创建新实体

(2)单击“族设计”→“草图”命令,创建一个“XY 平面(基准平面)”草图(图 8-2-12)。

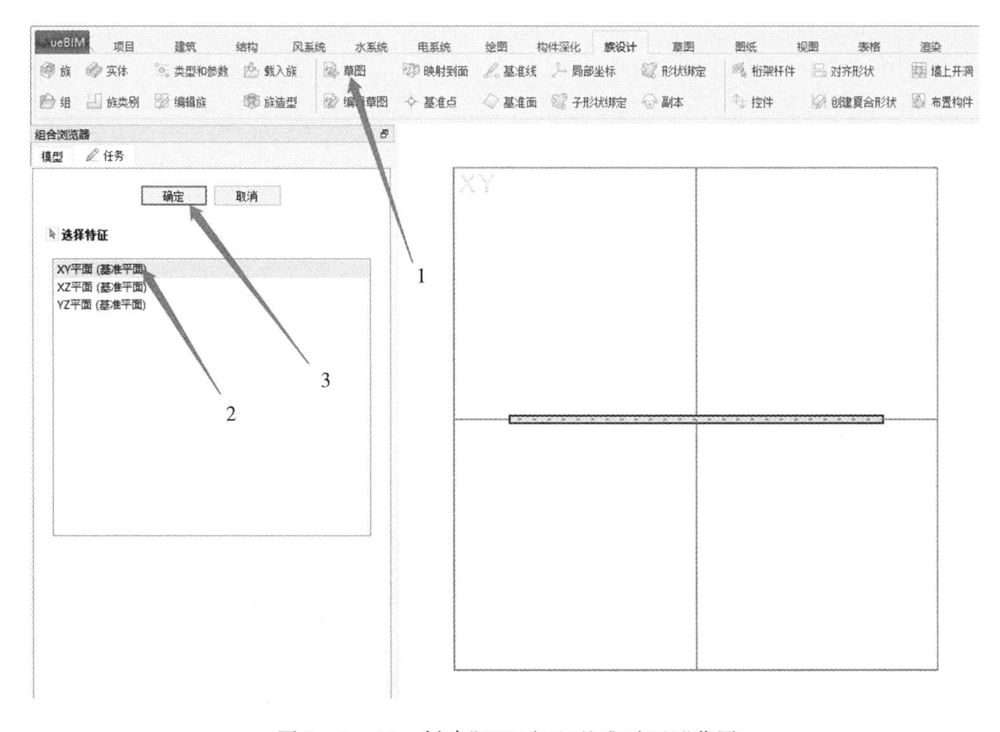

图 8-2-12　创建“XY 平面(基准平面)”草图

(3)切换到“草图”选项卡下，用“矩形”在草图中绘制出一个矩形，单击左侧“组合浏览器”中的“关闭”命令(图 8－2－13)。

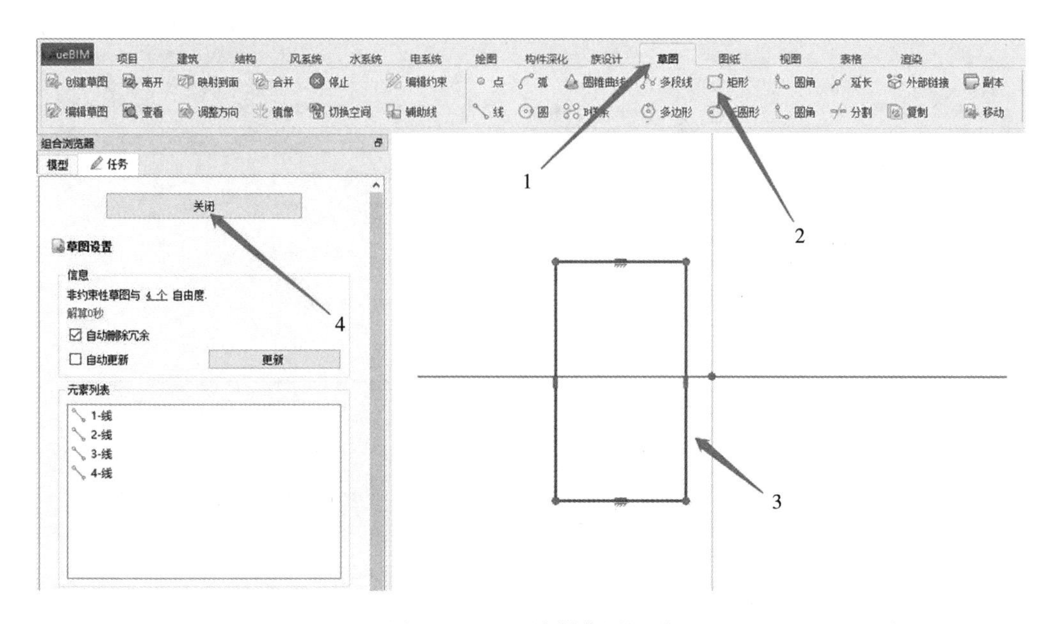

图 8－2－13 绘制草图矩形

(4)单击“草图”→“编辑约束”命令(图 8－2－14)。

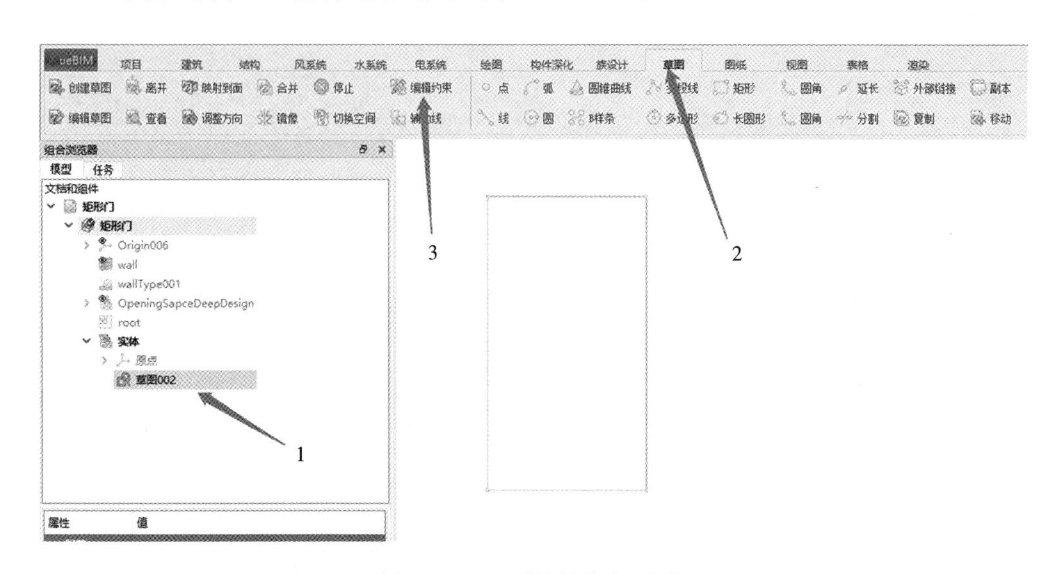

图 8－2－14 “编辑约束”命令

(5)在左侧“组合浏览器”中的“草图设置”功能中勾选为“自动删除冗余”(图 8－2－15)。

(6)给矩形左侧上、中、下 3 个点加上“对称”约束(图 8－2－16)。

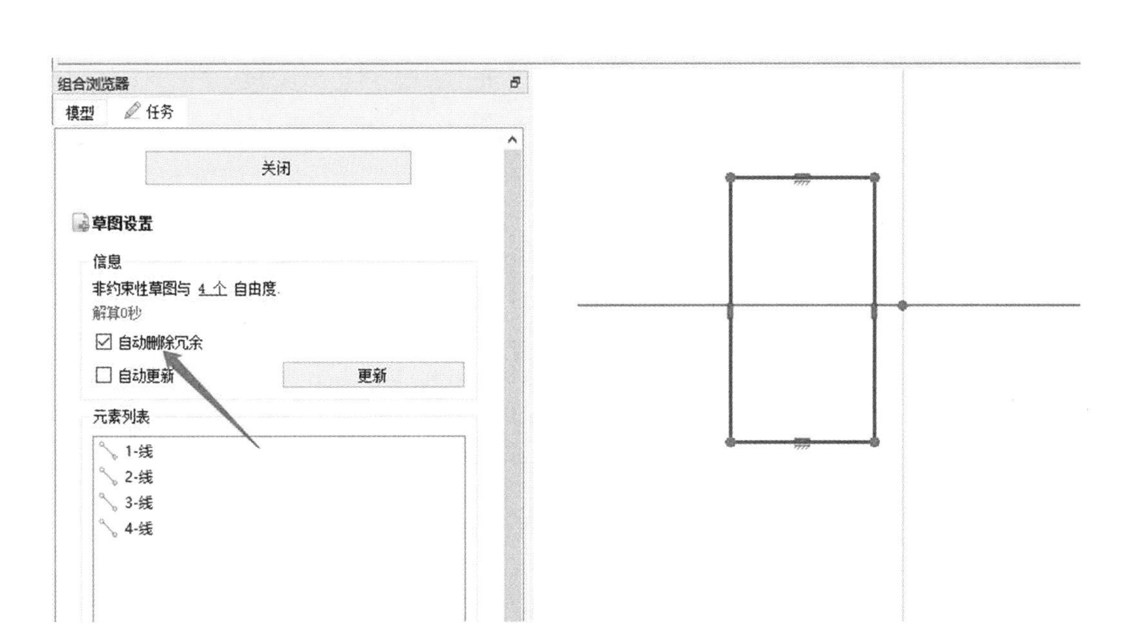

图 8－2－15 勾选“自动删除冗余”

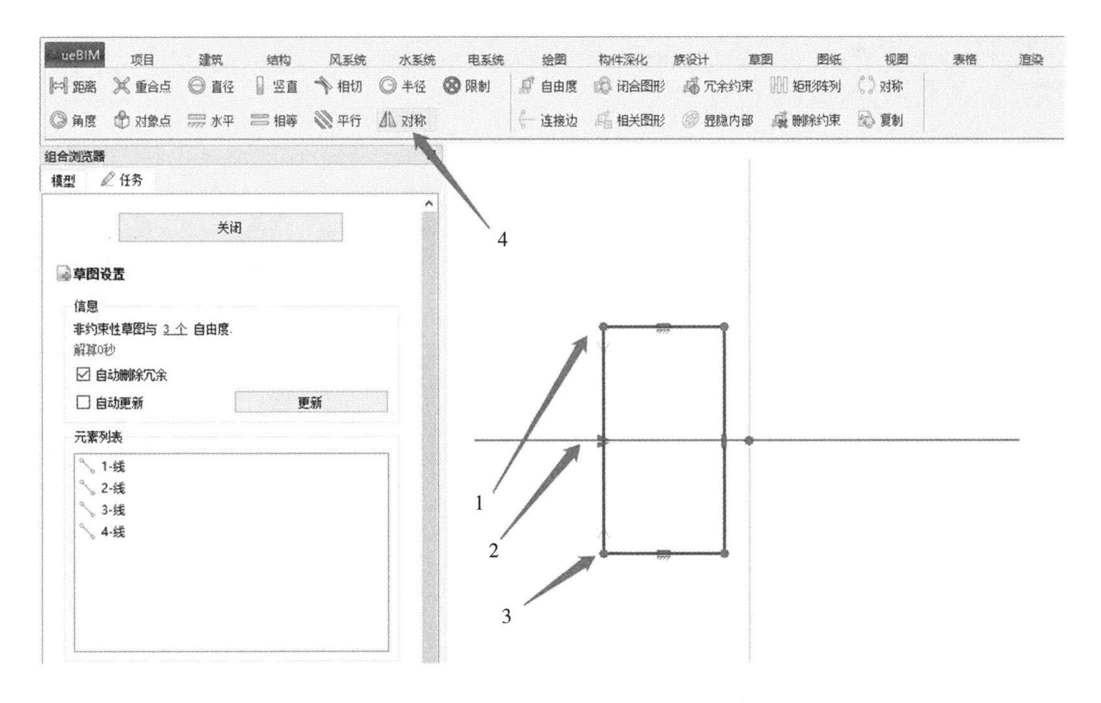

图 8－2－16 给矩形三点加“对称”约束

(7)继续给矩形左侧线添加“距离”约束。在“插入长度”页面，单击“长度”后进入“公式编辑器”，在“公式编辑器”中输入“root. 门框厚”(图 8－2－17)。

(8)单击矩形左上角点，设置“Y”轴距离为“－root. 宽/2”(图 8－2－18)。

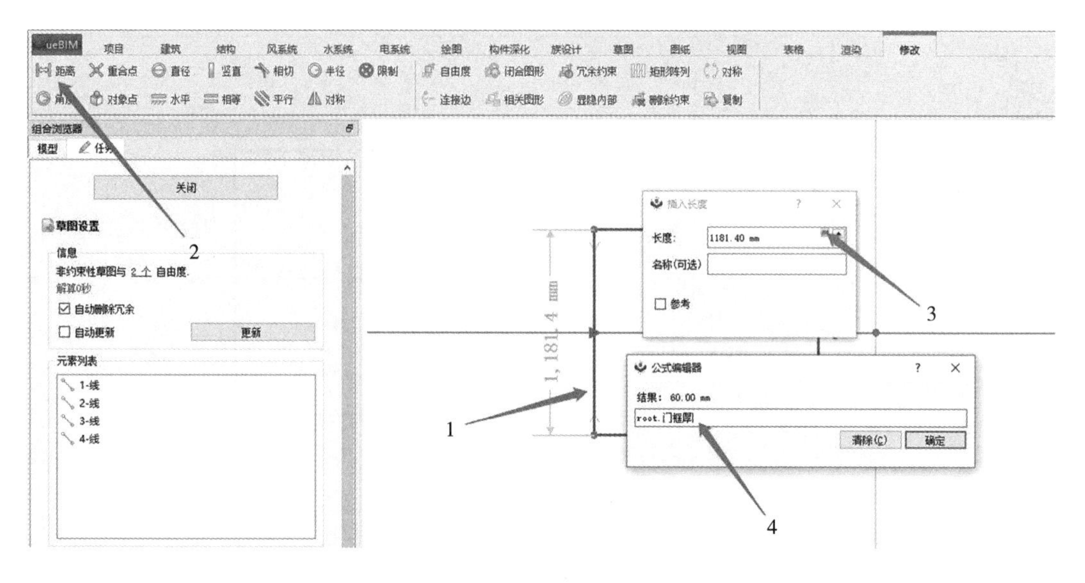

图 8-2-17　编辑矩形线公式

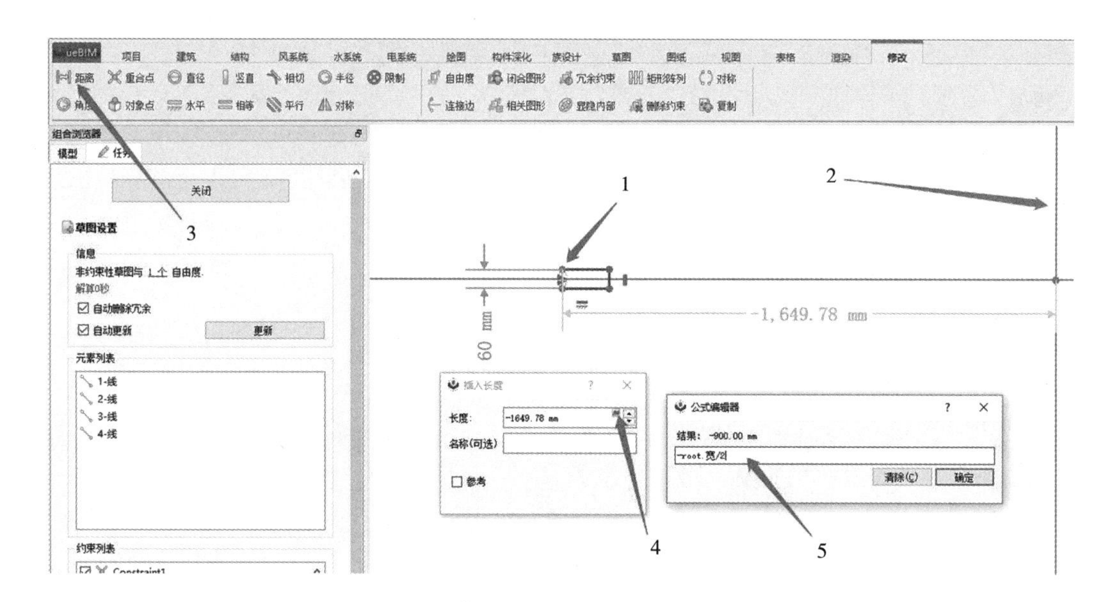

图 8-2-18　设置距离“Y”轴距离为“－root. 宽/2”

(9)矩形右上角与“Y”轴约束为“－root. 宽/2＋root. 门框宽”(图 8-2-19)。

(10)完全约束草图在视图当中以绿色图形显示(图 8-2-20),左侧浏览器中提示是“一个完全约束草图”。

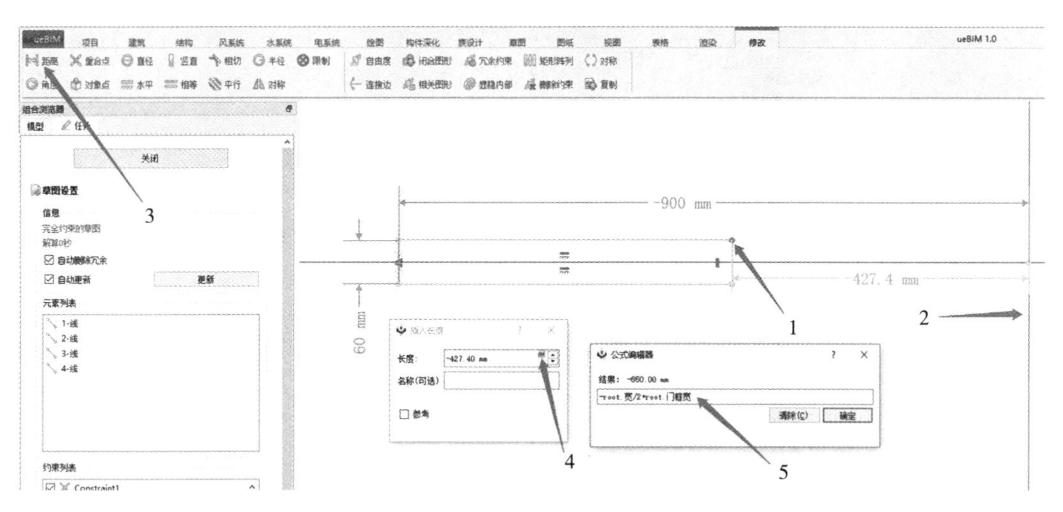

图 8-2-19　“Y”轴约束为“－root. 宽/2＋root. 门框宽”

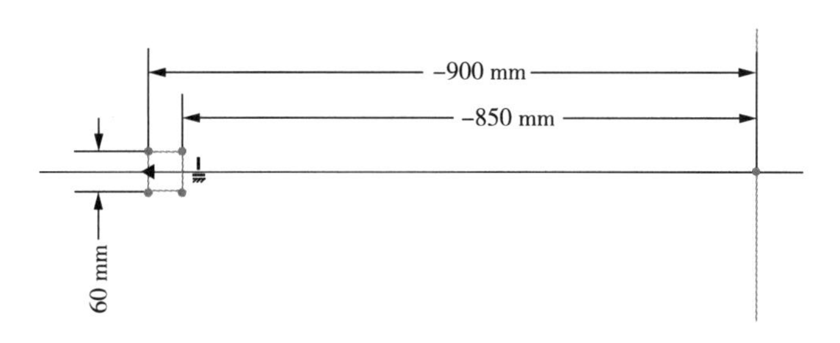

图 8-2-20　草图在视图中以绿色图形显示

(11)完全约束之后，单击“关闭”命令(图 8-2-21)。

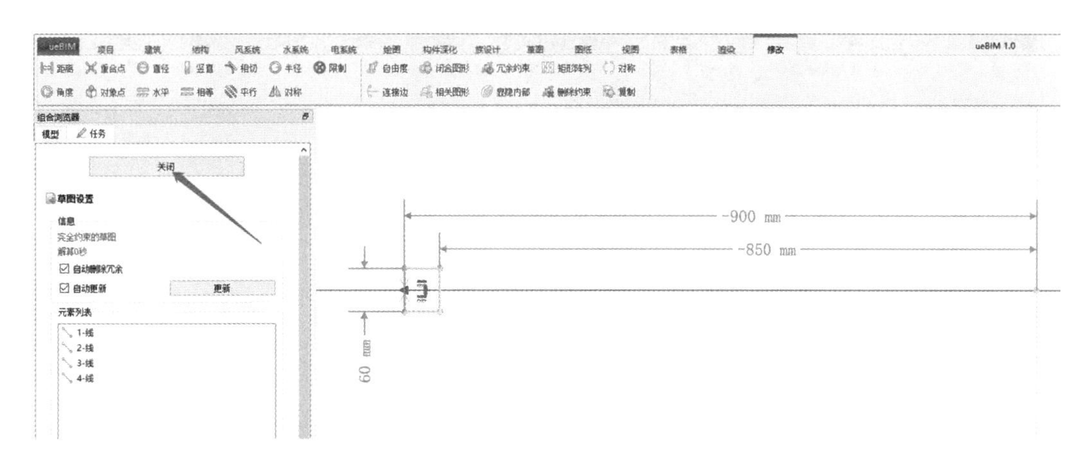

图 8-2-21　关闭草图

(12)退出后选择之前的草图，在左侧“组合浏览器”下方“属性”栏当中，添加“Z”轴定位点，定位约束为“root. bottomHeight”(图 8-2-22)。

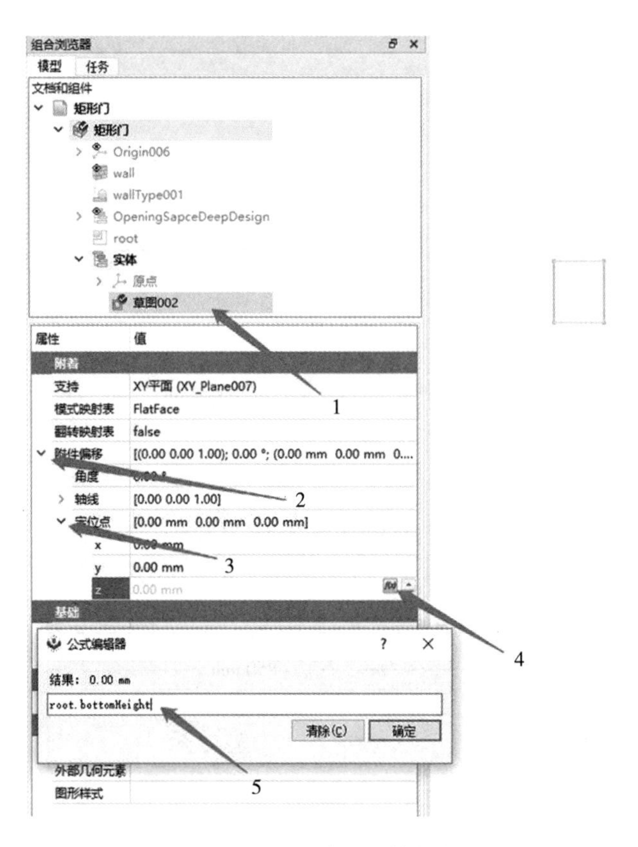

图 8-2-22 添加"Z"轴定位点

(13)再通过创建"实体",新建一个"草图"(图 8-2-23)。

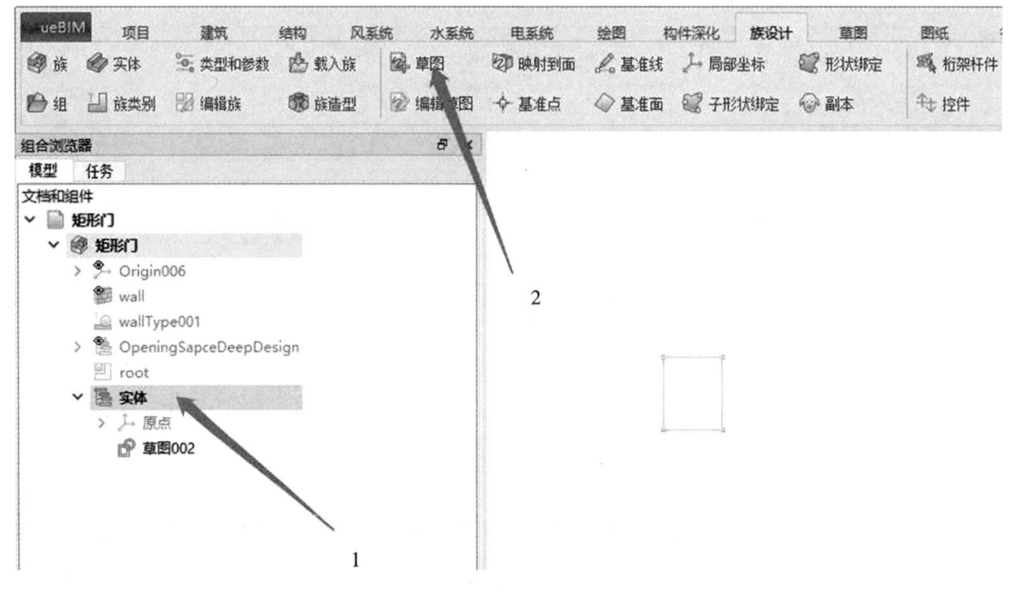

图 8-2-23 通过"实体"新建"草图"

（14）创建“XZ 平面”草图（图 8－2－24）。

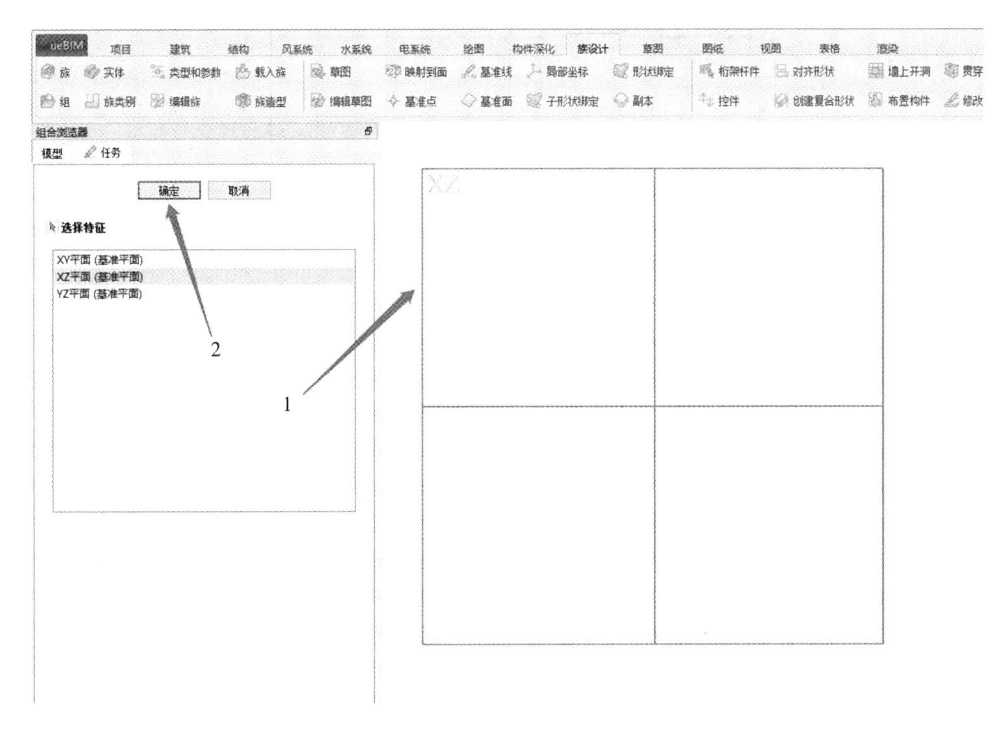

图 8－2－24　创建“XZ 平面”草图

（15）使用“多段线”命令绘制出一个“门”形状的图形，然后退出绘制“草图”（图 8－2－25）。

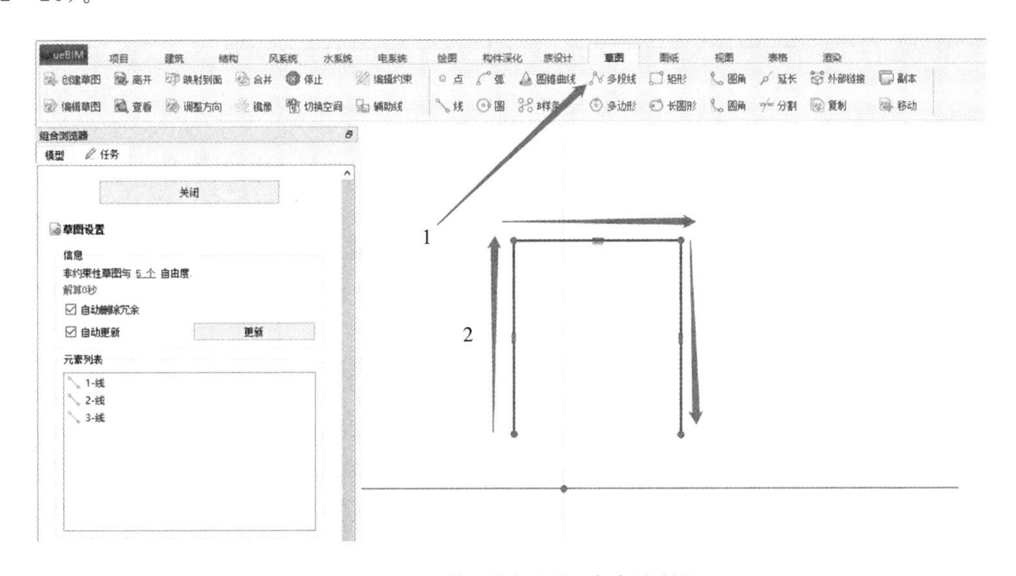

图 8－2－25　使用“多段线”命令绘制“门”

（16）给“门”草图添加约束，横向线段以“Z”轴为中心添加对称约束，线段长度约束为“root. 宽”（图 8－2－26）。

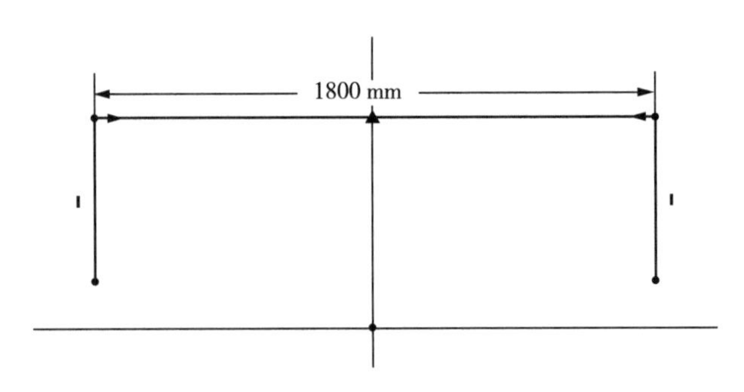

图 8-2-26 “门”草图添加对称约束

(17)设置左上角点距离“X”轴约束为“root. bottomHeight+root. 高”(图 8-2-27)。

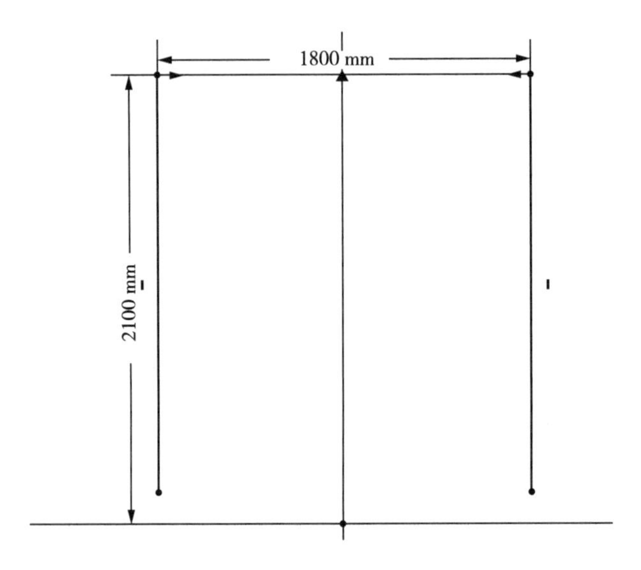

图 8-2-27 左上角点距离“X”轴约束为“root. bottomHeight+root. 高”

(18)设置左下、右下角点距离“X”轴约束为“root. bottomHeight”(图 8-2-28)。

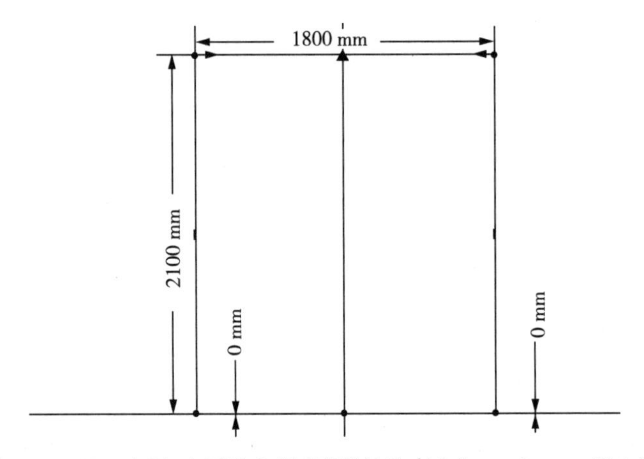

图 8-2-28 左下、右下角点距离“X”轴约束为“root. bottomHeight”

8.2.4 创建族造型

(1)选中实体当中第一个草图,并选择“族设计”→“族造型”命令(图 8-2-29)。

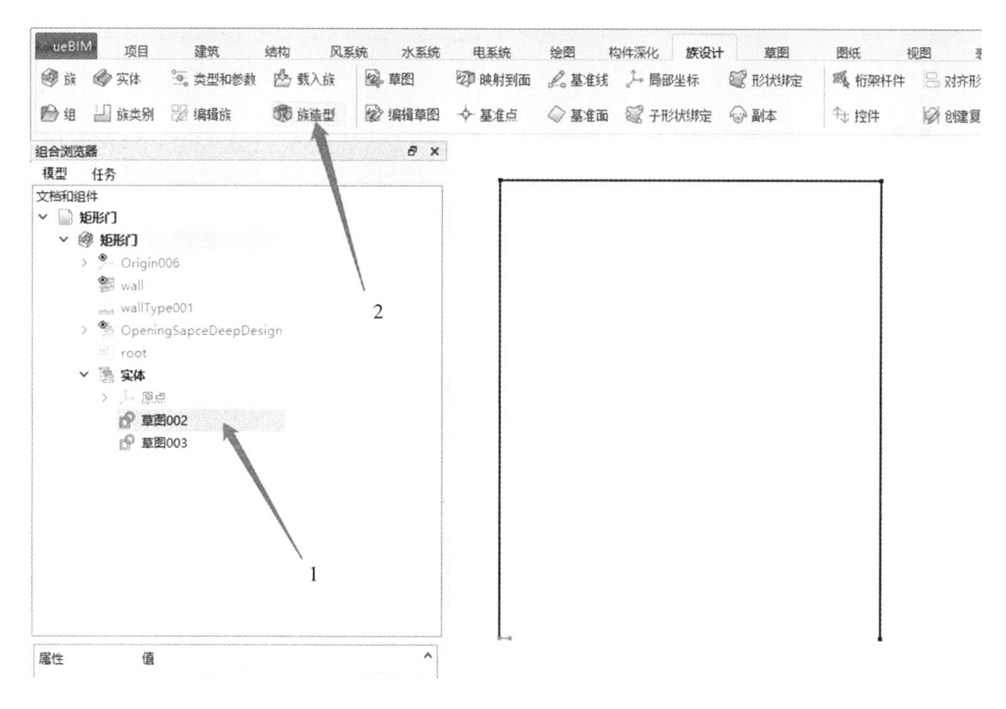

图 8-2-29 创建“族造型”

(2)单击“管道”命令(图 8-2-30)。

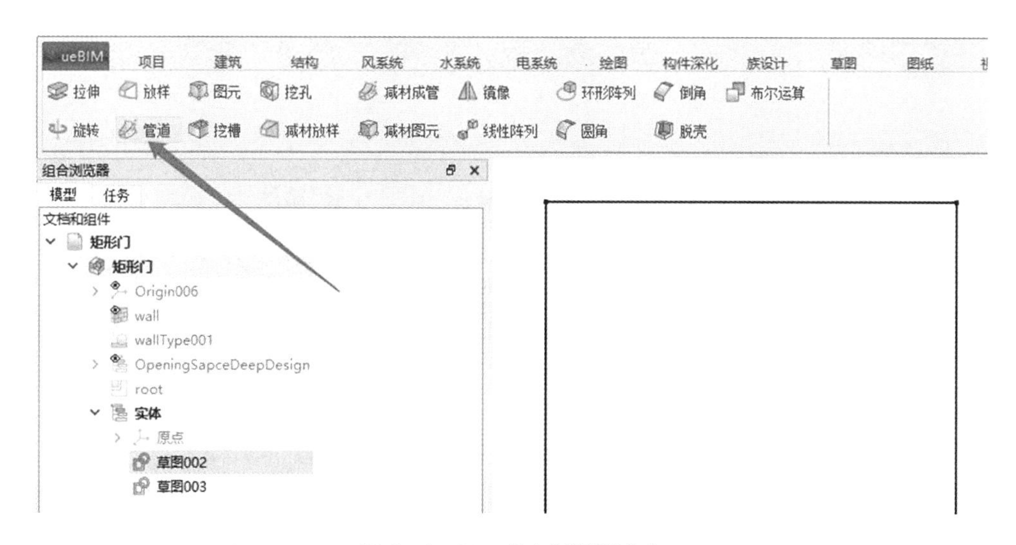

图 8-2-30 单击“管道”命令

(3)“轮廓”为创建“门框草图”,“扫掠路径”为“创建门框路径”,“角过渡”修改为“倒角”,最后单击“确定”命令,生成门框实体(图 8-2-31)。

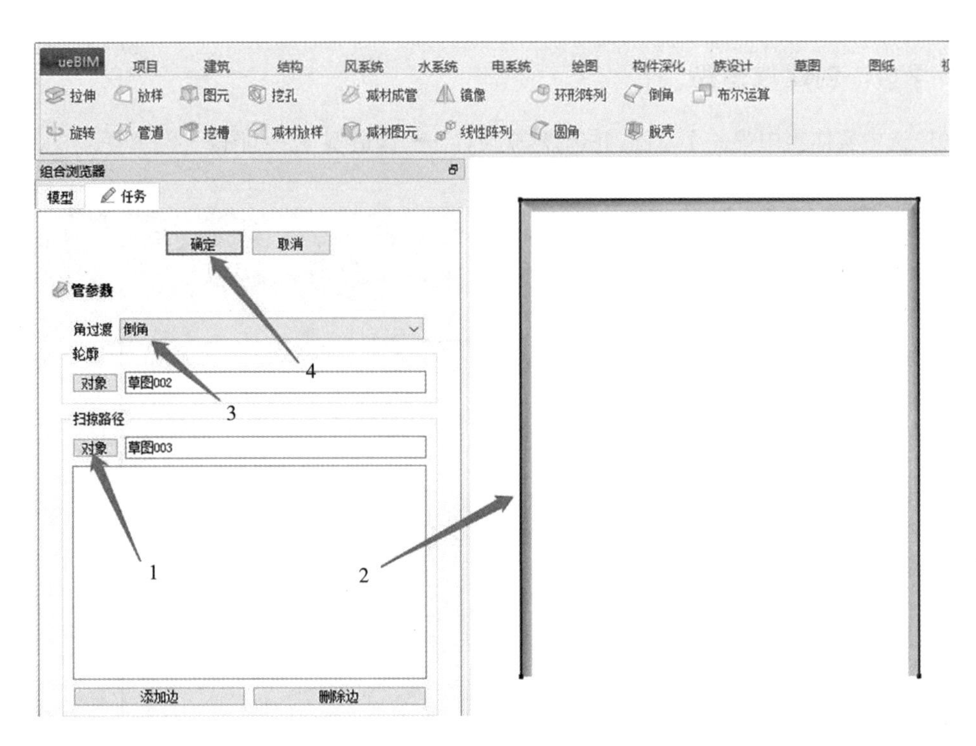

图 8-2-31　设置门框生成实体参数

(4)单击创建“实体”,可修改左侧“属性”栏中的“形状颜色”,为门框修改颜色(图 8-2-32)。

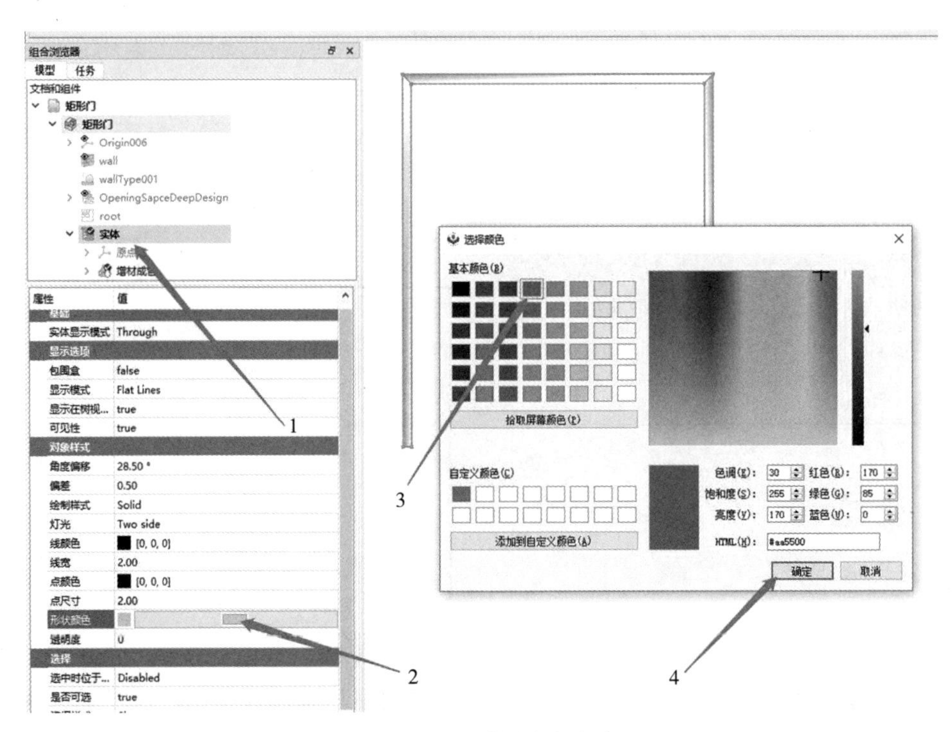

图 8-2-32　修改门框颜色

8.2.5　创建门扇

(1)门框若与门扇草图重合,可以先把门框选中隐藏。

(2)再次创建“实体”,并新建一个基于“XZ 平面”的草图。编辑“草图”绘制一个矩形草图,退出“绘制草图”(图 8-2-33)。

图 8-2-33　创建 XZ 平面草图

(3)单击相应草图,选择“草图”→“编辑约束”命令,给草图添加约束尺寸(图 8-2-34)。

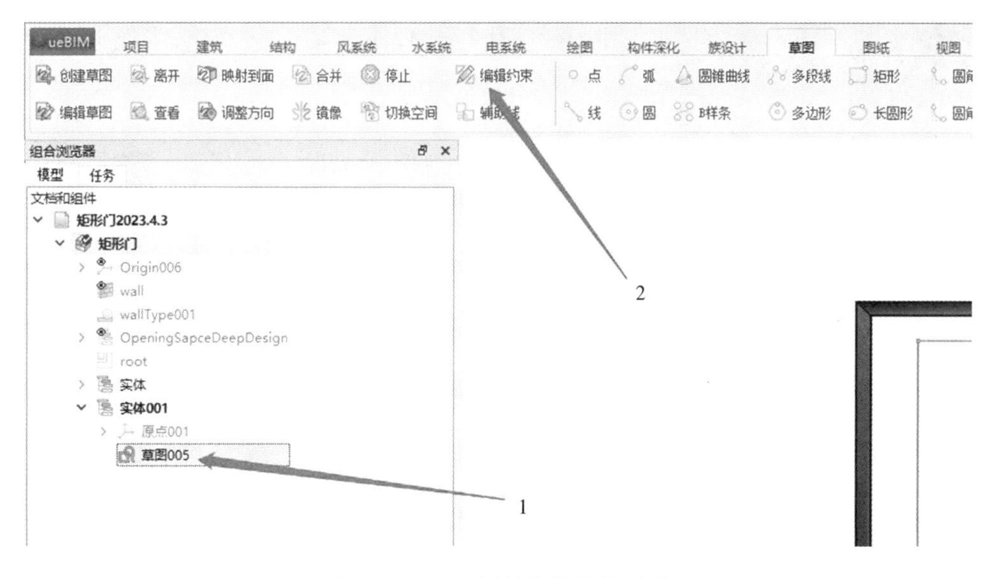

图 8-2-34　选择“编辑约束”命令

(4)给草图左上角与右上角添加对称约束(图 8-2-35)。

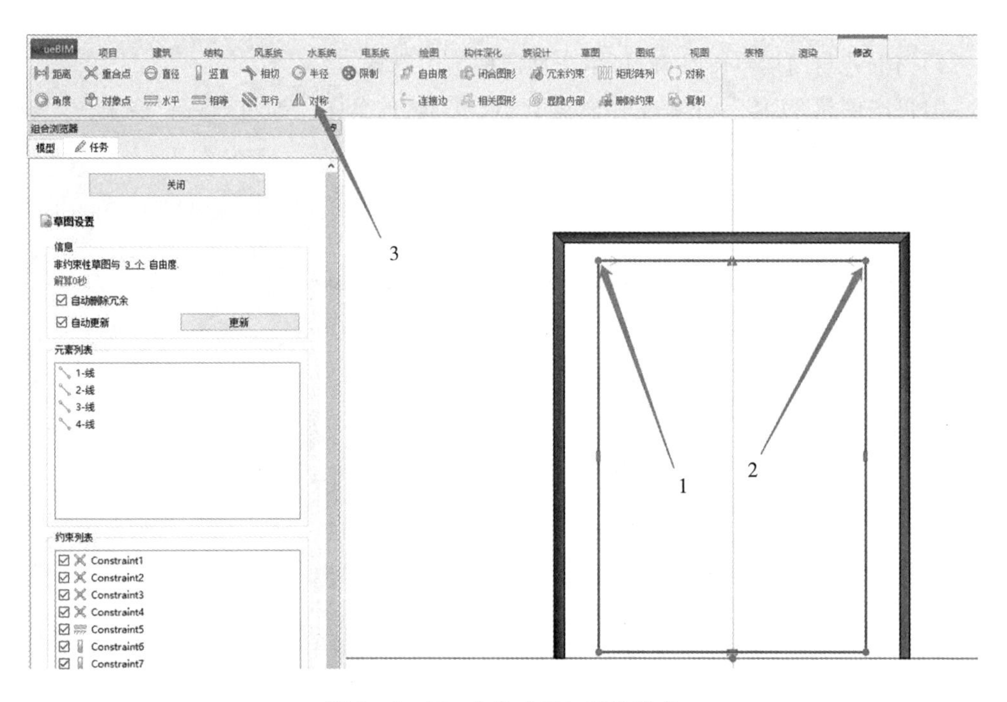

图 8-2-35　为角点添加对称约束

(5)给添加了对称约束的线段添加距离约束,设置为“root. 宽－root. 门框宽 * 2”(图 8-2-36)。

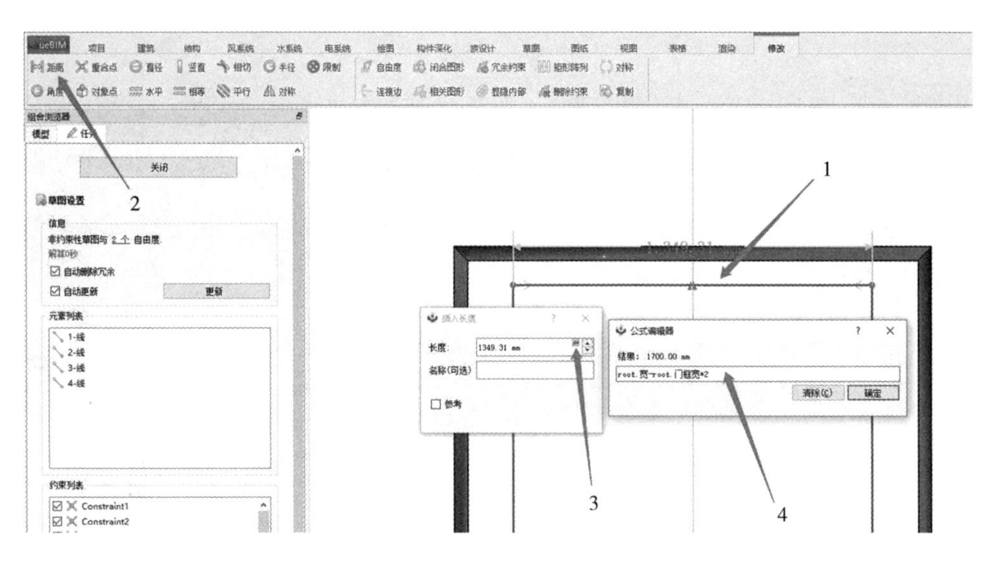

图 8-2-36　为线段添加距离约束“root. 宽－root. 门框宽 * 2”

(6)设置左上角点距离“X”轴距离约束为“root. 高＋root. bottomHeight－root. 门框宽”(图 8-2-37)。

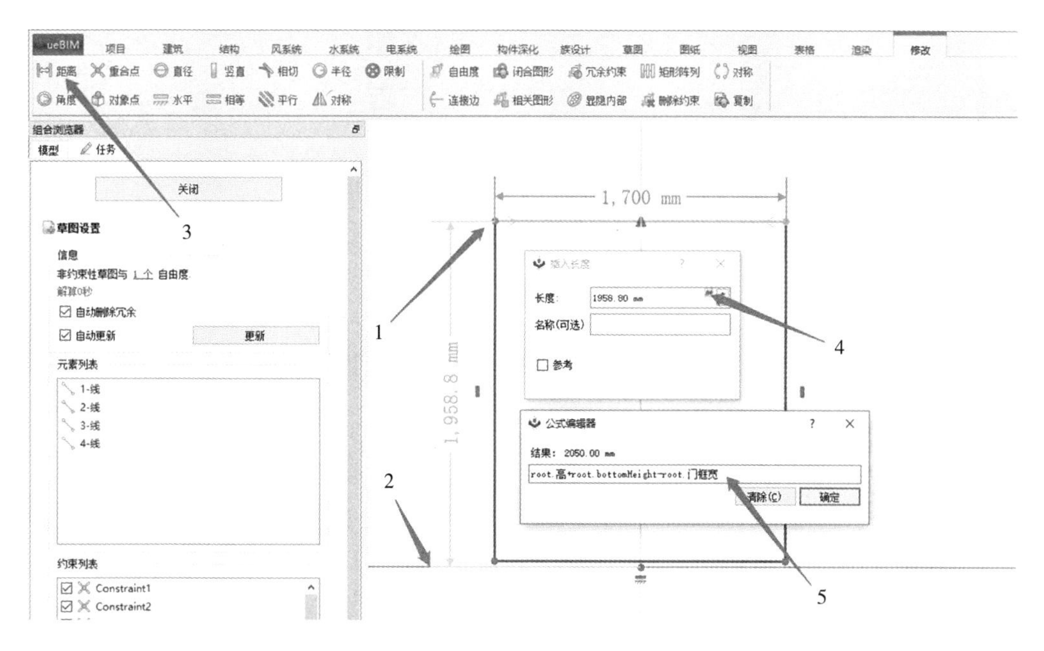

图 8-2-37 左上角点距离“X”轴距离约束为“root. 高＋root. bottomHeight－root. 门框宽”

(7)设置左下角点距离“X”轴距离约束为“root. bottomHeight”(图 8-2-38),然后退出编辑约束。

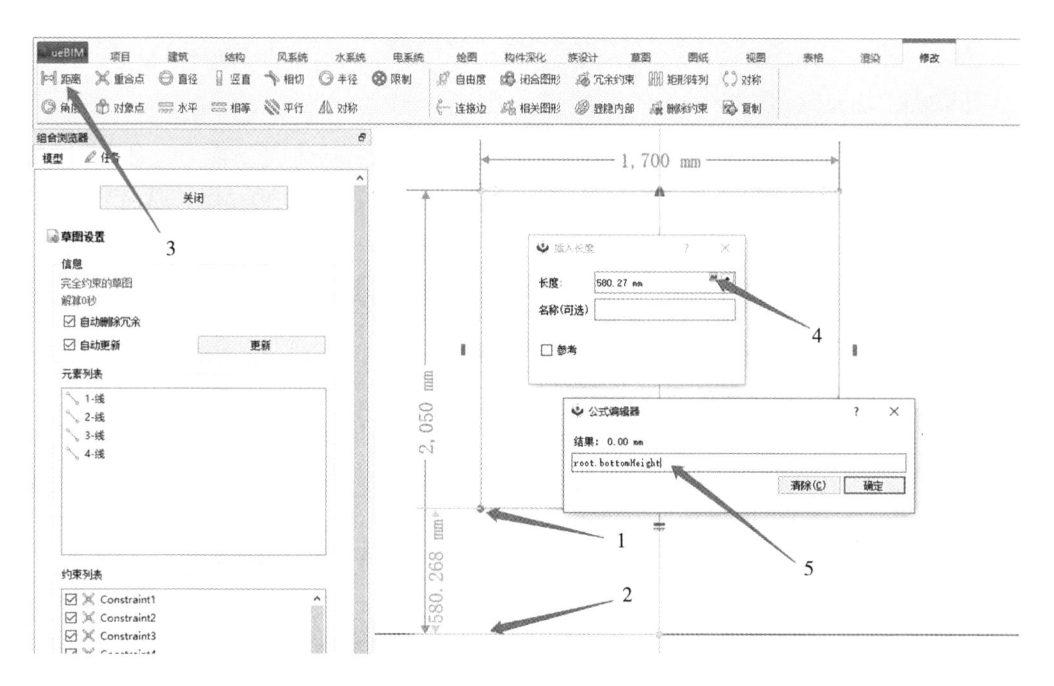

图 8-2-38 左下角点距离“X”轴距离约束为“root. bottomHeight”

(8)选中刚刚绘制的门扇部分,单击“族设计”→“族造型”命令(图 8-2-39)。

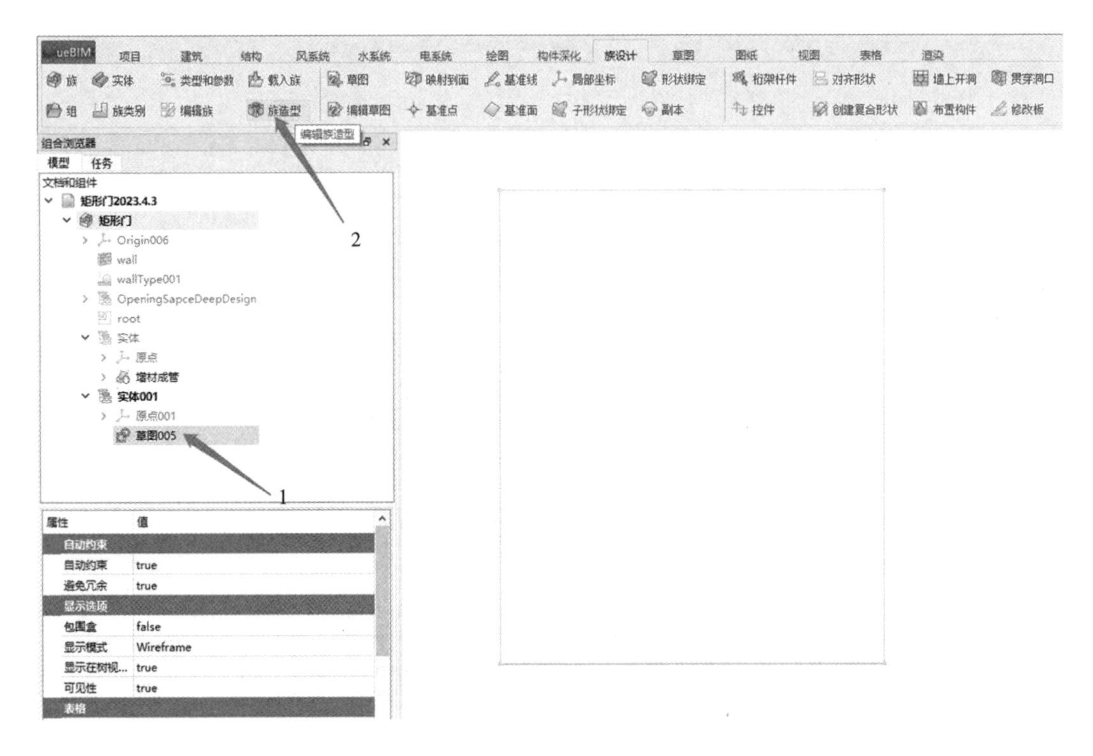

图 8-2-39　门扇“族造型”命令

(9)单击“拉伸”命令(图 8-2-40)。

图 8-2-40　单击“拉伸”命令

(10)使用尺寸标注,“长度”默认为“10.00 mm”,勾选“相当平面对称”,再单击“确定”退出“族造型”命令(图 8-2-41)。

(11)为实体(Body)换成需要的颜色后,创建结束(图 8-2-42)。

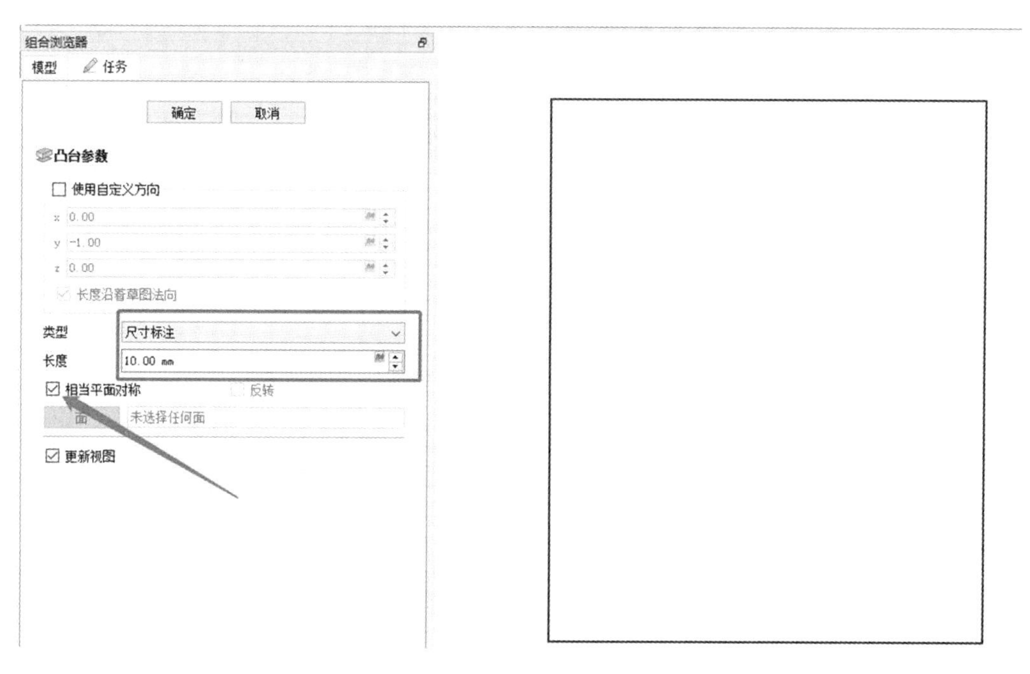

图 8-2-41　“族造型”命令尺寸编辑

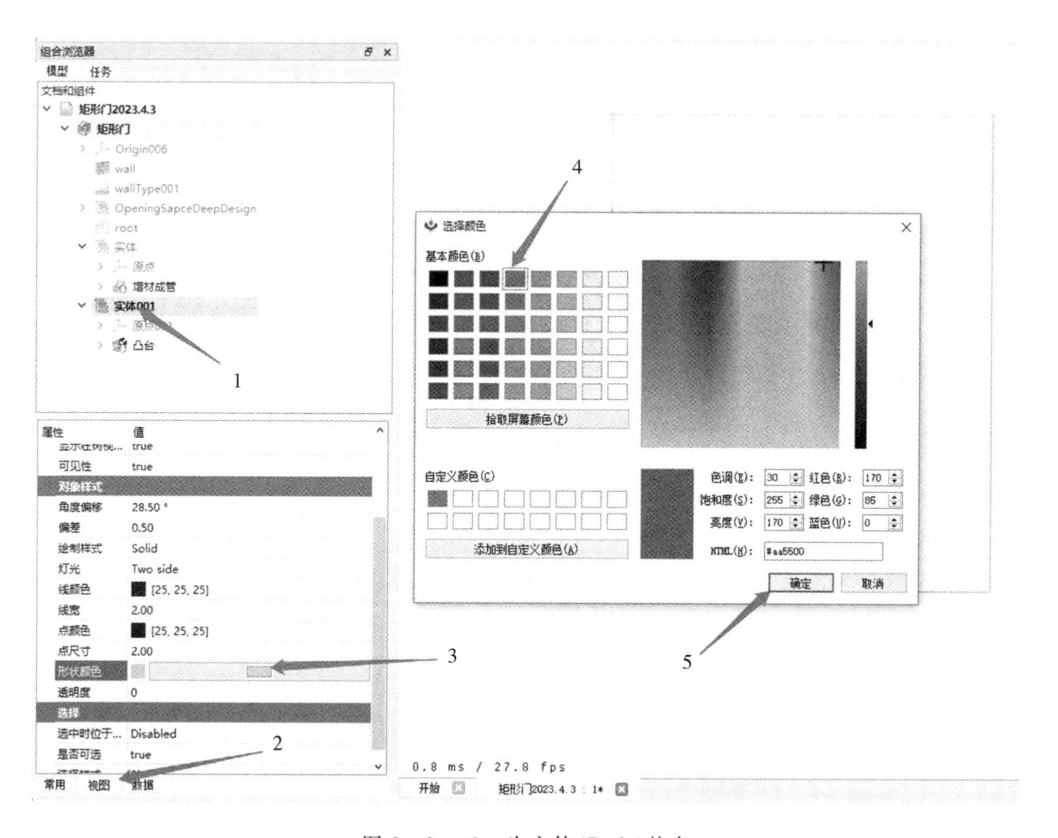

图 8-2-42　为实体(Body)换色

8.2.6 门扇开启方向和角度

(1)门扇开启方向若被门扇开启草图遮挡,应选中门扇隐藏构件。

(2)完成门框创建后,再创建一个“XY 平面”草图,在“X”轴方向上绘制一条直线(图 8-2-43)。

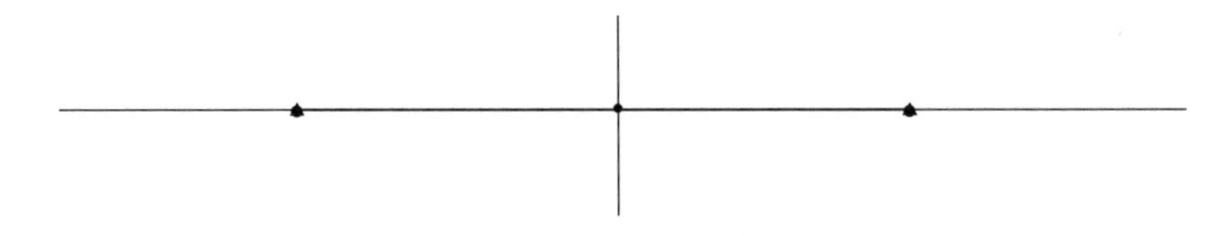

图 8-2-43 为门框创建一个“XY 平面”草图

(3)设置线段左端点与原点距离为“root. 宽/2—root. 门框宽”(图 8-2-44)。

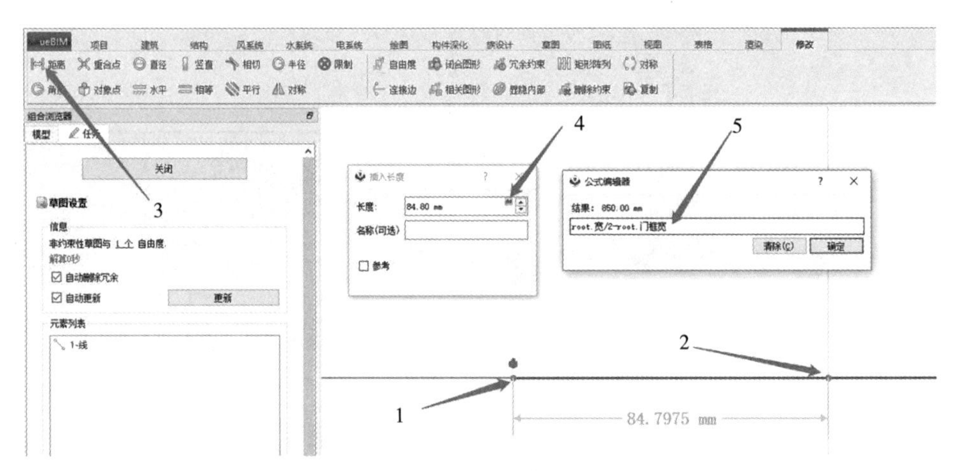

图 8-2-44 左端点与原点距离为“root. 宽/2—root. 门框宽”

(4)线与“X”轴做对象点约束,设置线段长度为“root. 宽—root. 门框宽 * 2”,完成后退出“编辑约束”命令(图 8-2-45)。

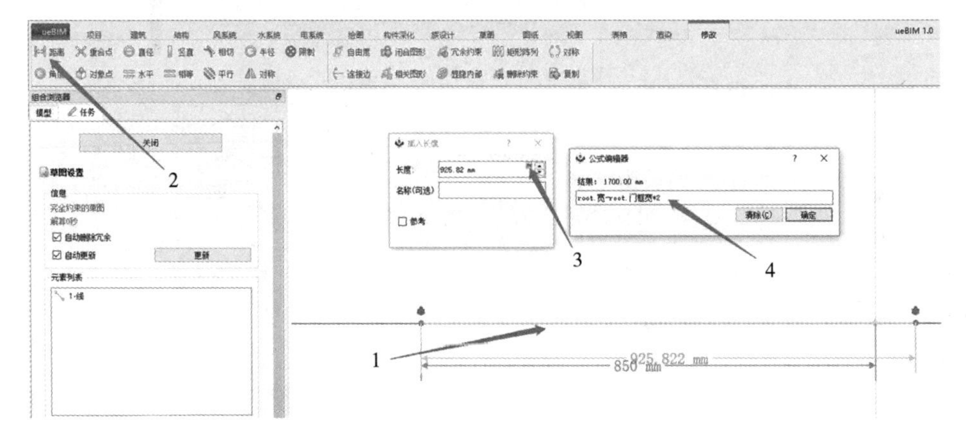

图 8-2-45 线段长度为“root. 宽—root. 门框宽 * 2”

(5)选中实体,单击“族设计”,选择“局部坐标”命令添加局部坐标(图 8-2-46)。

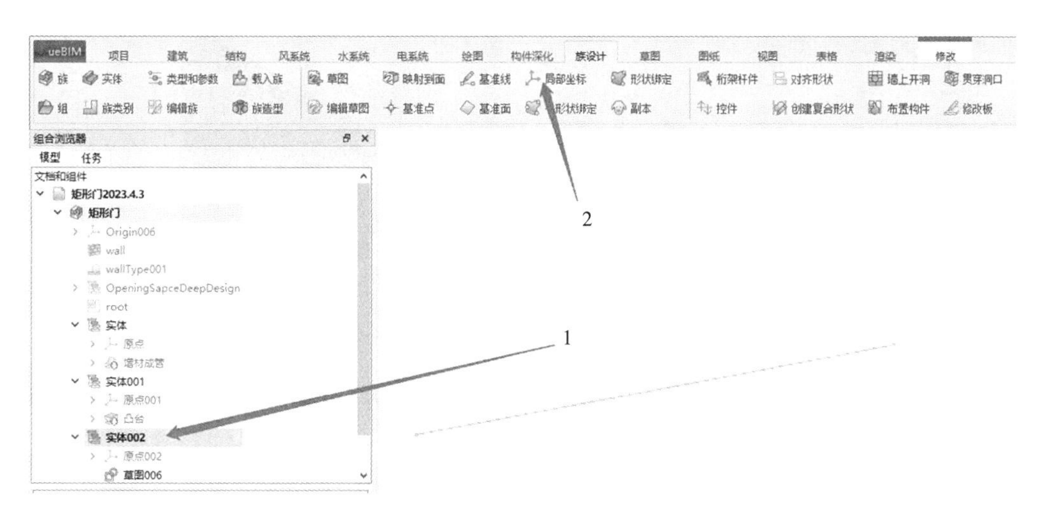

图 8-2-46　添加局部坐标

(6)修改坐标属性中数据栏角度为“root. OpenAngle”;定位点“X”轴为“-root. 宽/2+root. 门框宽”(图 8-2-47)。

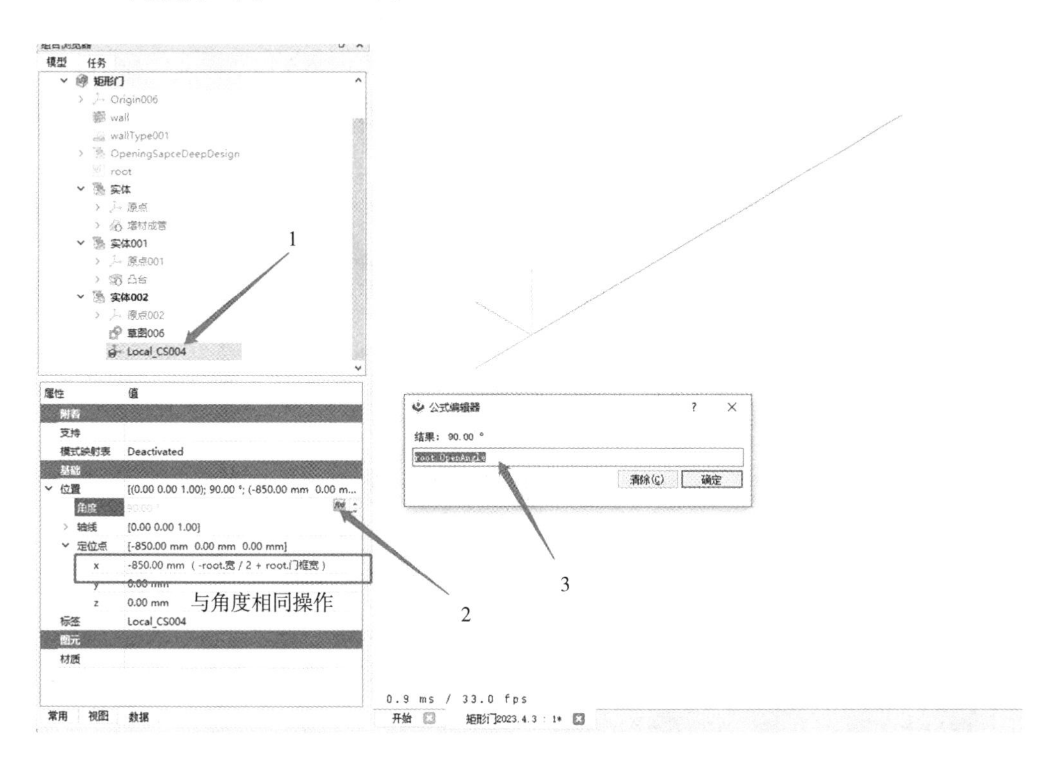

图 8-2-47　修改坐标属性中数据栏角度及“X”轴定位点

(7)在左侧“组合浏览器”当中,找到门扇草图,打开“属性”→“模式映射表”进行设置(图 8-2-48)。

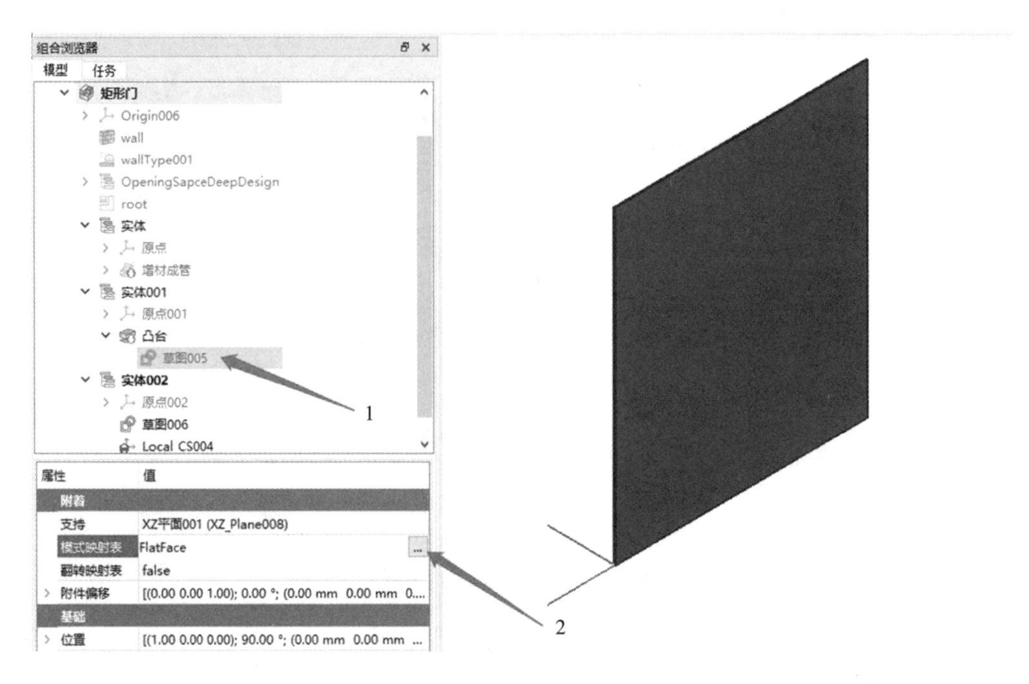

图 8-2-48 数据栏“模式映射表”

(8)“平面”修改为“Local_CS”,“附件模式”修改为“对象的 XZ 轴”(图 8-2-49)。

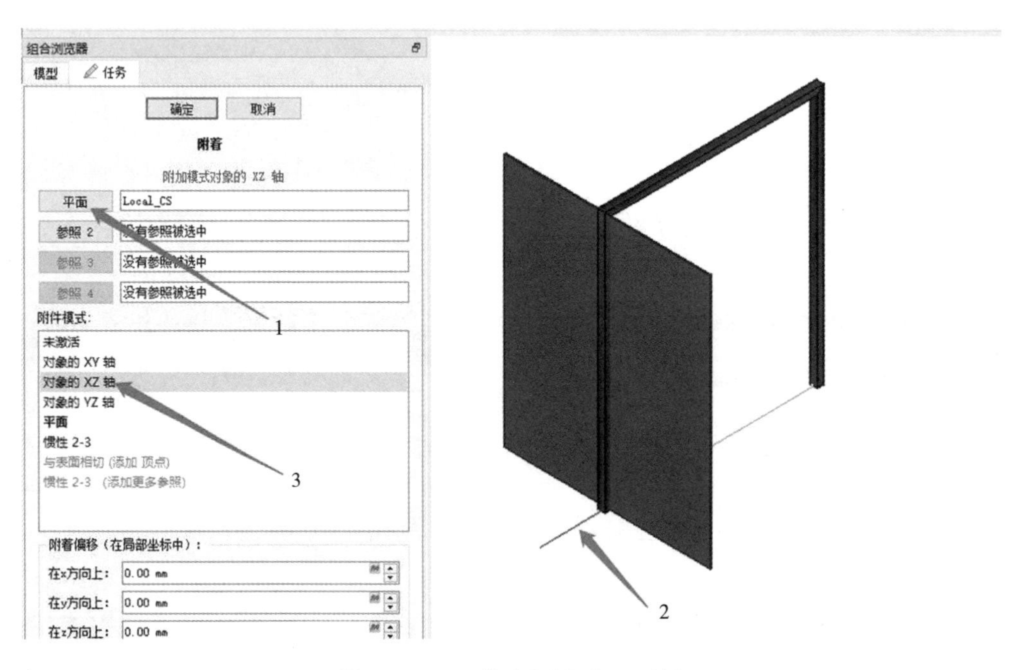

图 8-2-49 修改“对象的 XZ 轴”

(9)将门扇草图中附件偏移“X”轴修改为“root. 宽/2 + - root. 门框宽”(图 8-2-50)。

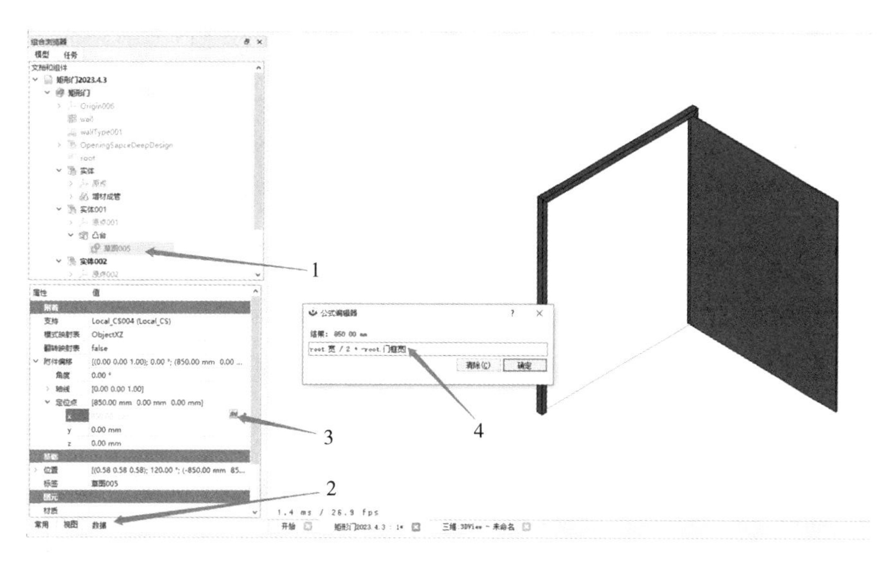

图 8－2－50　附件偏移“X”轴修改为“root. 宽/2＋－root. 门框宽”

（10）将最后创建草图和局部坐标选中，并按空格键隐藏，隐藏后图元为灰色（图 8－2－51）。

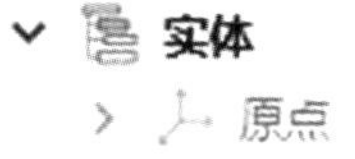

图 8－2－51　隐藏图元

8.2.7　添加控件

（1）单击“族设计”→“控件”命令（图 8－2－52）。

（2）为门创建前后翻转控件，控件自行放置到合适位置（图 8－2－53）。

图 8－2－52　“控件”命令

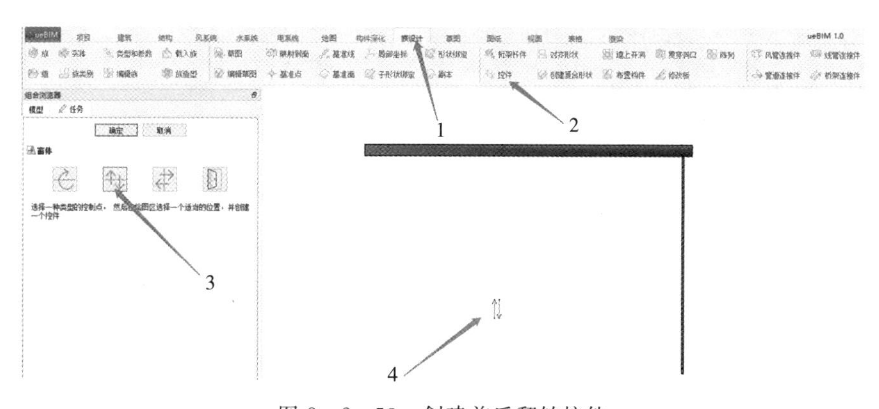

图 8－2－53　创建前后翻转控件

(3)为门创建左右翻转控件,控件放置到合适位置(图 8-2-54)。

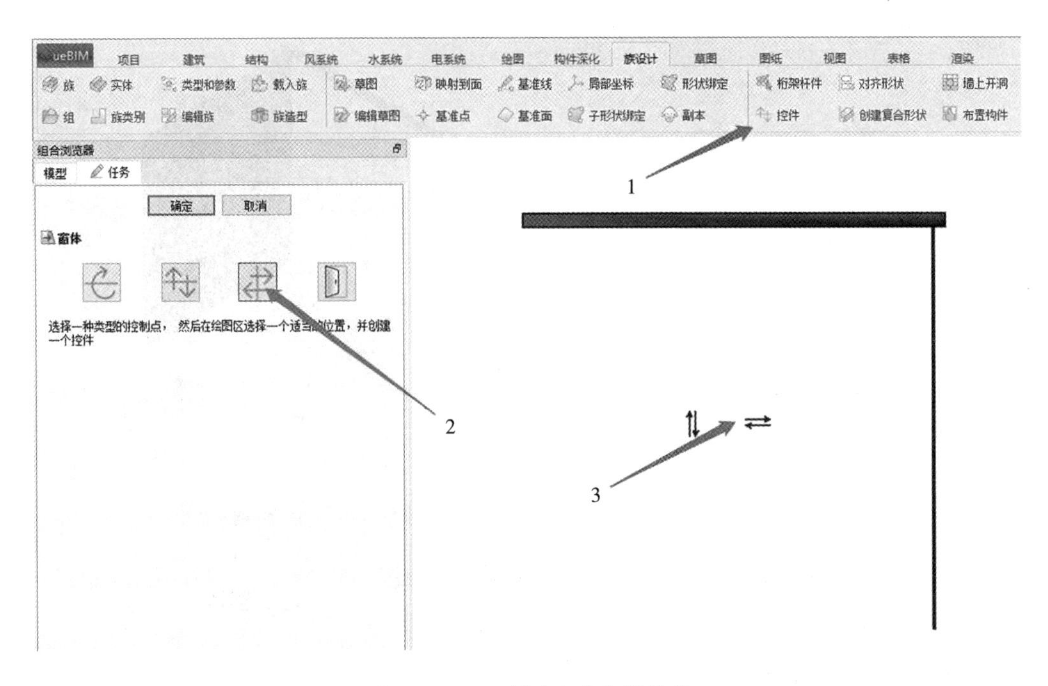

图 8-2-54　创建左右翻转控件

(4)添加门开启关闭控件,控件放置到合适位置(图 8-2-55)。

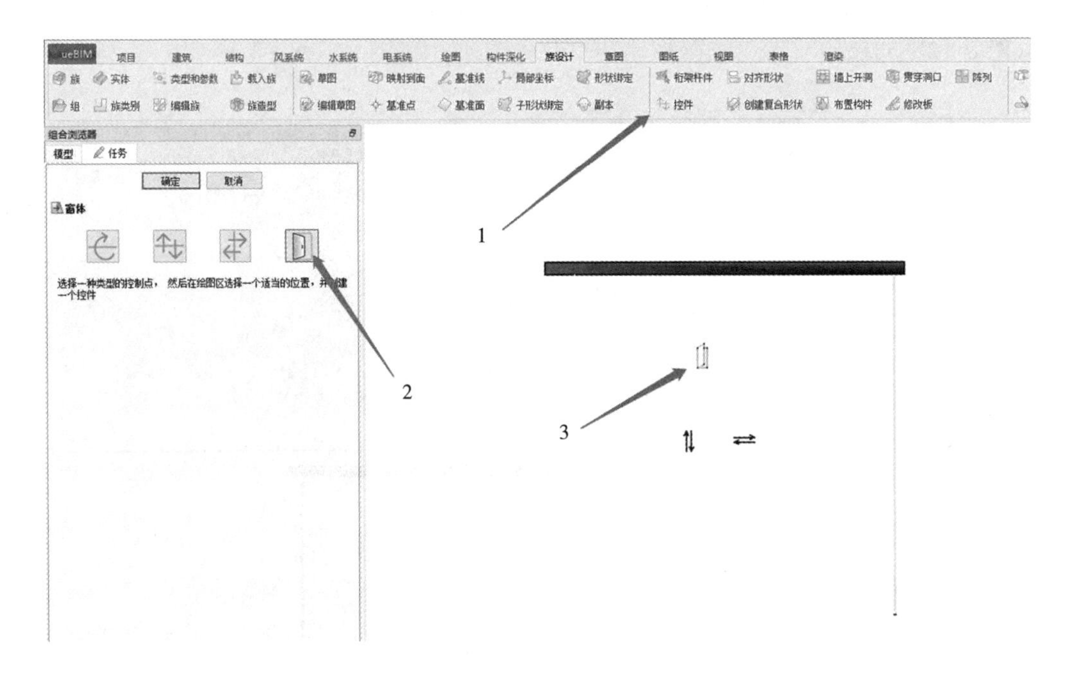

图 8-2-55　添加门开启关闭控件

(5)在左侧“组合浏览器”中，将放置控件拖拽至“矩形门”组内，控件添加完成(图 8-2-56)。

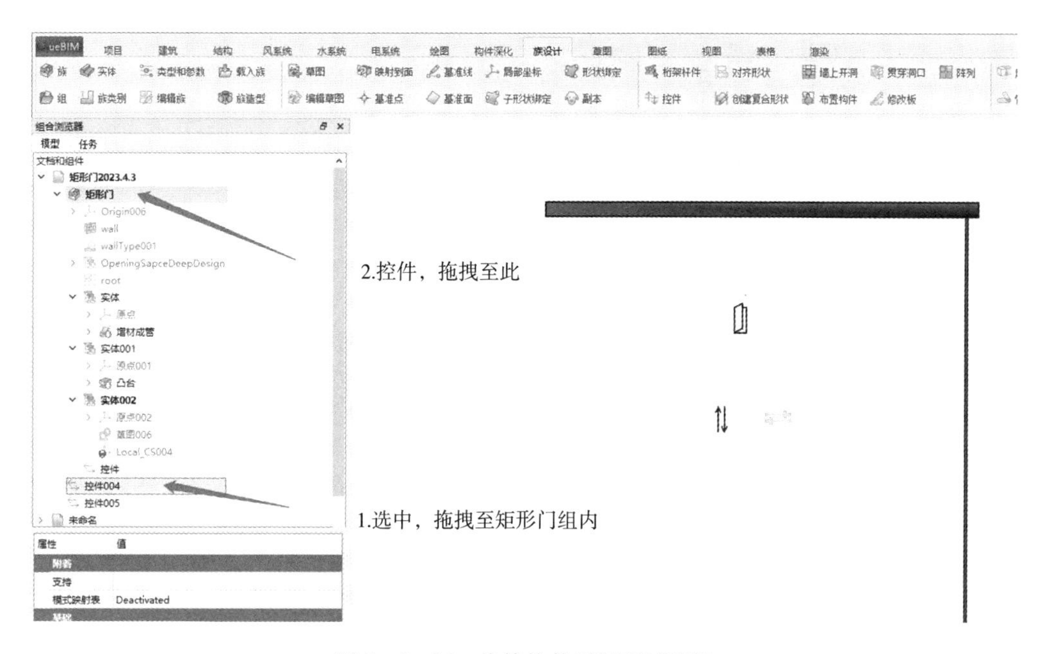

图 8-2-56　拖拽控件至“矩形门”组

8.2.8　添加门把手

(1)在门族当中载入族“E:\ueBIM\libraries\Families\sys\建筑\门\门配件\把手(左)”(图 8-2-57)。

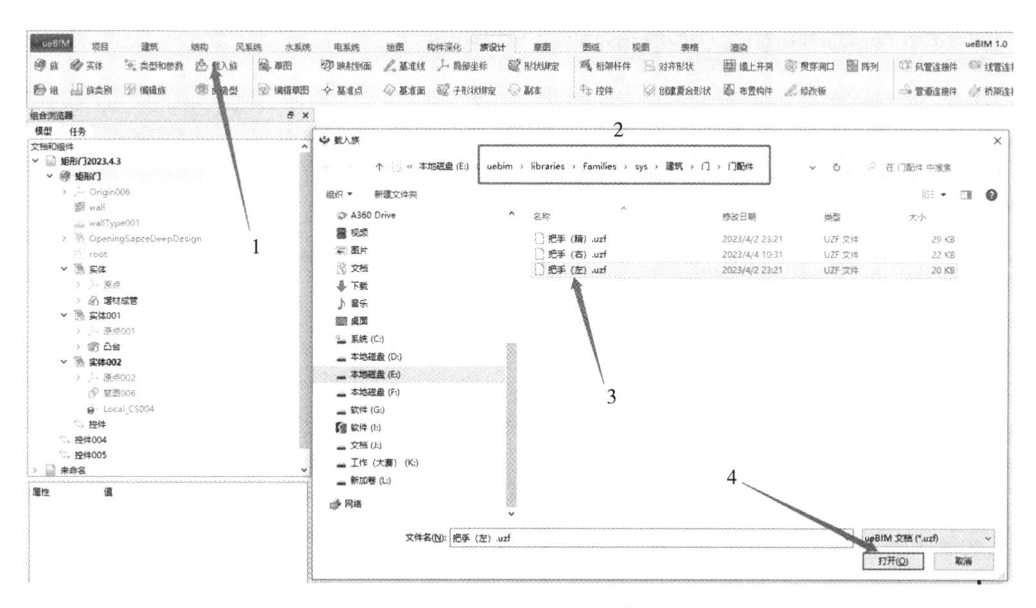

图 8-2-57　导入把手族库

(2)导入后可以在左侧“组合浏览器”中查看(图 8-2-58)。

图 8-2-58 在“组合浏览器”中查看把手族库

(3)导入把手族后,单击“族设计”→“布置构件”命令布置门把手(图 8-2-59)。

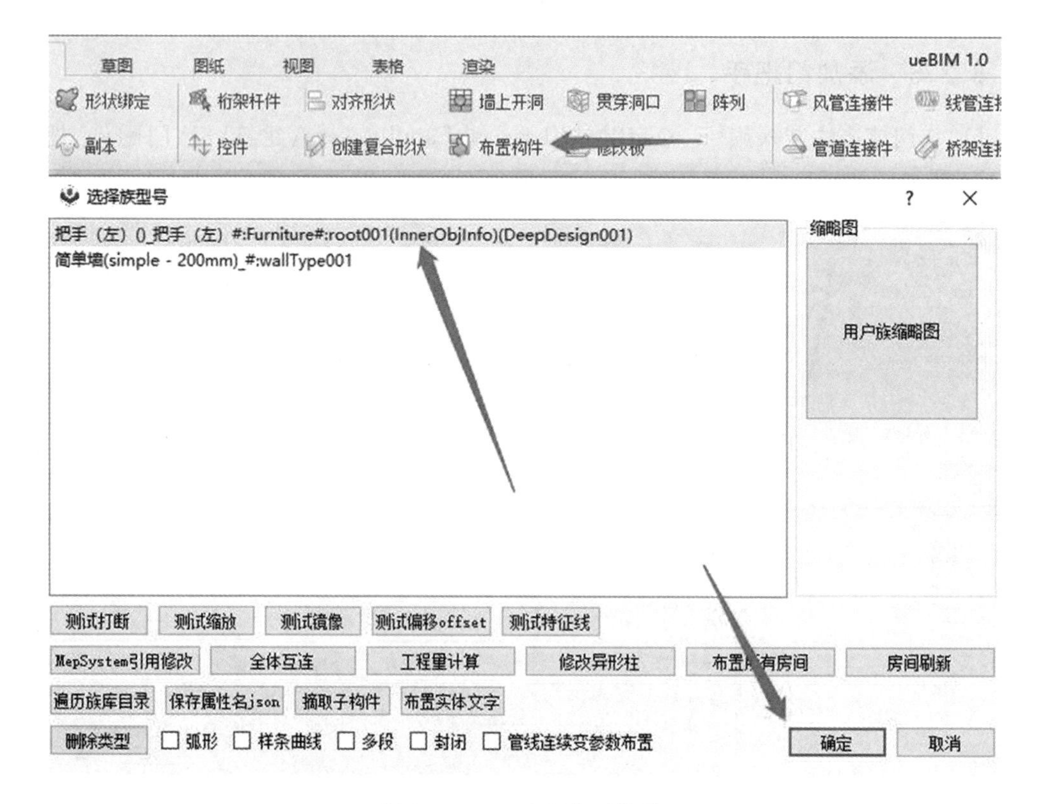

图 8-2-59 布置把手构件

（4）任意位置布置门把手族，布置好后单击布置把手（图 8－2－60）。

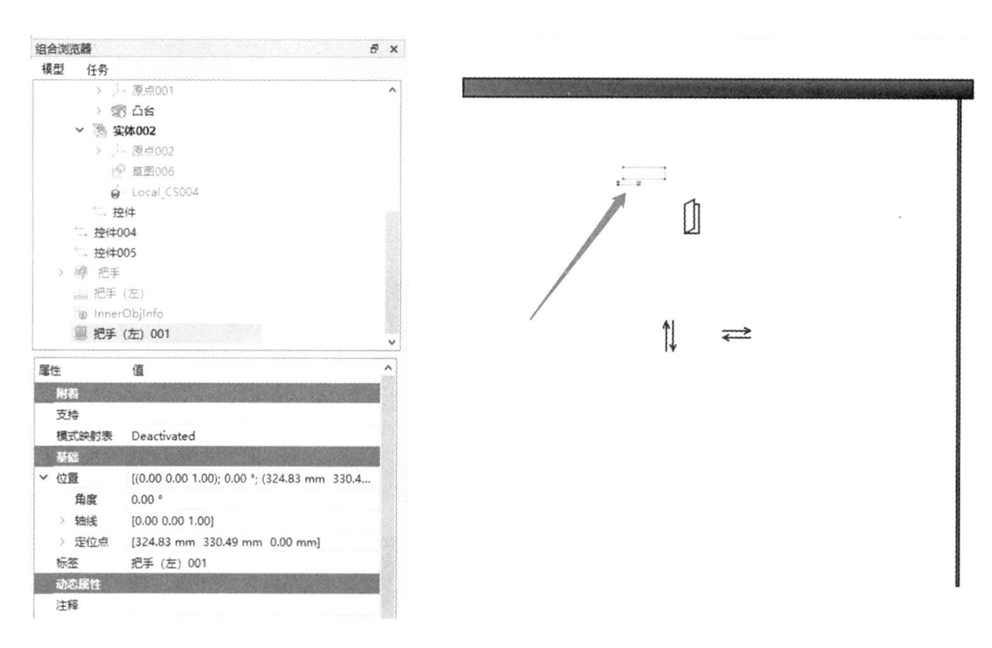

图 8－2－60　把手平面示意图

（5）在属性数据栏中，修改"模式映射表"（图 8－2－61）。

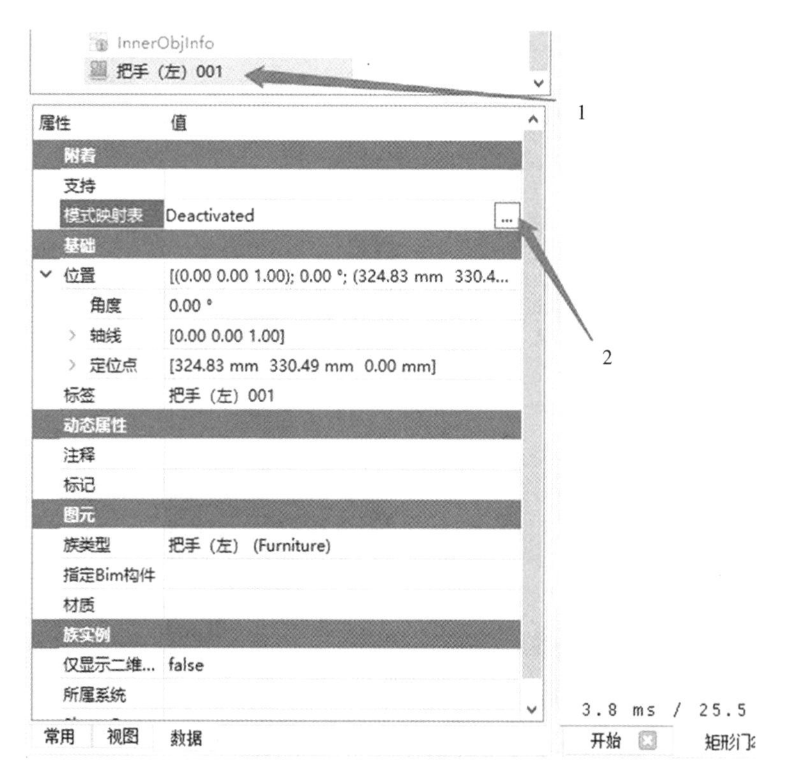

图 8－2－61　修改"模式映射表"

(6)“平面”修改为“Local_CS”,“附件模式”为“对象 XYZ”,“附着偏移”中的“在 X 方向上”为“root. 宽－root. 门框宽 * 2－80 mm”(图 8－2－62),“在 Z 方向上”为“root. bottomHeight＋900 mm”(图 8－2－63)。

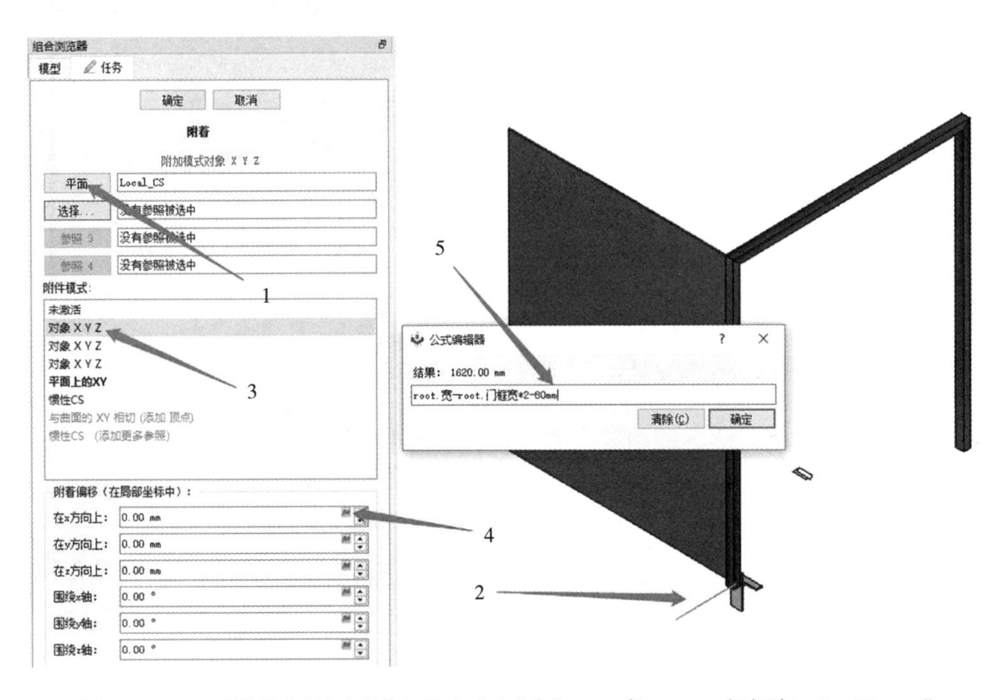

图 8－2－62 “附着偏移”中的“在 X 方向上”为“root. 宽－root. 门框宽 * 2－80 mm”

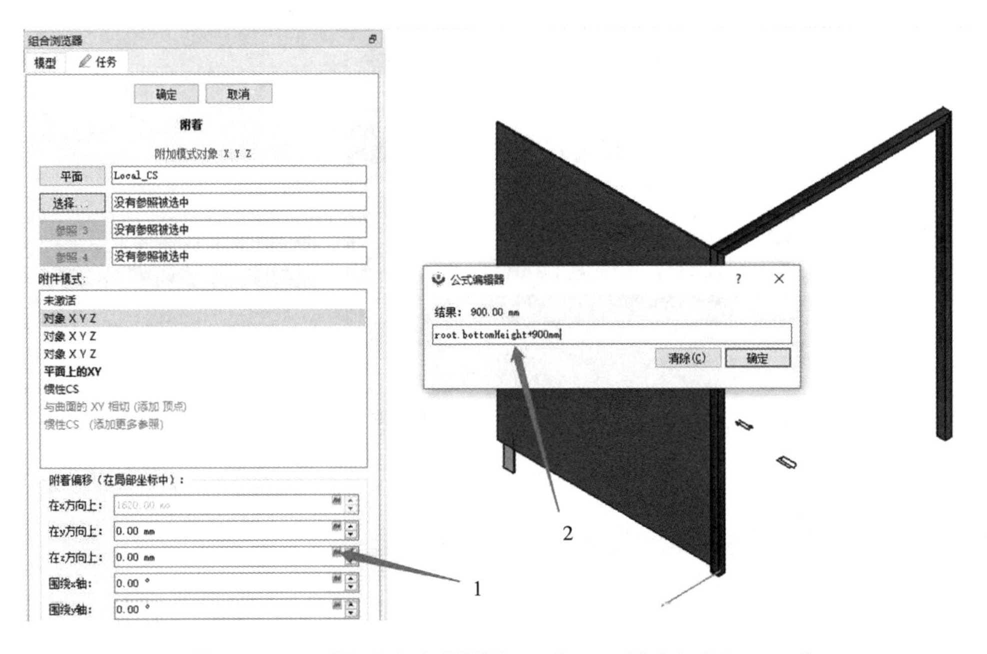

图 8－2－63 “在 Z 方向上”为“root. bottomHeight＋900 mm”

(7)单击“确定”,生成门把手位置。采用同样方式可以为另一侧添加门把手(右),需修改“附件偏移”中的“围绕Z轴”角度为“180°”(图8-2-64)。

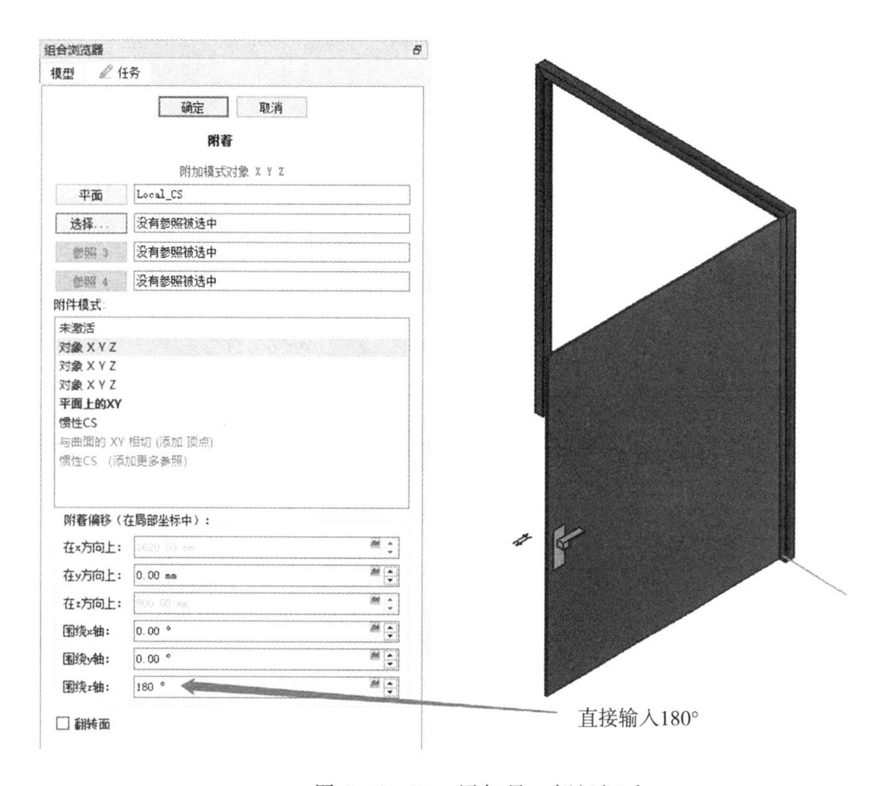

图8-2-64　添加另一侧门把手

(8)将多余族删除,将其余部分拖拽至“矩形门”组内(图8-2-65)。

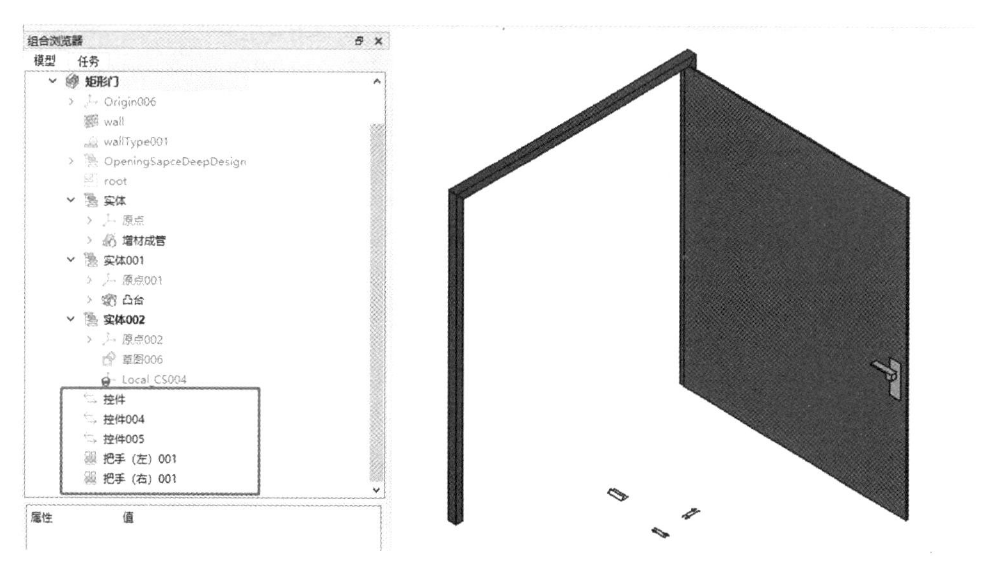

图8-2-65　整理“矩形门”族库

(9)单击“族设计”→“族类别”命令(图 8-2-66)。

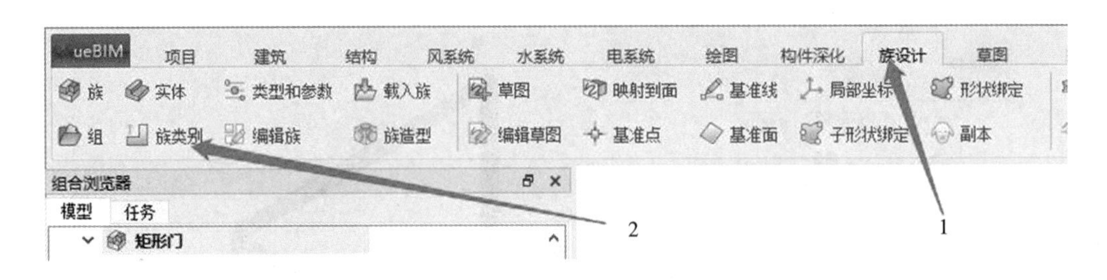

图 8-2-66 “族类别”命令

(10)“族类别”选择为建筑“门”,单击“确认”命令即可(图 8-2-67)。

(11)单击“文件菜单栏”,选择“另存为”命令(图 8-2-68)。注意:在另存为之前,需要将隐藏的构件显现出来(图 8-2-69)。

(12)将族另存到自定义位置后,可以在保存路径中载入族到项目中使用(图 8-2-70)。

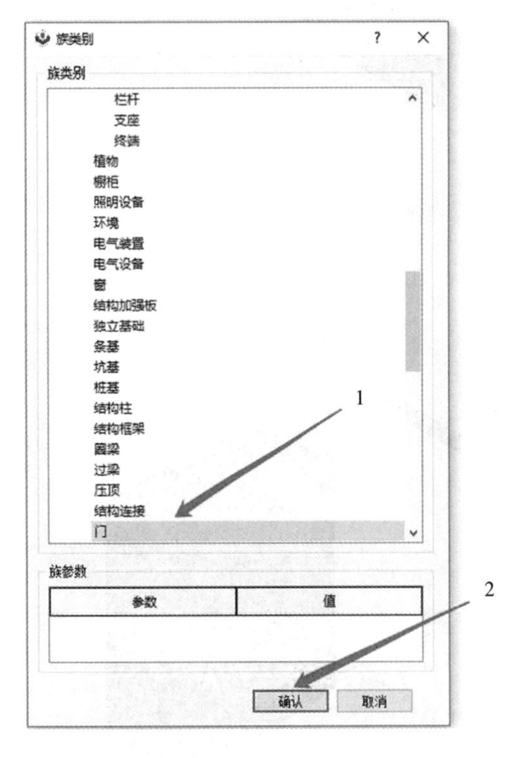

图 8-2-67 “族类别”选择“门”

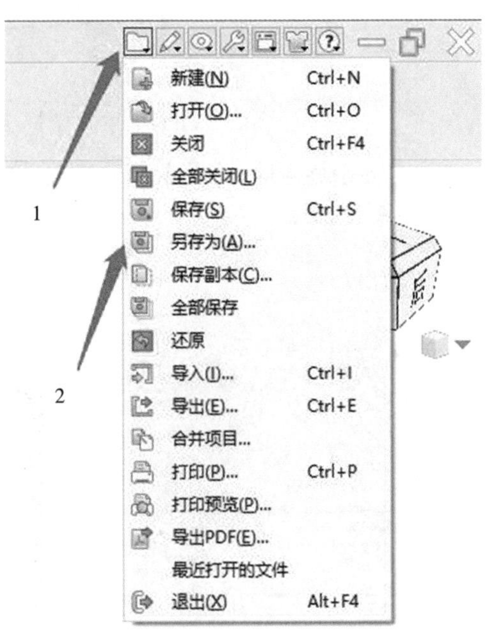

图 8-2-68 文件菜单栏

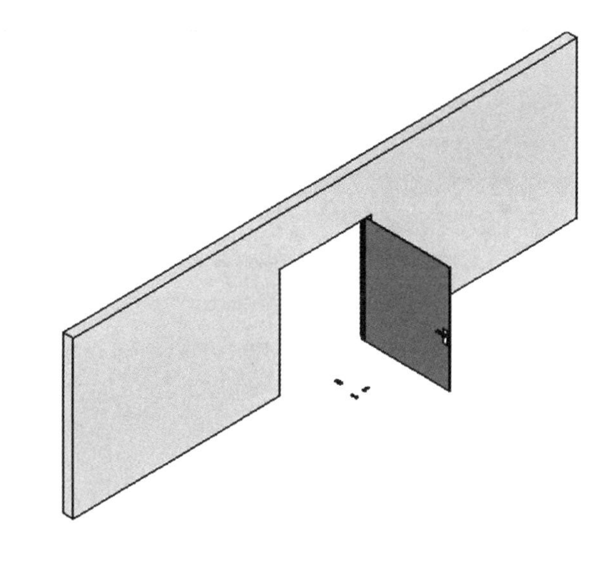

图 8-2-69　显现隐藏的构件

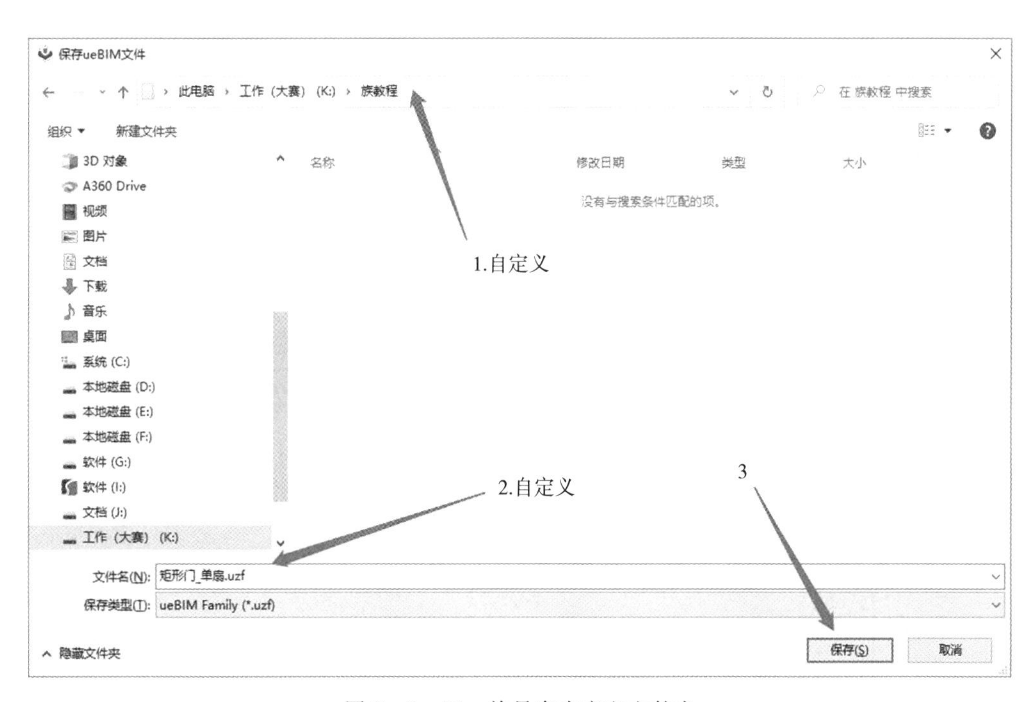

图 8-2-70　族另存自定义文件夹

8.3　窗族创建

窗是基于主体的构件，可以添加到任何类型墙内，选择要添加的窗类型，然后指定窗在主体图元的位置，ueBIM 将自动剪切洞口并放置窗。本节将以单扇固定窗为例。

(1)从菜单栏打开目录“C:\ueBIM1.0\libraries\Templates\Family\窗模板”(图 8-3-1)。

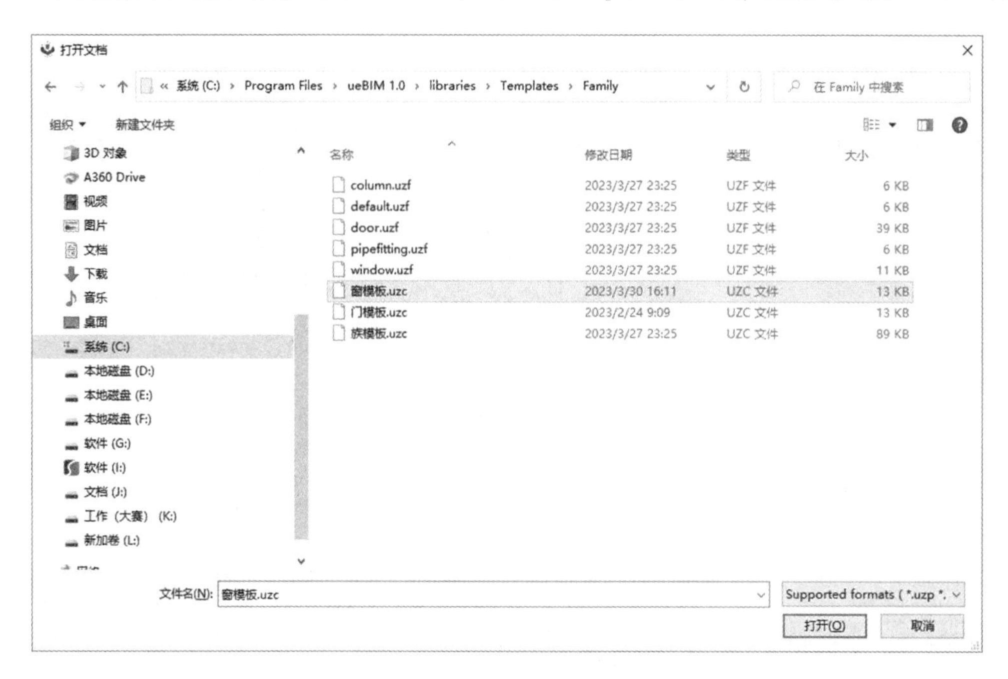

图 8-3-1 打开窗模板族库

(2)单击“族设计”→“类型和参数”,再打开“族类型定义”,给窗添加“高”“宽”“窗框宽”和“窗框厚”等参数(图 8-3-2)。

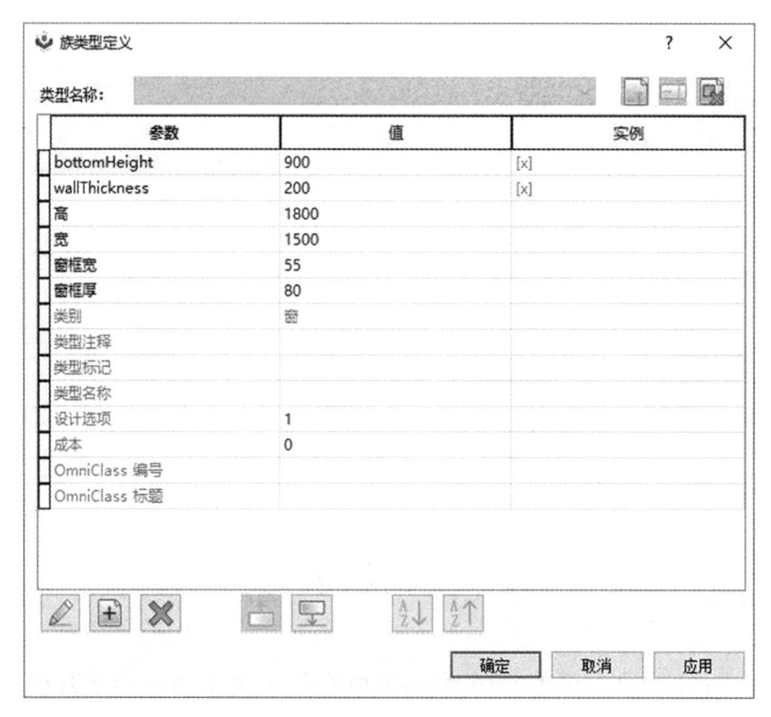

图 8-3-2 添加窗族库类型尺寸参数

8.3.1　修改洞口尺寸

(1)修改洞口之前,可以选中墙构件并按空格键隐藏。

(2)单击洞口中草图,为草图“编辑约束”,矩形上边长约束为“root. 宽”(图 8-3-3)。

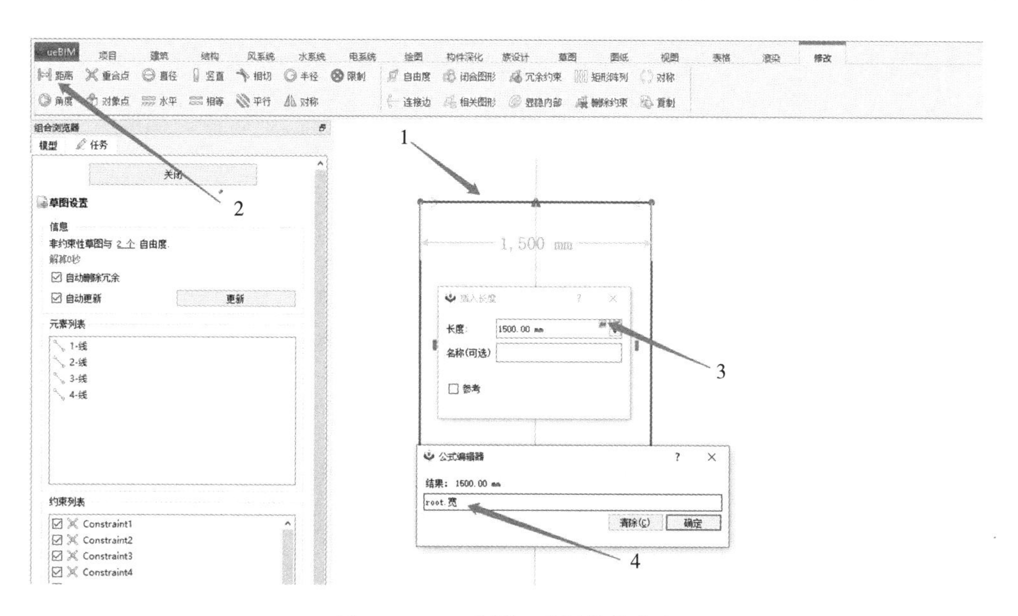

图 8-3-3　为洞口草图编辑约束

(3)设置侧边上部端点距离“X”轴约束为“root. bottomHeight + root. 高”(图 8-3-4)。

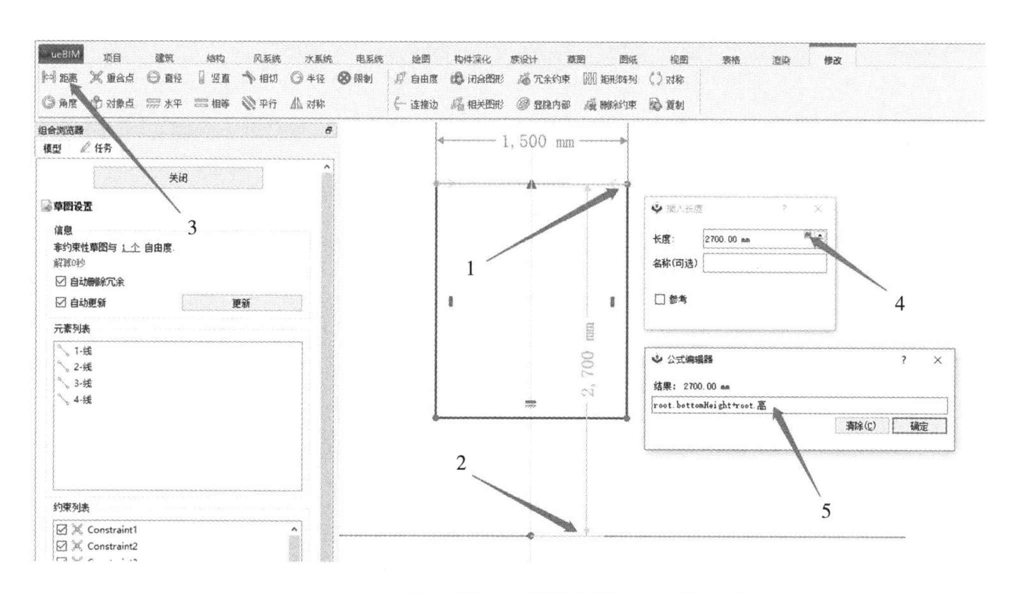

图 8-3-4　设置侧边上部端点距离“X”轴参数

(4)设置底边端点距离“X”轴约束为“root. bottomHeight”,完全约束后退出约束草图(图 8－3－5)。

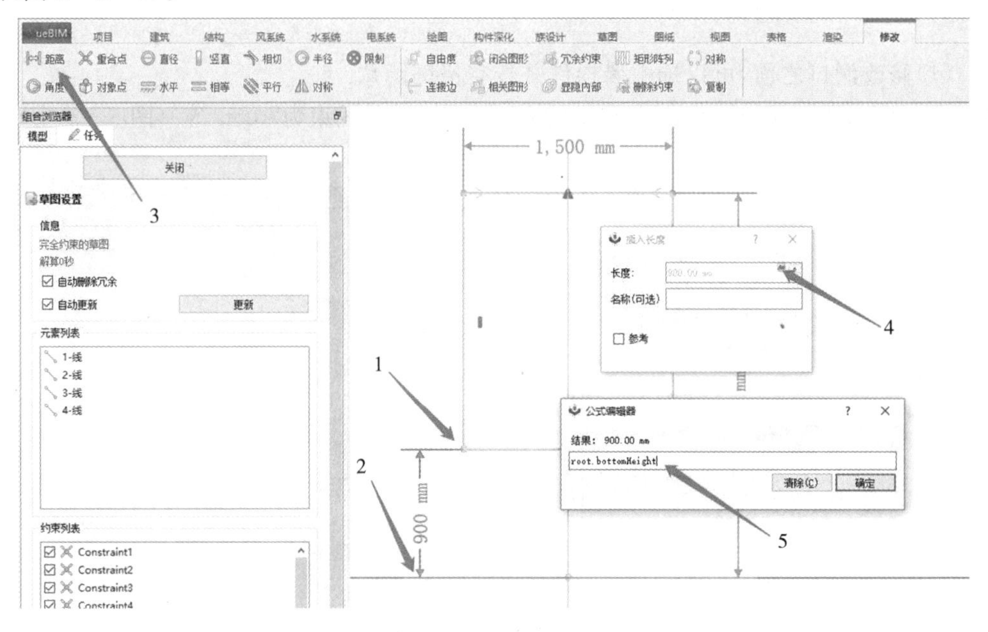

图 8－3－5　设置底边端点距离“X”轴参数

8.3.2　创建窗框

(1)单击“族设计”→“实体”命令,创建一个新实体(Body)(图 8－3－6)。

(2)单击“族设计”→“草图”命令,创建草图功能(图 8－3－7)。

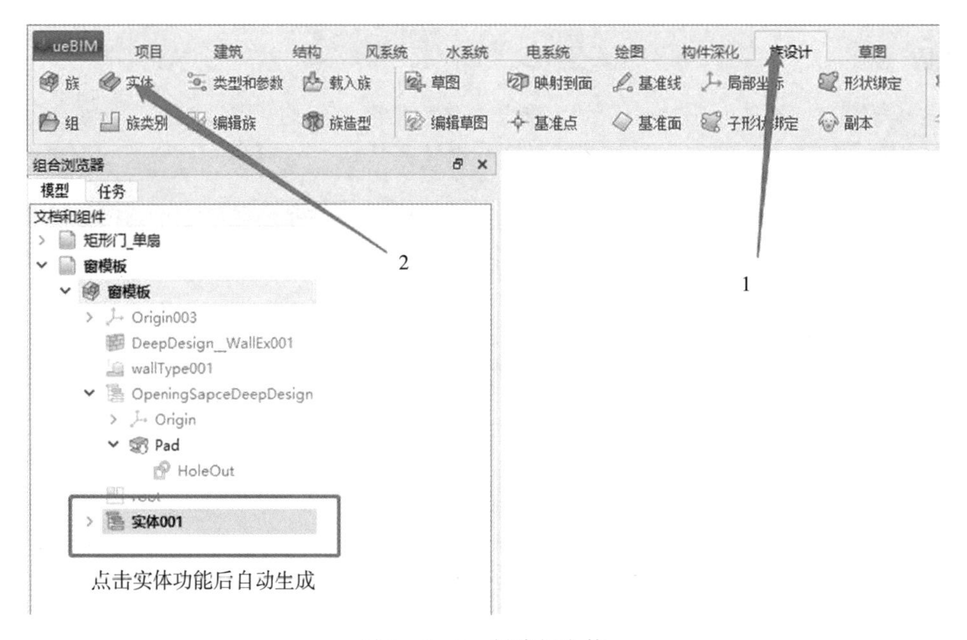

图 8－3－6　创建新实体

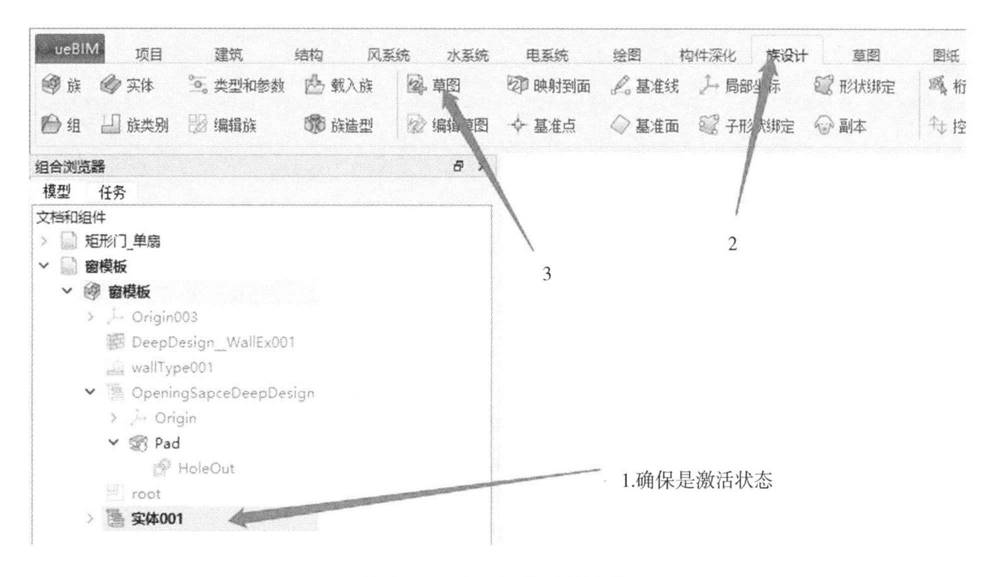

图 8-3-7　创建草图功能

(3)新建“XZ_Plane004(基准平面)”草图(图 8-3-8)。

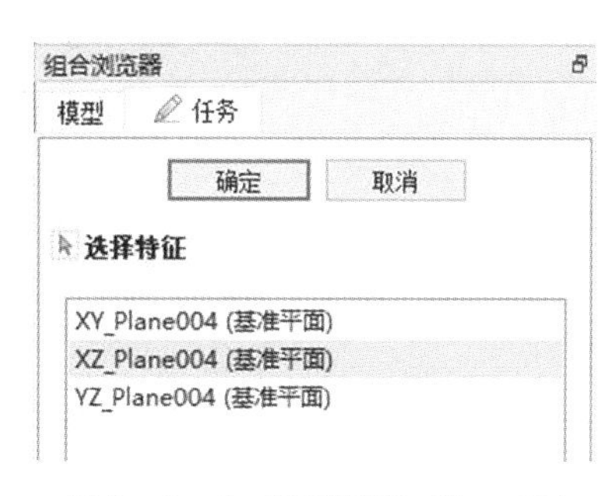

图 8-3-8　新建“XZ-Plane004(基准平面)”草图

(4)单击“草图”→“矩形”命令,使用“矩形”在创建草图当中绘制一个“回”字形草图,完成后退出绘制草图(图 8-3-9)。

(5)单击“草图”→“编辑约束”命令,给刚刚创建的草图添加约束(图 8-3-10)。

(6)为“回”字形左上角点与“X”轴添加距离约束,约束为“root. bottomHeight + root. 高”(图 8-3-11)。

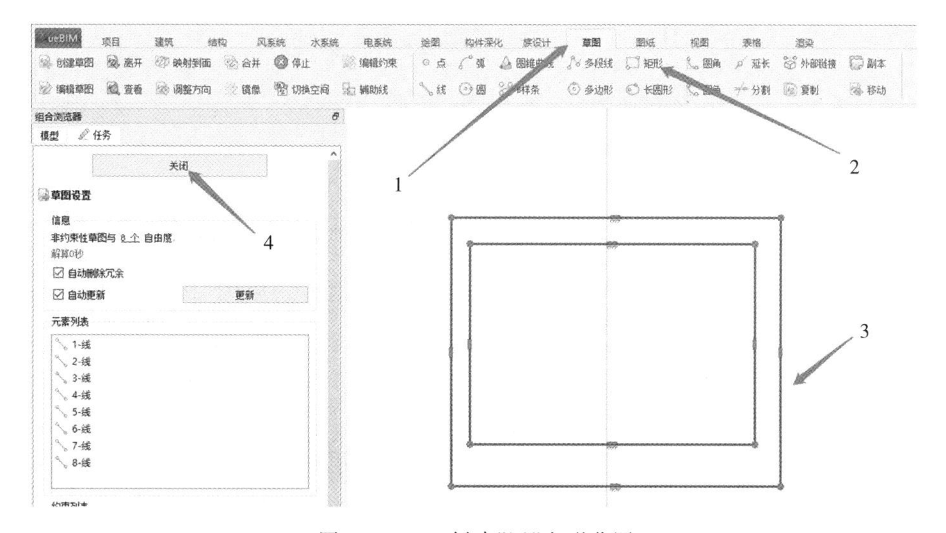

图 8-3-9　创建“回”字形草图

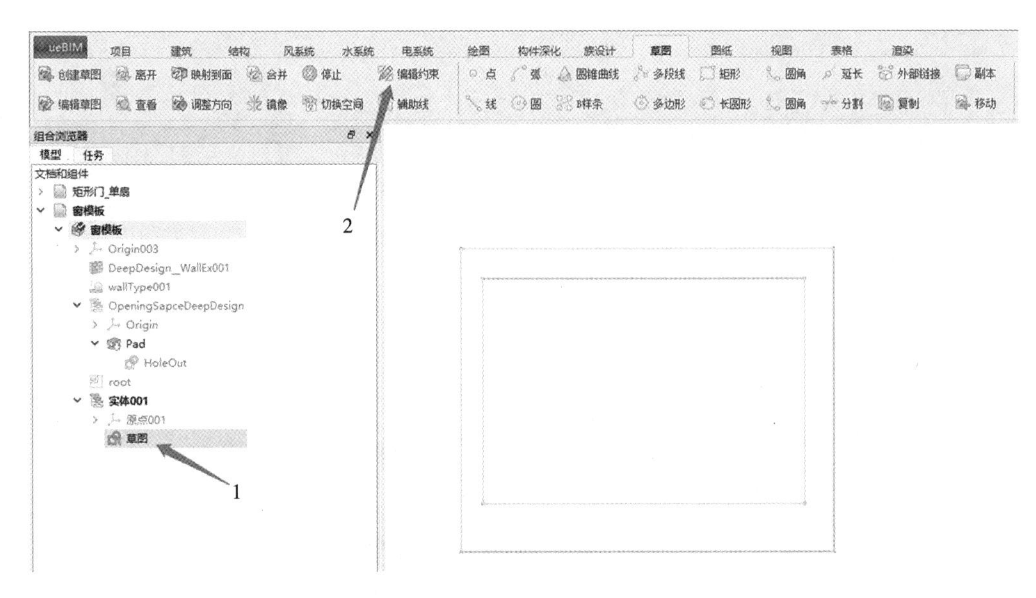

图 8-3-10 为草图添加约束

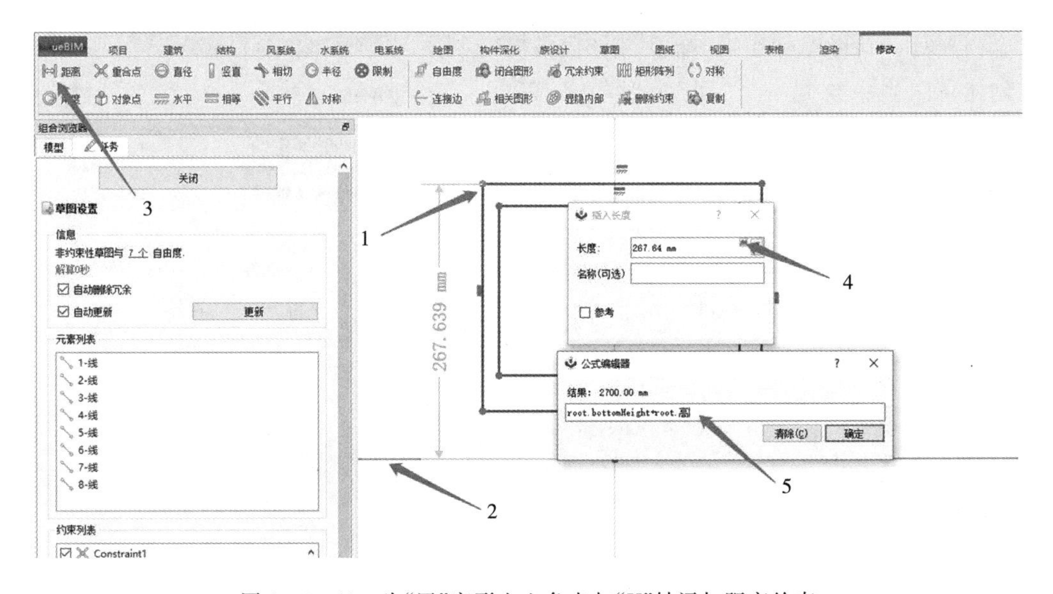

图 8-3-11 为“回”字形左上角点与“X”轴添加距离约束

(7)为“回”字形内矩形的左上角点距离“X”轴添加距离约束为“root. bottomHeight+root. 高−root. 窗框宽”(图 8-3-12)。

(8)为“回”字形内矩形左下角点距离“X”轴添加距离约束为“root. bottomHeight”(图 8-3-13)。

(9)为“回”字形矩形内部左下角端点与“X”轴添加距离约束为“root. bottomHeight+root. 窗框宽”(图 8-3-14)。

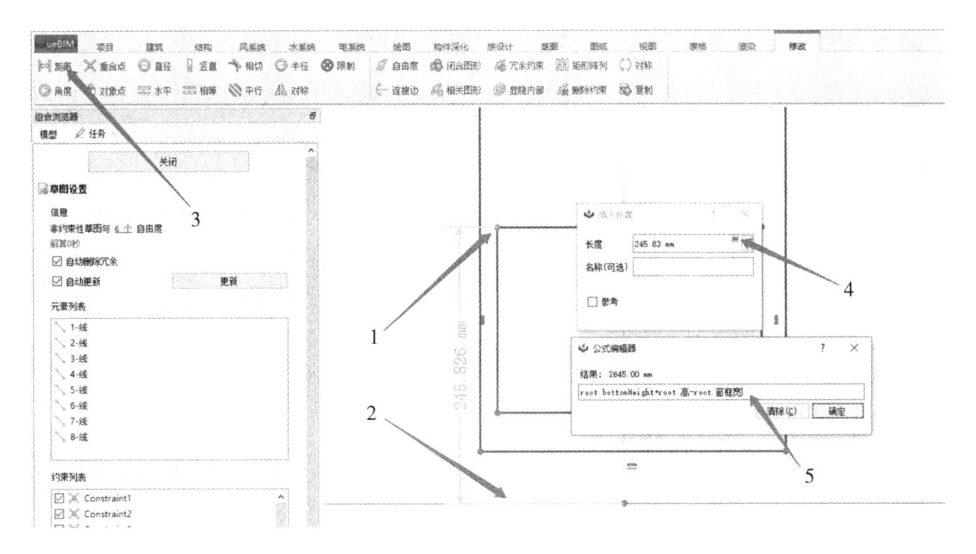

图 8-3-12　为"回"字形内矩形左上角点距离"X"轴添加距离约束

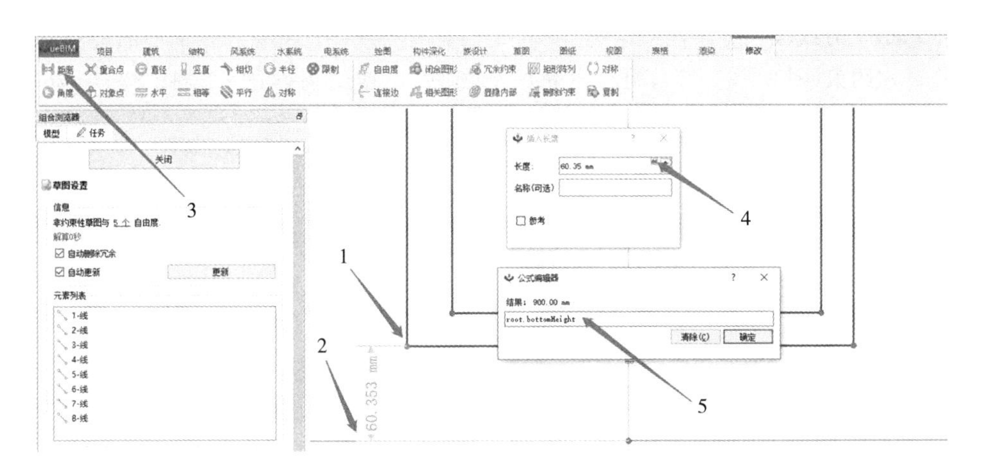

图 8-3-13　为"回"字形内矩形左下角点距离"X"轴添加距离约束

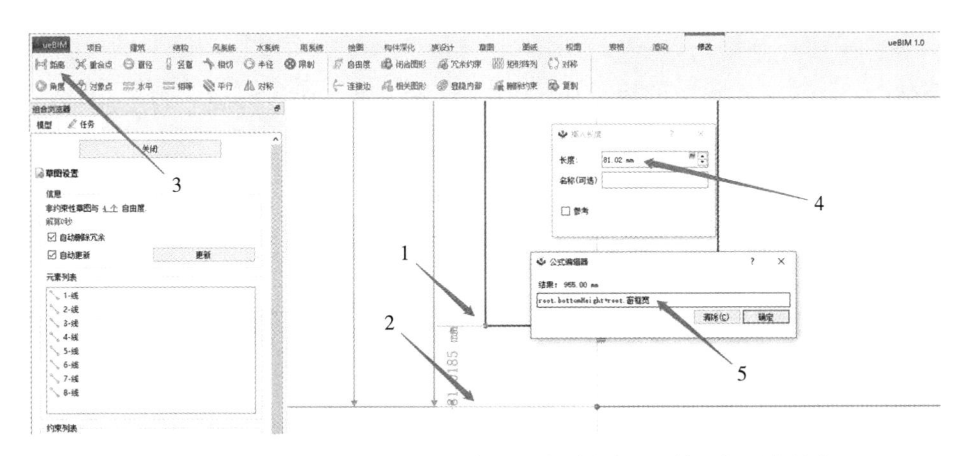

图 8-3-14　为"回"字形矩形内部左下角端点与"X"轴添加距离约束

(10)为“回”字形上部横向两个线段距离“Z”轴作对称约束(图 8-3-15)。

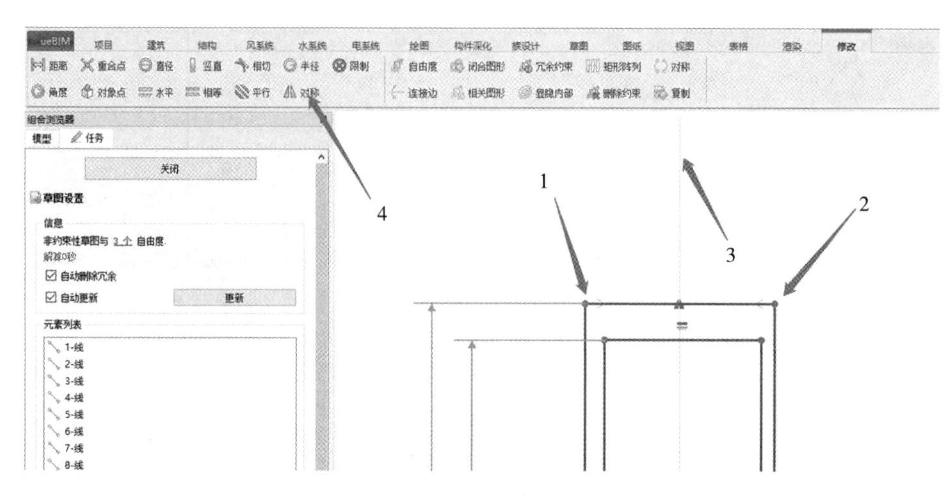

图 8-3-15　为线段距离“Z”轴作对称约束

(11)最上方线段尺寸距离约束为“root. 宽”(图 8-3-16)。为“回”字形内部矩形上部线段作对称约束(图 8-3-17),距离约束为“root. 宽－root. 窗框宽 * 2”(图 8-3-18)。

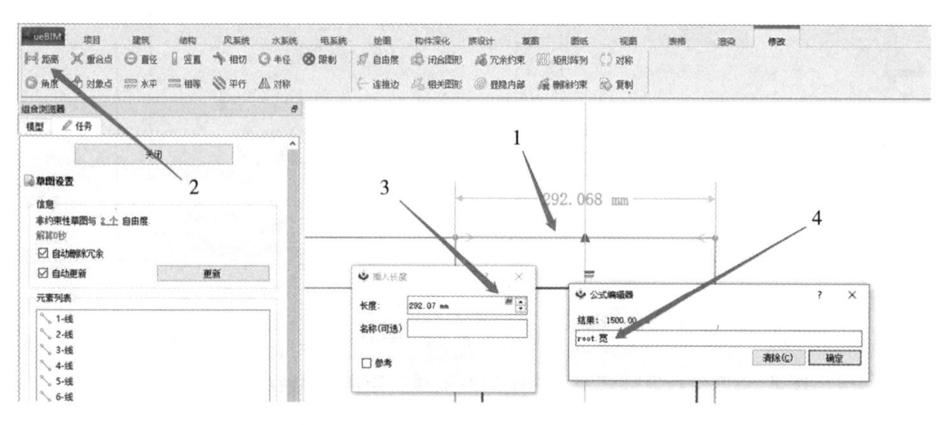

图 8-3-16　为最上方线段作尺寸约束

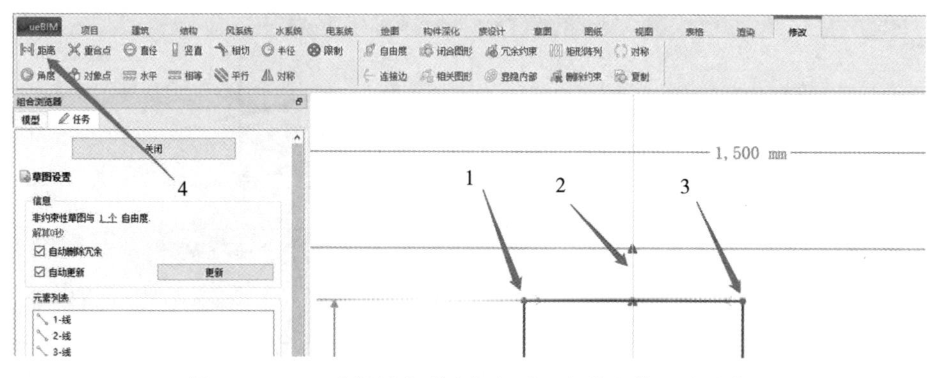

图 8-3-17　为“回”字形内部矩形上部线段作对称约束

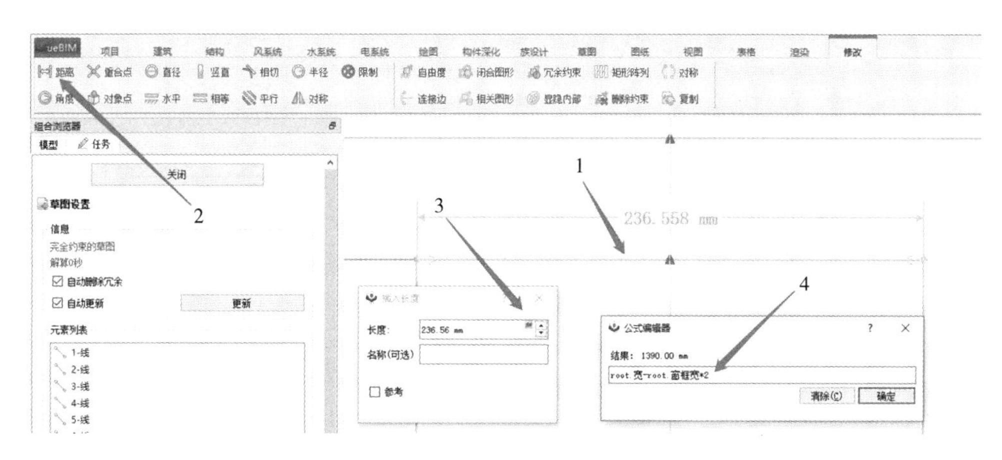

图 8-3-18　距离约束参数

(12)单击“族设计”→“族造型”命令(图 8-3-19),使用“拉伸”命令,将窗框拉伸成实体(图 8-3-20),拉伸长度为“root. 窗框厚”,勾选“相当平面对称”(图 8-3-21)。

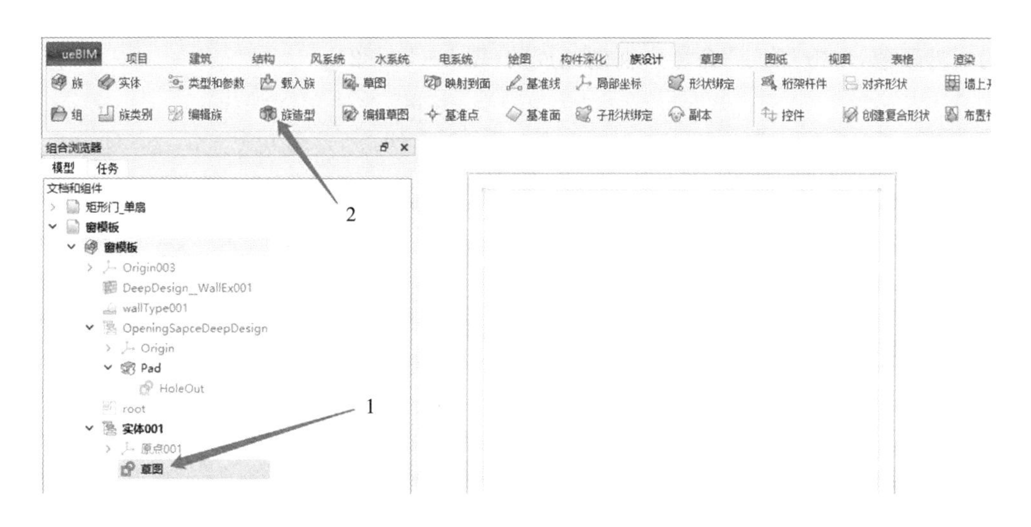

图 8-3-19　单击“族造型”命令

图 8-3-20　拉伸成实体窗框

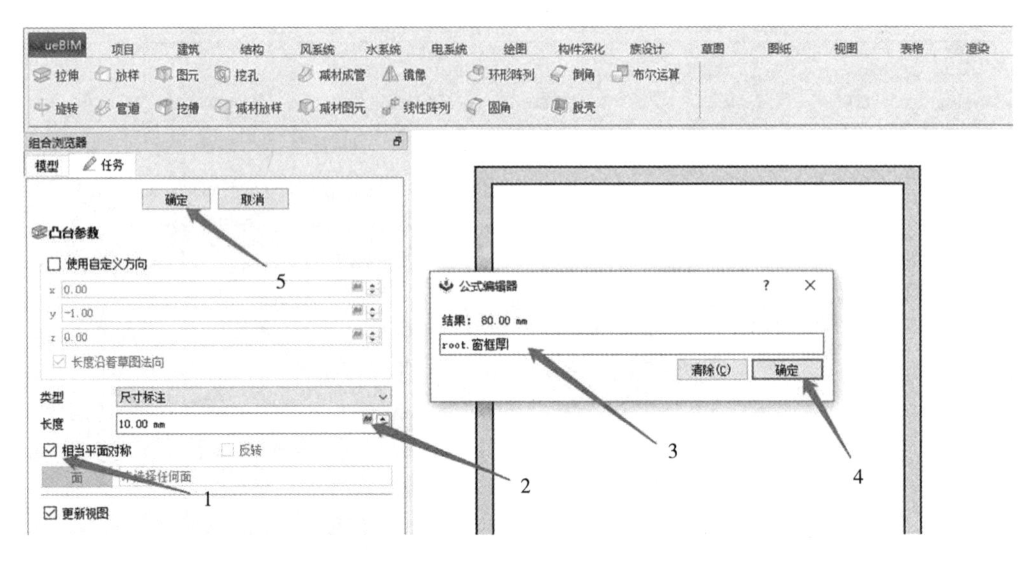

图 8-3-21 编辑窗框公式

(13)单击“组合浏览器”→“实体(001)”→“视图”→“形状颜色”命令，将形状颜色修改为所需颜色，单击“确定”命令窗框创建成的(图 8-3-22)。

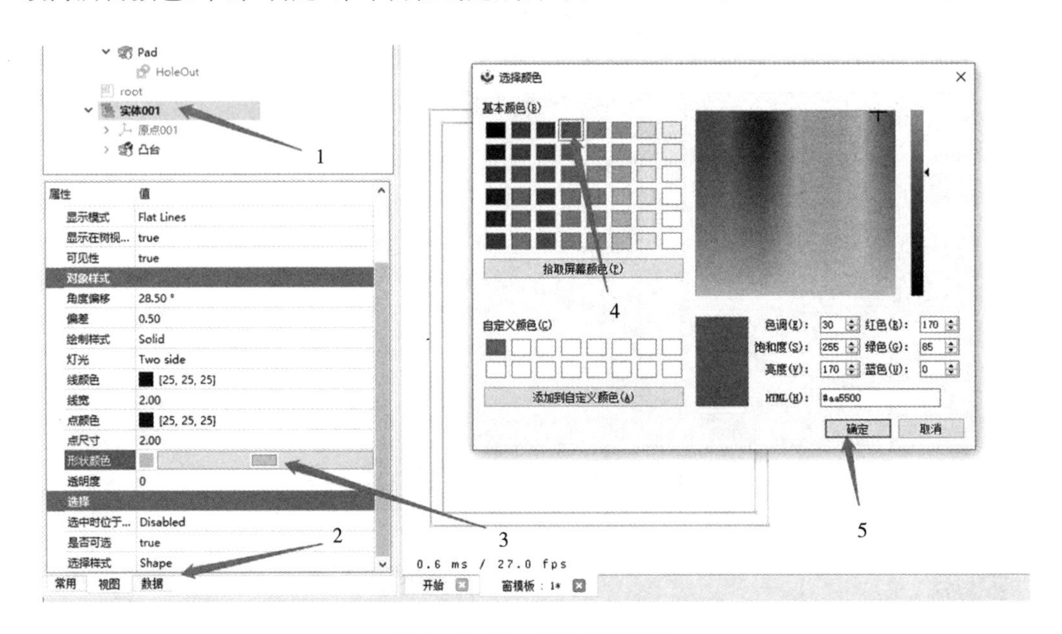

图 8-3-22 修改形状颜色

8.3.3 创建玻璃

(1)创建玻璃时会被窗框遮挡，这时需要选中窗框构件并按空格键隐藏。

(2)单击“族设计”→“实体”命令，再单击“草图”命令，创建实体(图 8-3-23)。

(3)创建一个基于“XZ 平面”的草图，在草图上绘制一个矩形，完成后退出绘制草图

(图 8－3－24)。

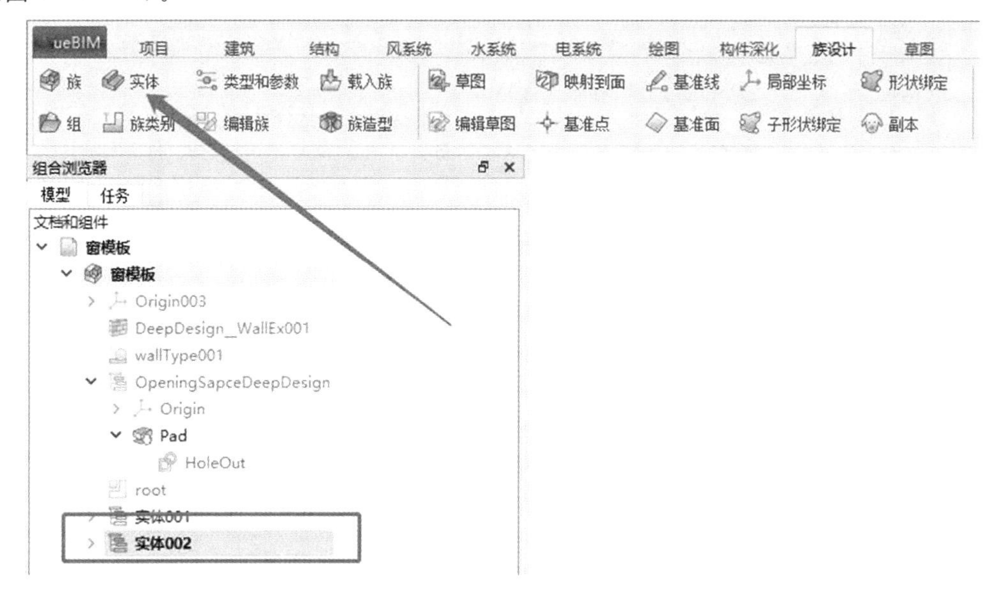

图 8－3－23 创建玻璃实体

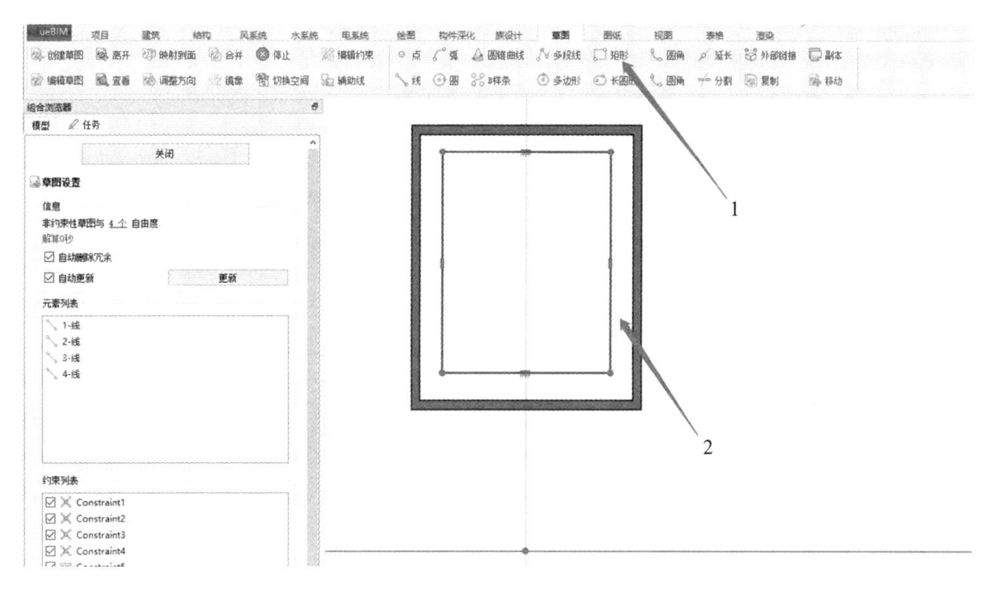

图 8－3－24 创建矩形基于“XZ 平面”的草图

(4)单击“草图”,单击“编辑约束”命令(图 8－3－25)。

(5)设置矩形左上角点到“X”轴距离约束为“root. bottomHeight＋root. 高－root. 窗框宽”(图 8－3－26)。

(6)设置矩形左下角点到“X”轴距离约束为“root. bottomHeight＋root. 窗框宽”(图 8－3－27)。

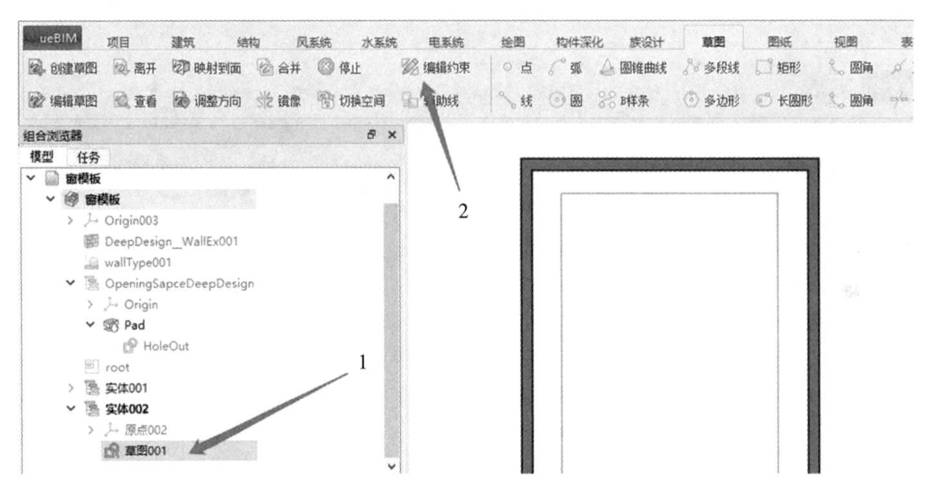

图 8-3-25 编辑约束

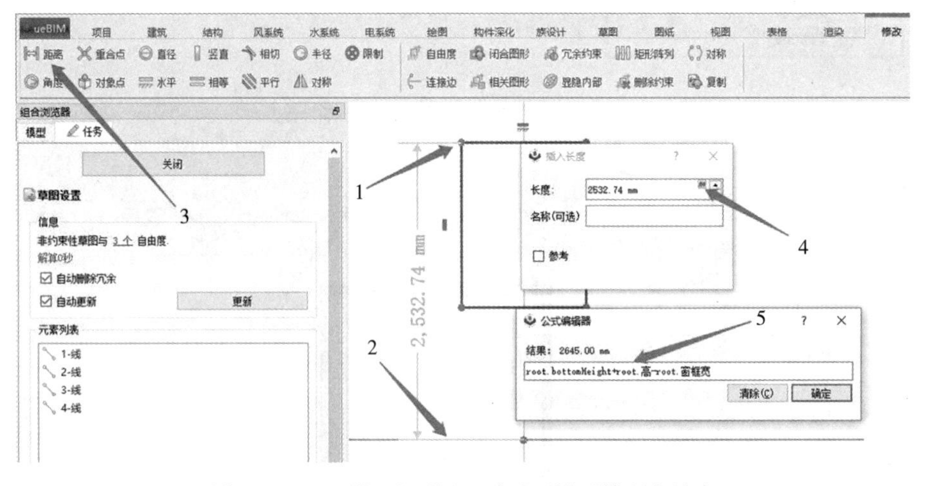

图 8-3-26 设置矩形左上角点到“X”轴距离约束

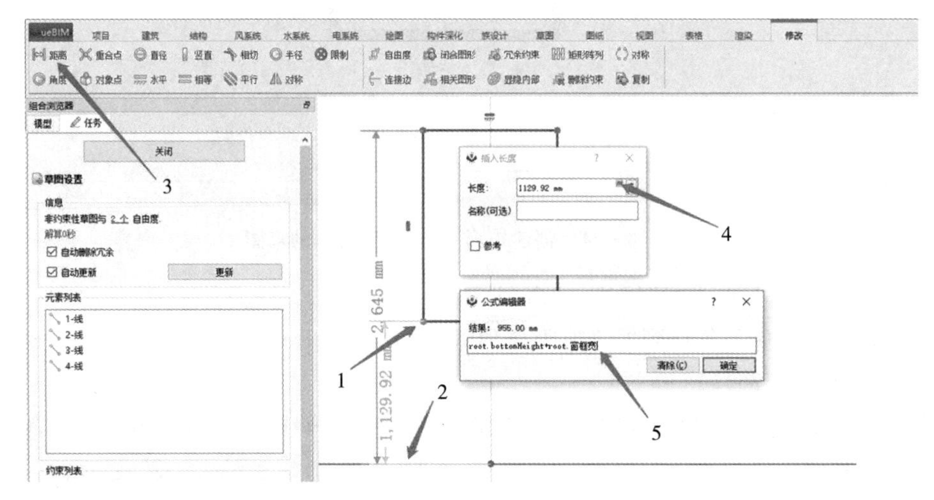

图 8-3-27 设置矩形左下角点到“X”轴距离约束

(7)为矩形左上角点与右上角点添加对称约束(图 8－3－28)。

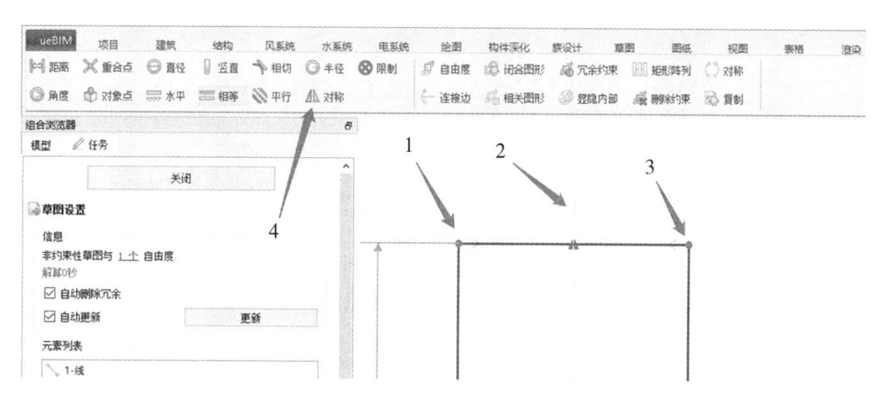

图 8－3－28　为矩形左(右)上角点添加对称约束

(8)设置距离约束为“root. 宽－root. 窗框宽 * 2”(图 8－3－29)。

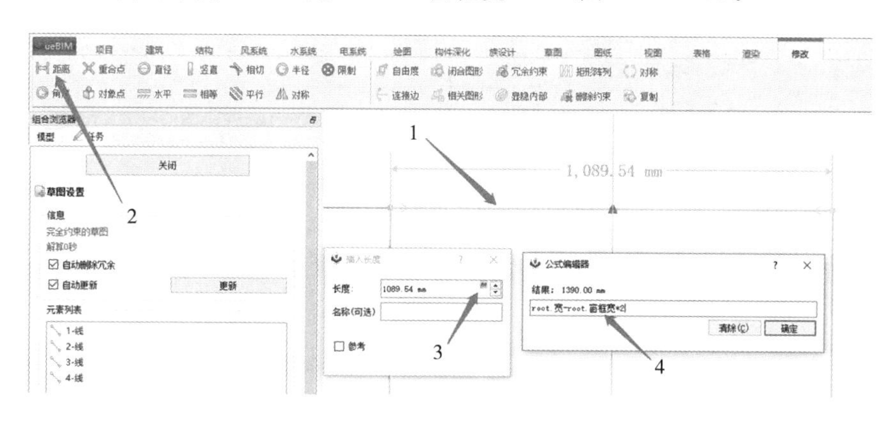

图 8－3－29　添加距离约束

(9)单击“族设计”→“族造型”命令，使用“拉伸”命令，将刚刚绘制的草图长度拉伸为“10.00 mm”，并勾选“相当平面对称”(图 8－3－30)。

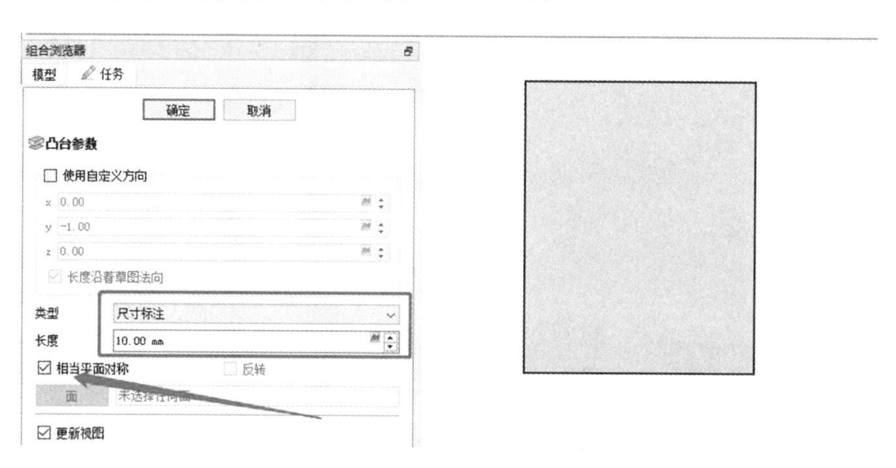

图 8－3－30　草图拉伸及平面对称

（10）单击“实体002”→“视图”→“形状颜色”命令，修改颜色为淡蓝色（85.170.255），并修改透明度为“75”（图8-3-31）。

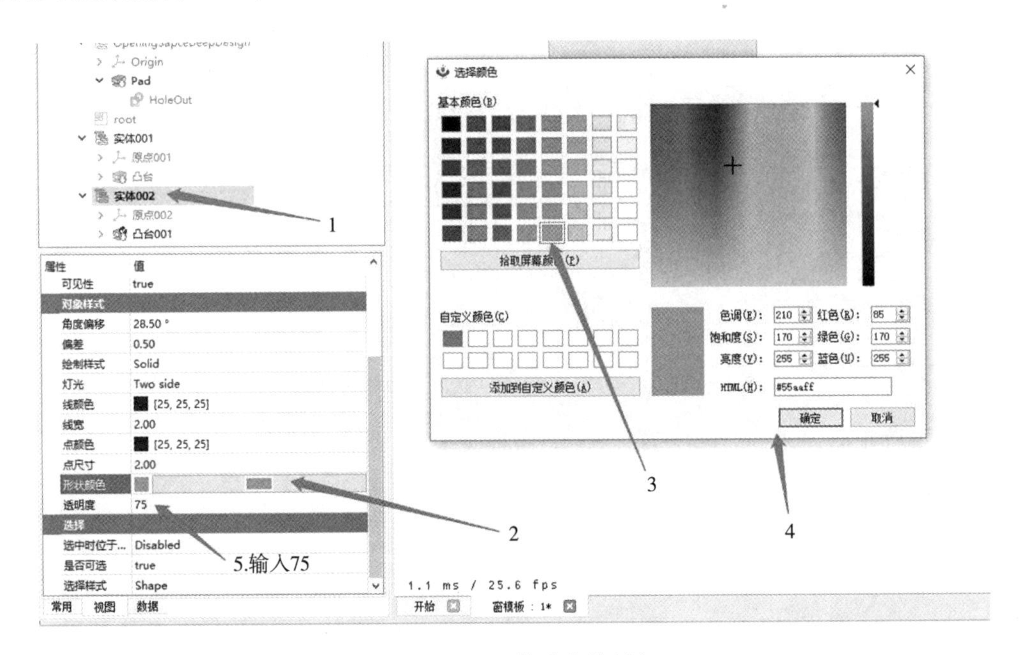

图8-3-31 修改实体颜色

（11）选中隐藏窗构件，按空格键使其显现出来（图8-3-32），最终成果如图8-3-33所示。

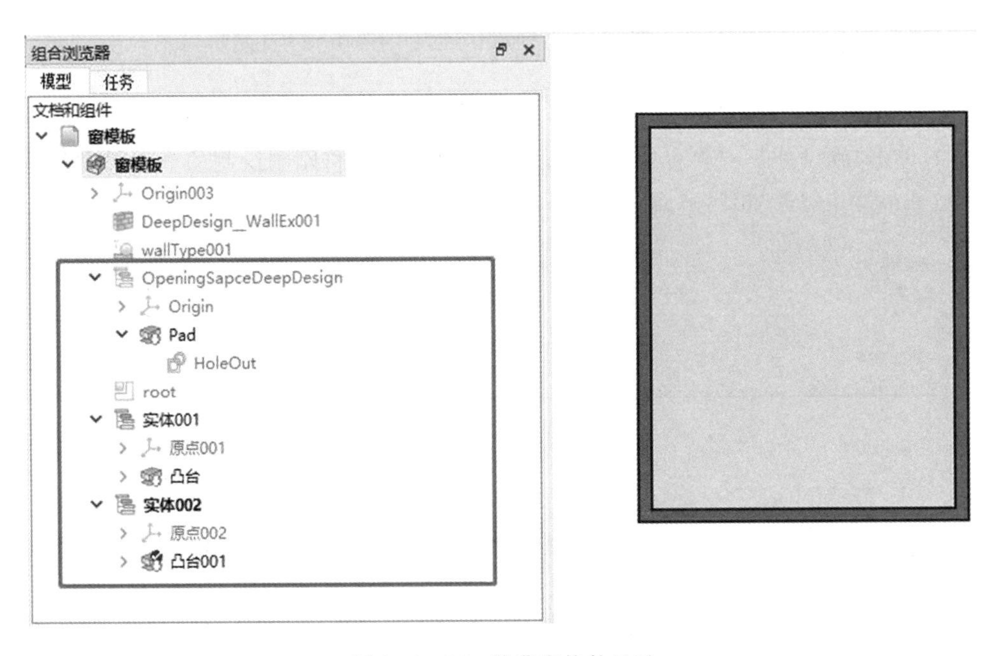

图8-3-32 隐藏窗构件显示

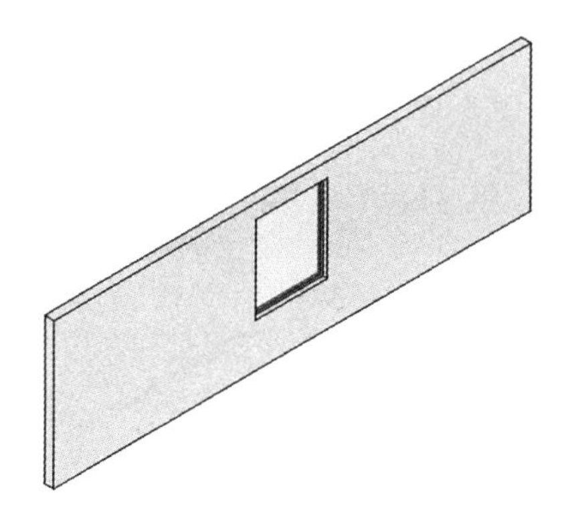

图 8-3-33　窗族库三维模型效果图

(12)单击菜单栏→"打开"→"另存为"命令，将族另存到用户指定位置后，可以在保存路径中载入族到项目中使用。

8.4　空调设备族创建

在 ueBIM 中，设备是由族定义的模型图元。

ueBIM 提供了一些设备族，用户可以在项目中使用这些族，也可以将这些族用作自定义设备基础。要创建或修改设备族，应使用族设计功能。本节以"空调外机族"创建为例。

(1)单击"新建族"或打开光盘中"C:\ueBIM 1.0\libraries\Templates\Family\族模板"文件，单击在"族设计"→"类型和参数"命令，通过左下角新建命令，给族模板新建"类型与参数"，添加"长""宽""高""排风扇外框""风扇外圆直径""风扇内圆直径"和"排风扇外框厚度"等参数，并删除掉多余参数(图 8-4-1)。

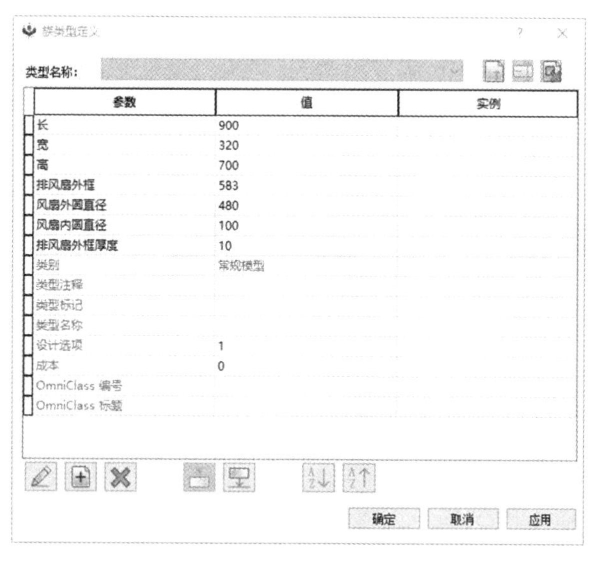

图 8-4-1　新建排风扇族库族类型定义参数

(2)选中“组合浏览器”中“族模板”的草图子项,单击“族设计”→“编辑草图”命令或者“草图”→“编辑草图”命令(图 8-4-2)。

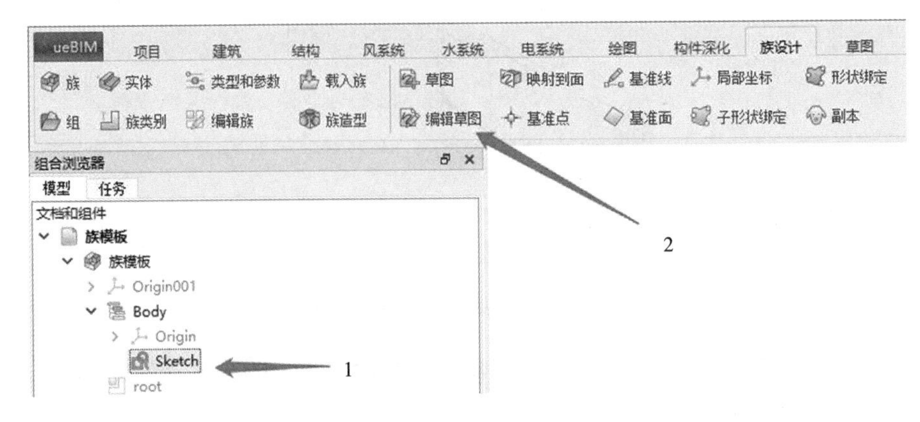

图 8-4-2 “编辑草图”命令

(3)切换至“草图”选项卡,使用“矩形”命令绘制一个矩形(图 8-4-3)。

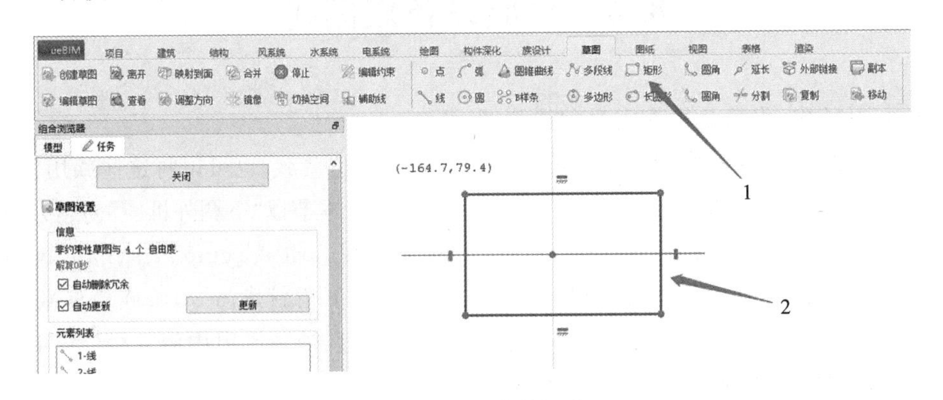

图 8-4-3 绘制矩形

(4)绘制完成之后,单击左侧“组合浏览器”中的“关闭”命令退出“编辑草图”命令,然后单击“草图”→“编辑约束”命令进行设置(图 8-4-4)。

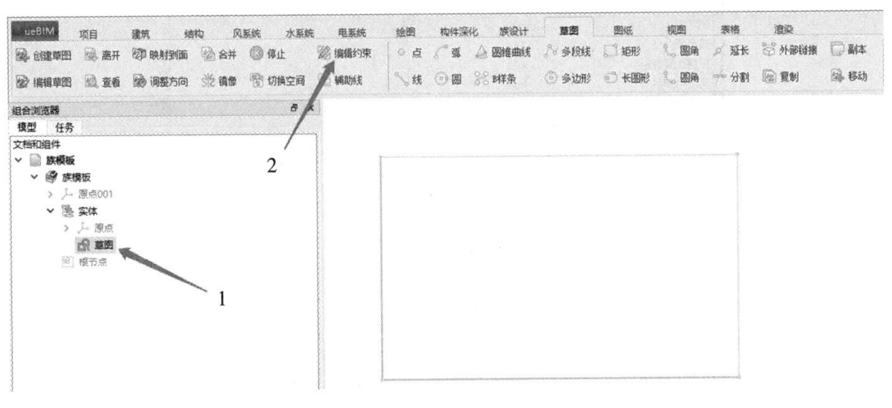

图 8-4-4 “编辑约束”命令

(5)在左侧“组合浏览器”→“草图设置”命令中,勾选“自动删除冗余”“自动更新”,并给“Y”轴上方左右两个点添加对称约束(图 8-4-5)。

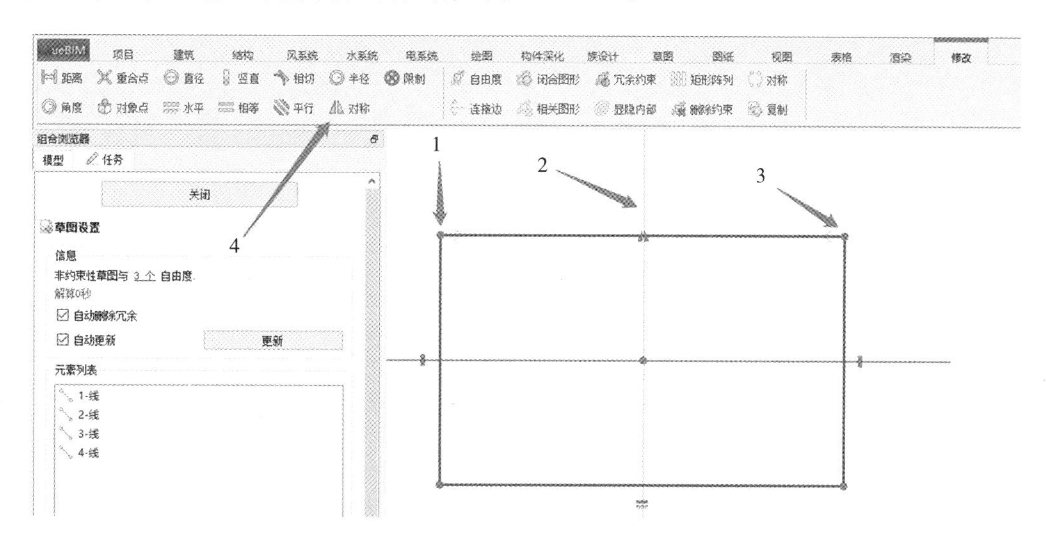

图 8-4-5　给“Y”轴上方左右两个点添加对称约束

(6)给“X”轴左侧上下两个点添加对称约束(图 8-4-6)。

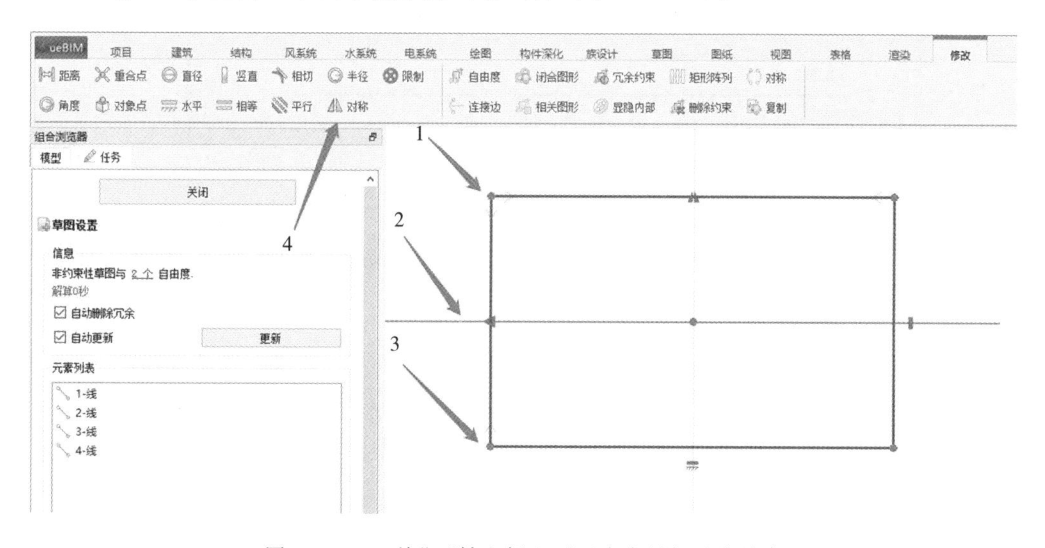

图 8-4-6　给“X”轴左侧上下两个点添加对称约束

(7)给矩形上方线段添加距离约束,在“插入长度”页面单击“长度”命令输入一个表达式,进入“公式编辑器”(图 8-4-7)。

(8)在公式编辑器当中输入“root. 长”(图 8-4-8)。

(9)另一侧重复长度约束设置,输入“root. 宽”,约束长度等数值(图 8-4-9)。

(10)当草图为全部约束图形,在视图中颜色即为绿色,左侧“组合浏览器”也会提示是“完全约束的草图”(图 8-4-10)。单击左侧“组合浏览器”中的“关闭”,退出约束草图。

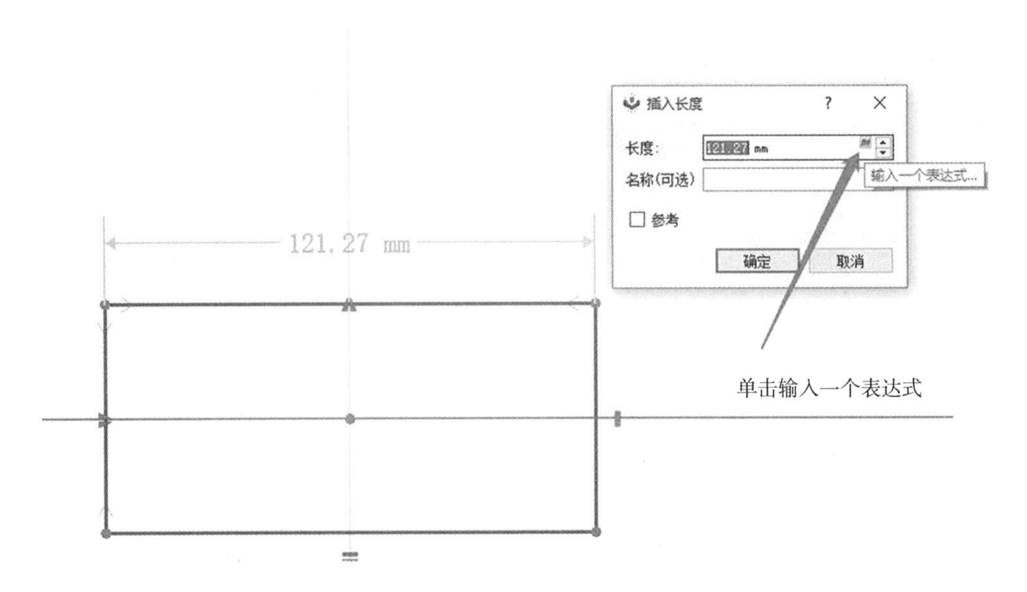

图 8-4-7　给矩形上方线段添加距离约束

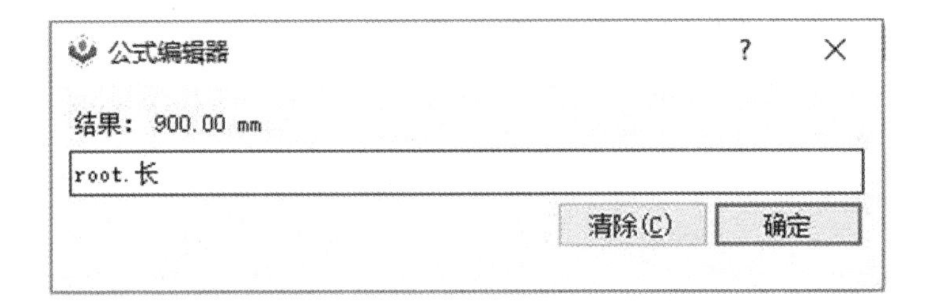

图 8-4-8　在公式编辑器中输入"root. 长"

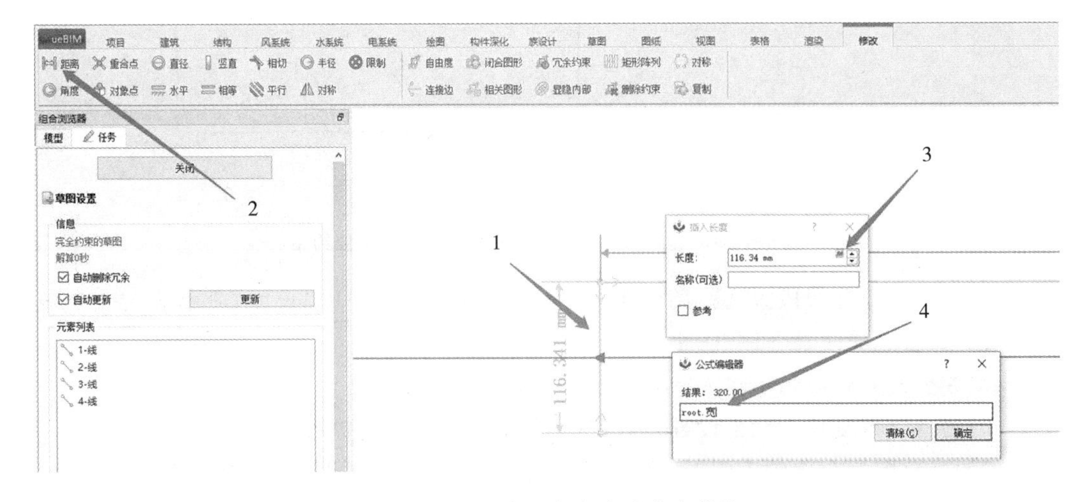

图 8-4-9　另一侧重复长度约束参数设置

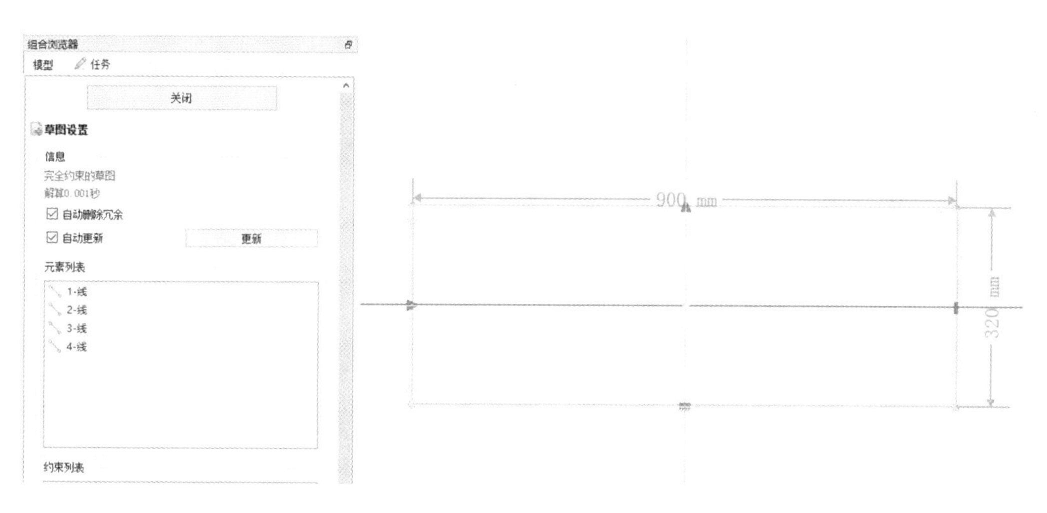

图 8-4-10　草图全部结束图形平面显示

(11)单击“草图”,选择“族设计”→“族造型”命令(图 8-4-11)。

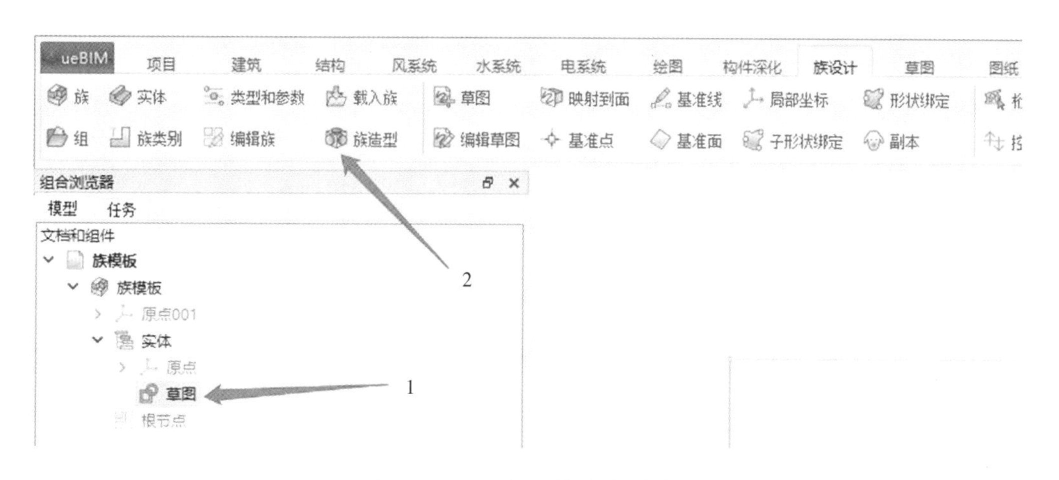

图 8-4-11　风扇族库造型设置

(12)单击“拉伸”命令,将草图拉伸成一个实体(图 8-4-12)。

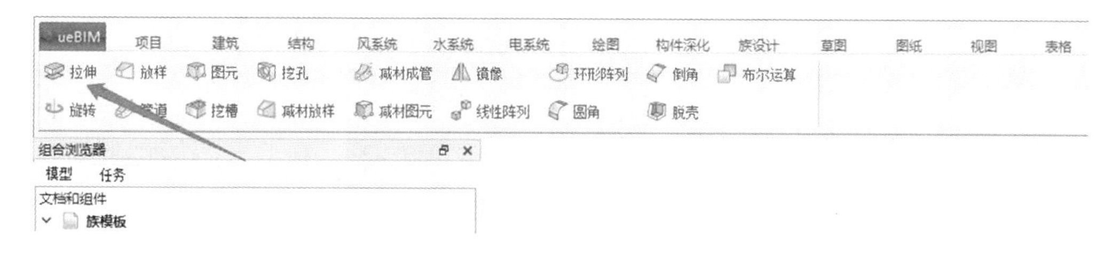

图 8-4-12　将草图拉伸成实体

(13)在左侧“组合浏览器”中修改拉伸“类型”为“尺寸标注”,为拉伸“长度”约束添加一个表达式“root. 高”(图 8-4-13)。

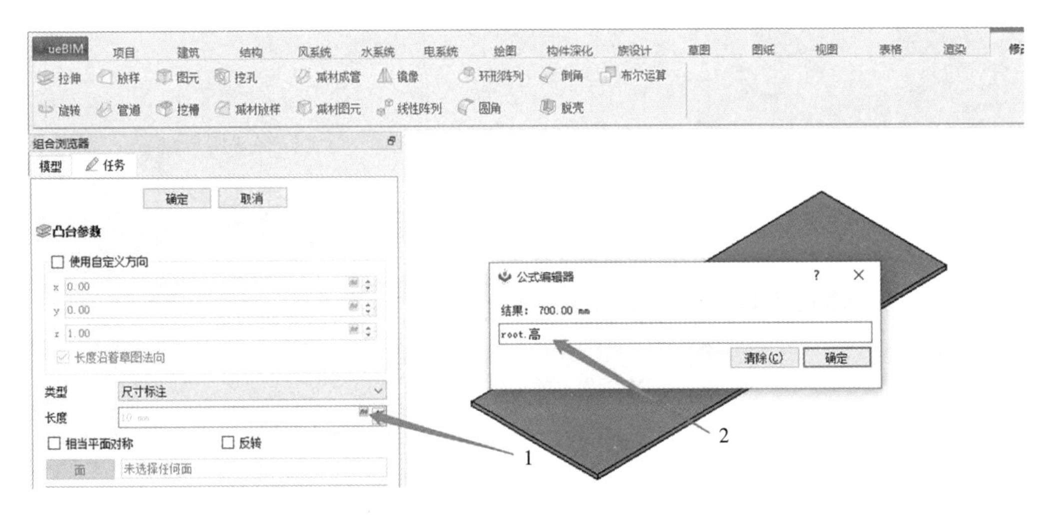

图 8-4-13　拉伸"长度"参数设置

(14)旋转视图切换至"前视图",双击左侧"组合浏览器"中的"Body",使其处于激活状态(图 8-4-14)。

(15)在"前视图"面中,选择"族设计"选项卡中的创建"草图"命令创建草图(图 8-4-15)。

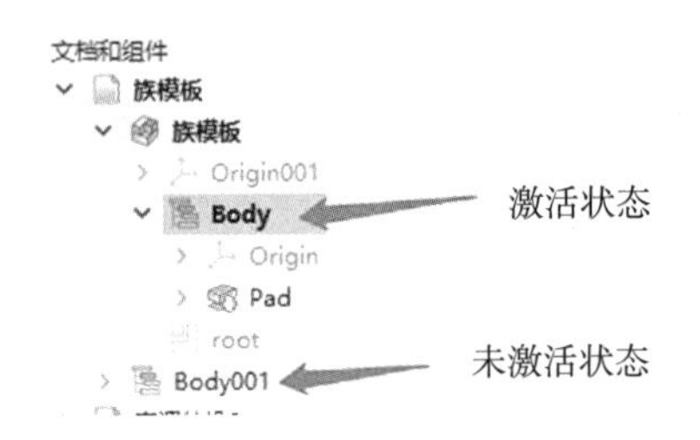

图 8-4-14　"组合浏览器"实体激活

(16)在"X"轴上方绘制一个矩形,给矩形中间绘制一个大圆与一个小圆(图 8-4-16),单击左侧"组合浏览器"中的"关闭""草图"绘制。再在"组合浏览器"中创建"Sketch001",并拖拽到"Body"组内。

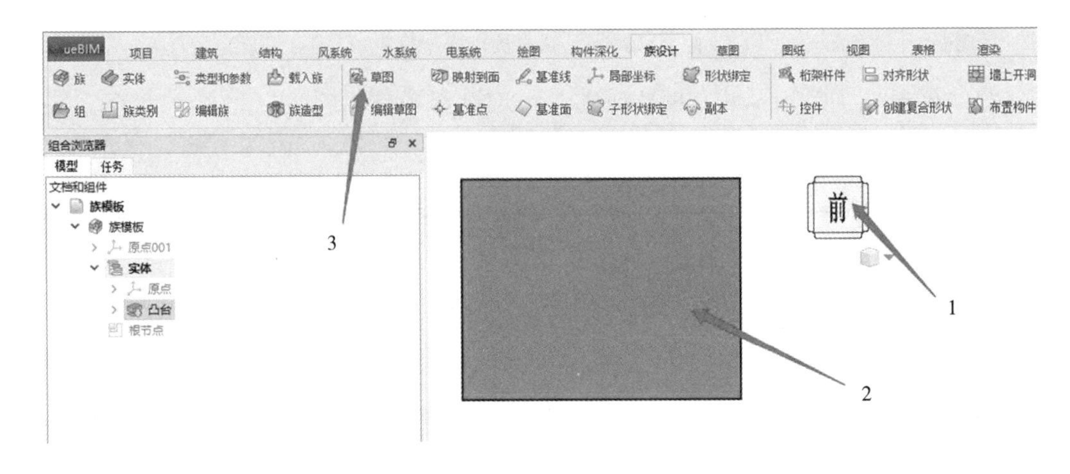

图 8-4-15　创建草图

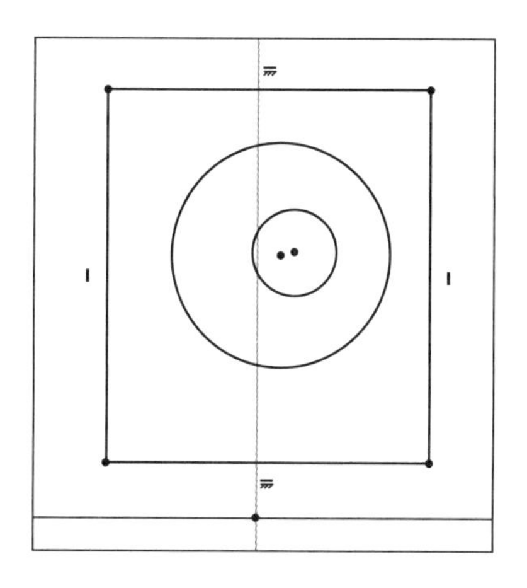

图 8-4-16　绘制图形

(17)单击“草图”→“编辑约束”命令(图 8-4-17),给矩形草图左上角点距离“X”轴添加距离约束,表达式为“root. 高/2+root. 排风扇外框/2”(图 8-4-18)。

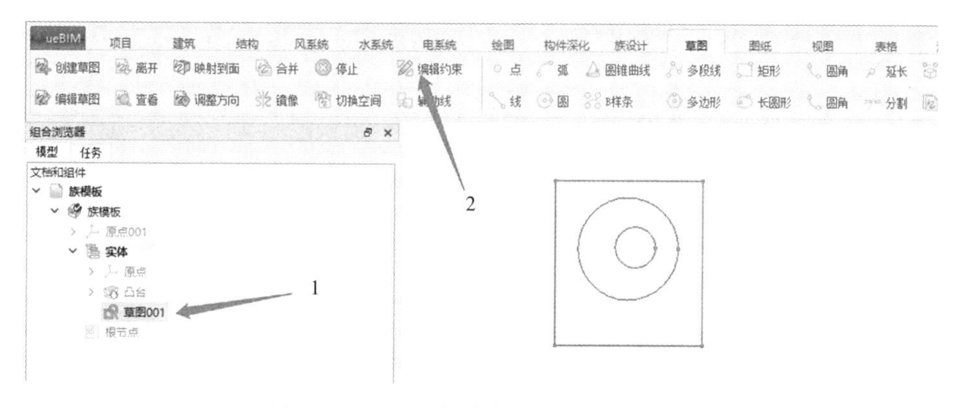

图 8-4-17　风扇族库草图编辑约束命令

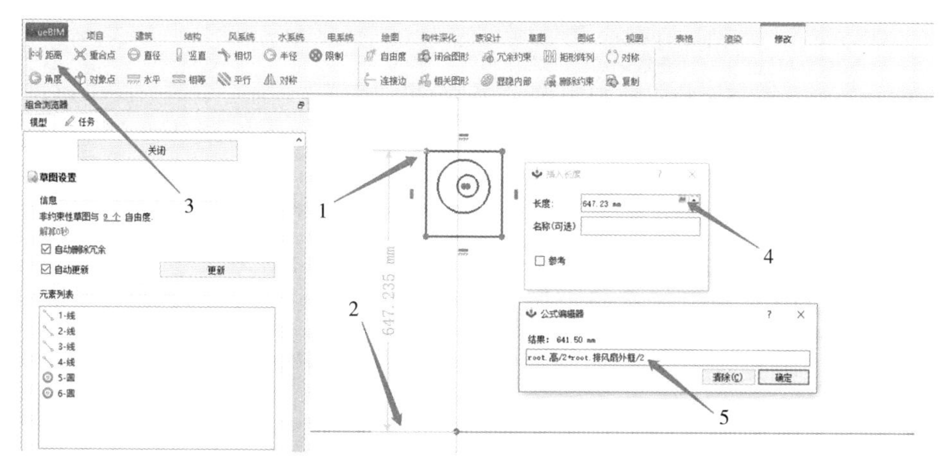

图 8-4-18　给矩形草图左上角点距离“X”轴添加距离约束

(18)为左上角点距离“Z”轴添加距离约束为“－root. 排风扇外框/2－root. 长/10”(图 8－4－19)。

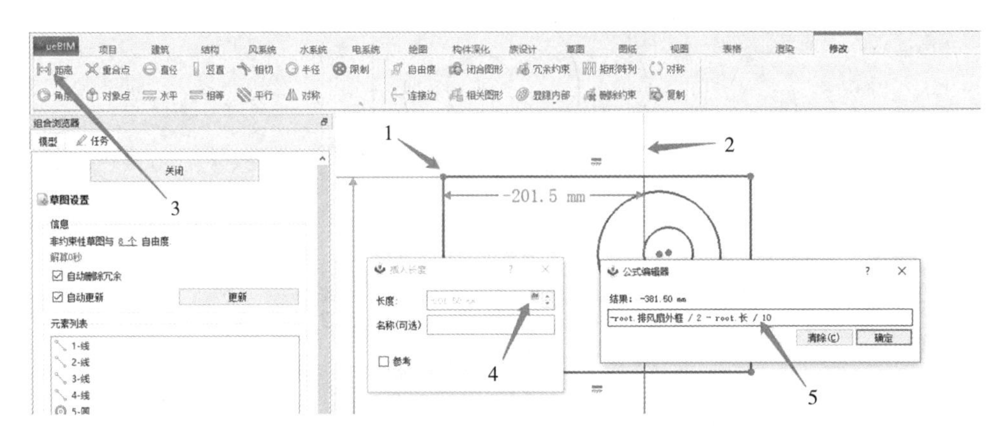

图 8－4－19　给矩形草图左上角点距离“Z”轴添加距离约束

(19)为矩形草图上方线段添加距离约束为“root. 排风扇外框”(图 8－4－20)。

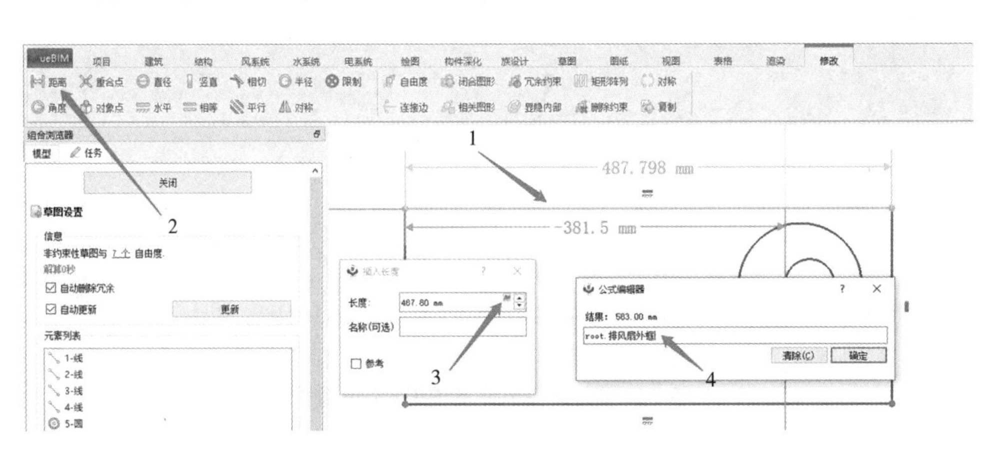

图 8－4－20　为矩形草图上方线段添加距离约束

(20)为矩形草图左下角点添加距离“X”轴距离约束为“root. 高/2－root. 排风扇外框/2”(图 8－4－21)。

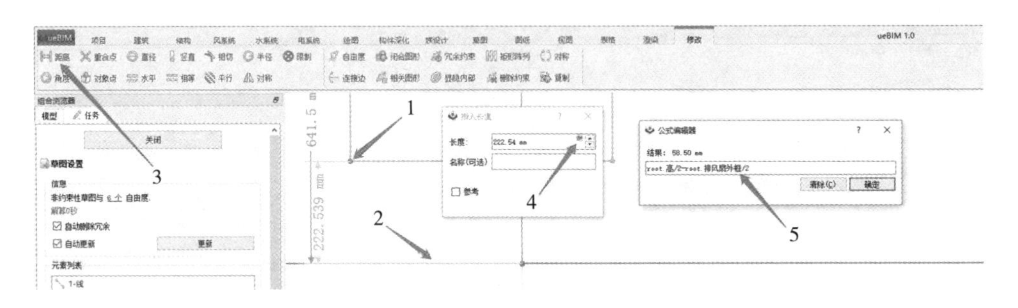

图 8－4－21　为矩形草图左下角点距离“X”轴添加距离约束

(21)为草图中大圆和小圆中心点添加距离“X”轴距离约束为“root. 高/2”(图 8-4-22)。

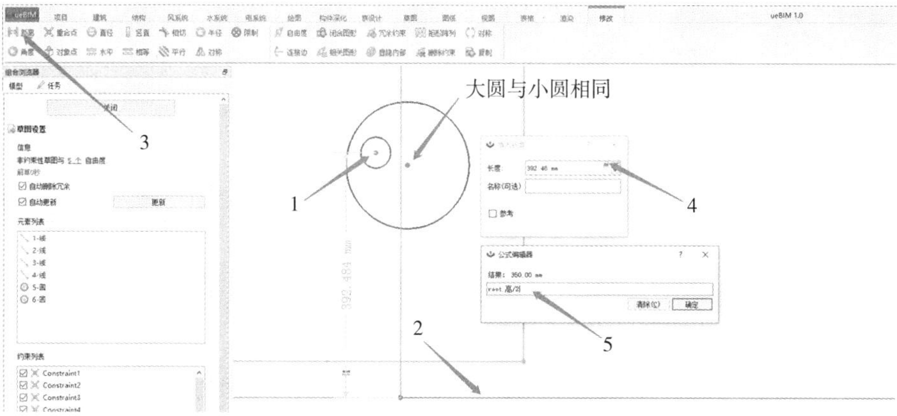

大圆与小圆相同

图 8-4-22 为草图大(小)圆距离“X”轴距离约束

(22)为草图中大圆和小圆中心点添加距离“Z”轴距离约束为“-root. 长/10”(图 8-4-23)。

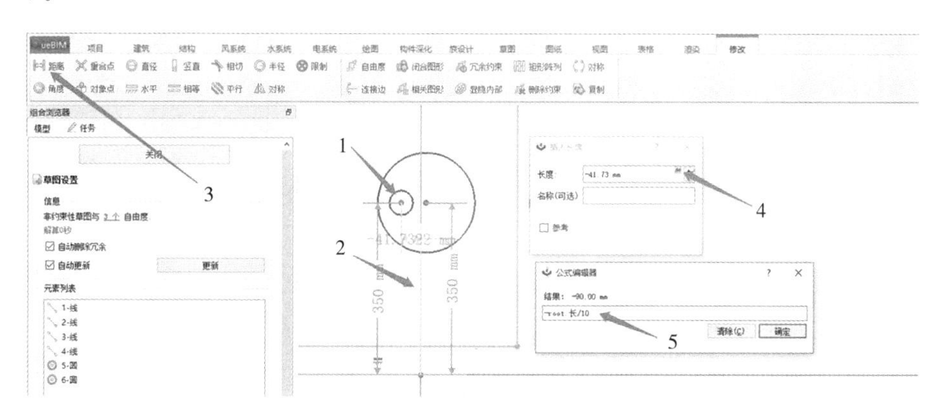

图 8-4-23 为草图大(小)圆距离“Z”轴距离约束

(23)为草图中大圆添加直径约束为“root. 风扇外圆直径”(图 8-4-24)。

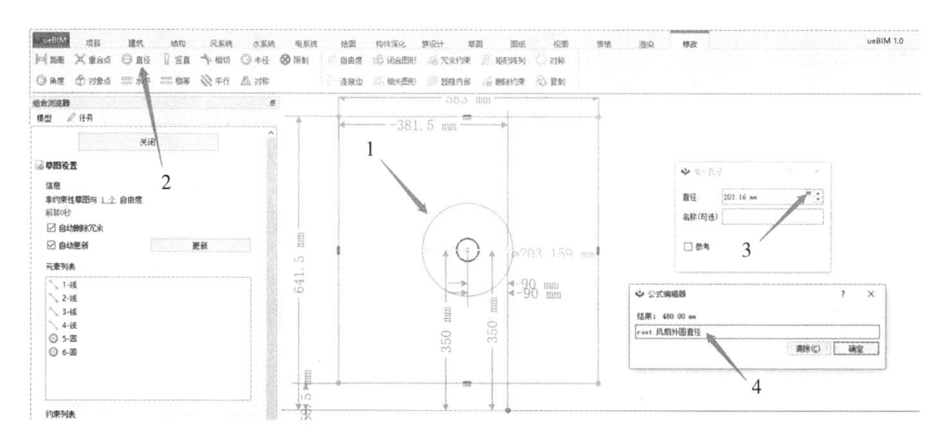

图 8-4-24 为草图大圆添加直径约束

(24)为草图中小圆添加直径约束为“root. 风扇内圆直径”(图 8-4-25)。

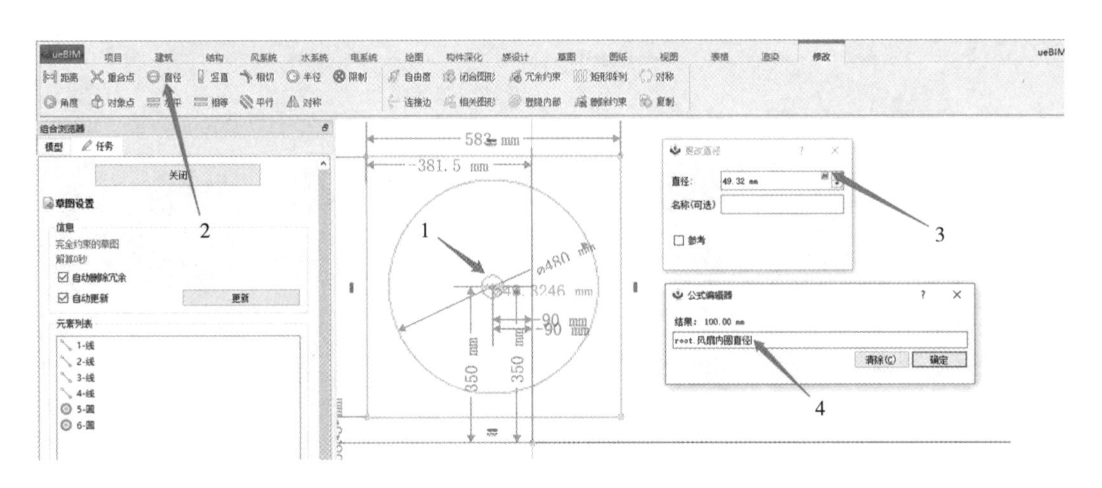

图 8-4-25　为草图小圆添加直径约束

(25)风扇族库草图尺寸最终平面示意图如图 8-4-26 所示。

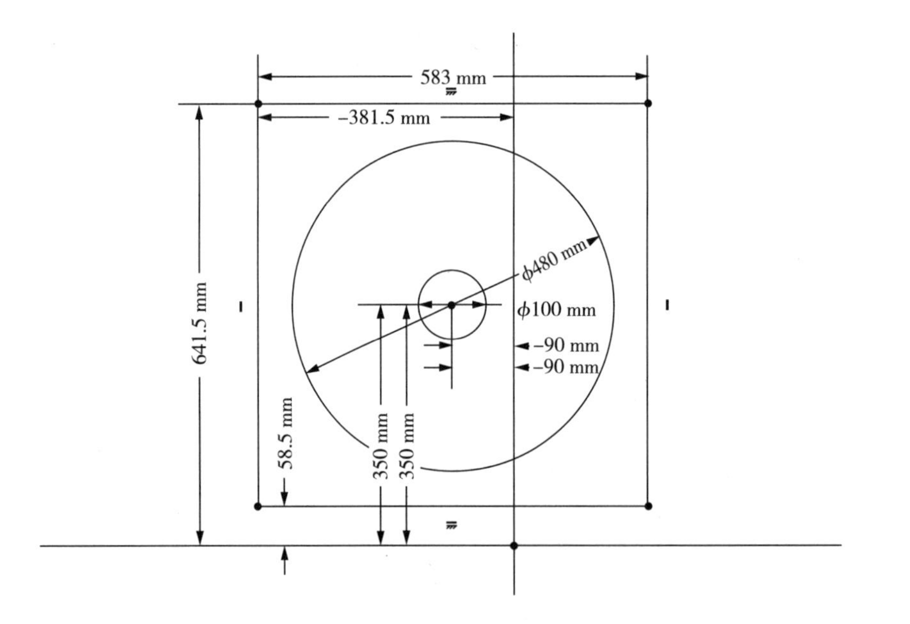

图 8-4-26　风扇族库草图尺寸最终平面示意图

(26)单击选中草图,选择“族设计”→“族造型”命令(图 8-4-27),再单击“拉伸”命令(图 8-4-28)。

(27)在左侧“组合浏览器”中修改拉伸“类型”为“尺寸标注”,为拉伸“长度”约束添加一个表达式“root. 排风扇外框厚度”,最后单击“确定”(图 8-4-29)。

(28)单击“族设计”→“实体”命令,创建新实体(Body)(图 8-4-30)。

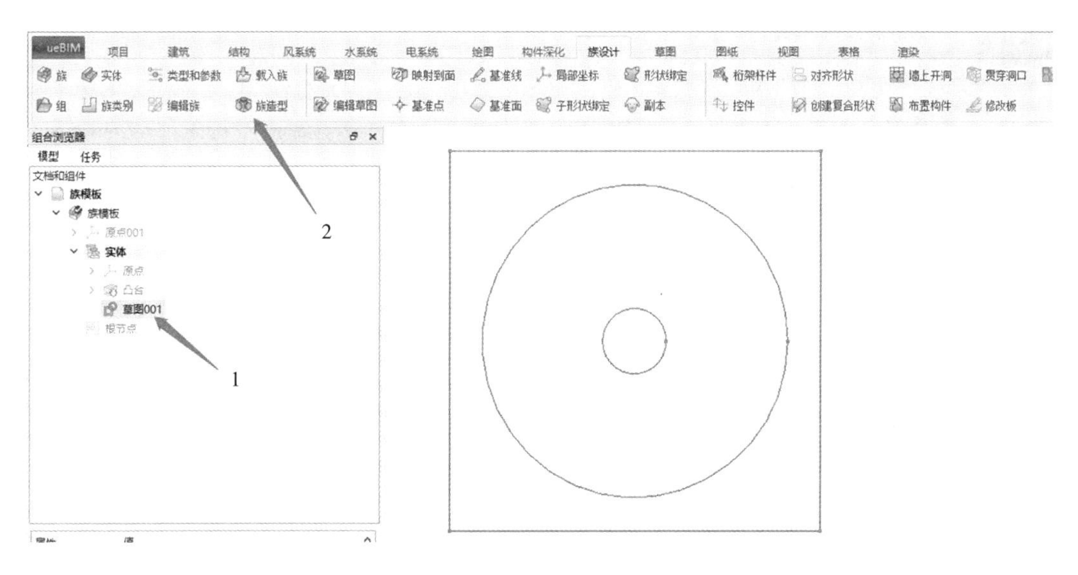

图 8－4－27　风扇族库族设计族造型命令

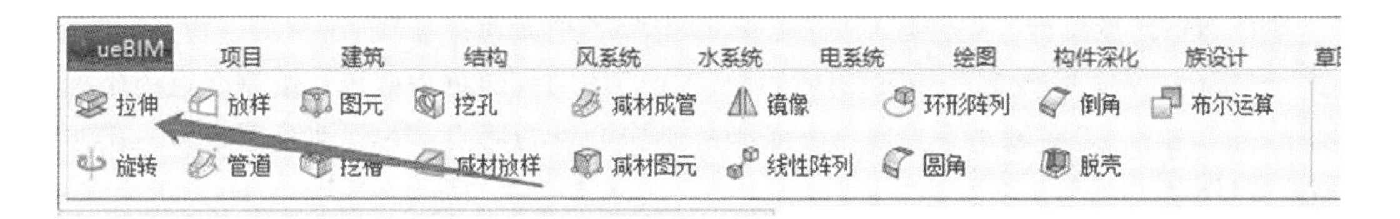

图 8－4－28　拉伸风扇族库

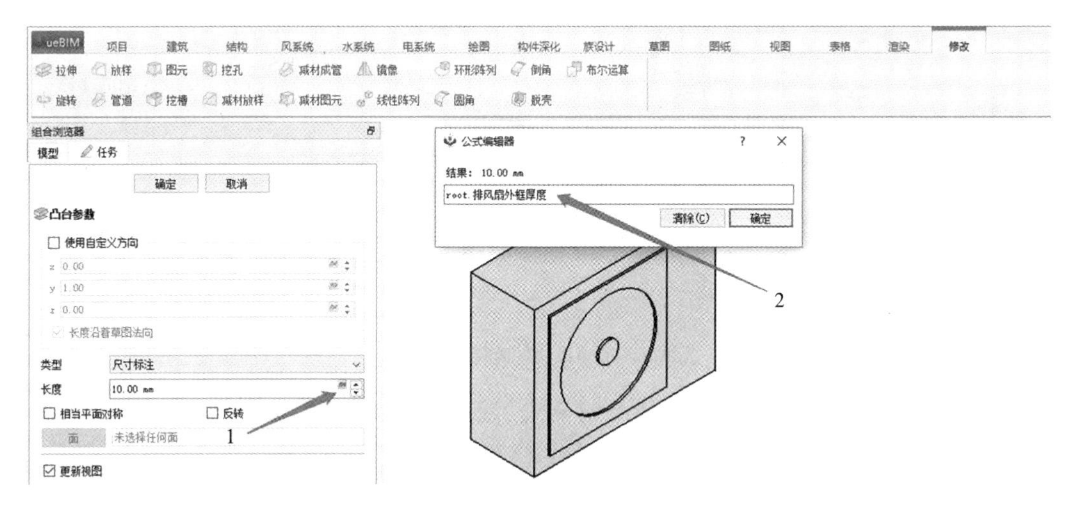

图 8－4－29　设置风扇族库尺寸拉伸“长度”约束参数

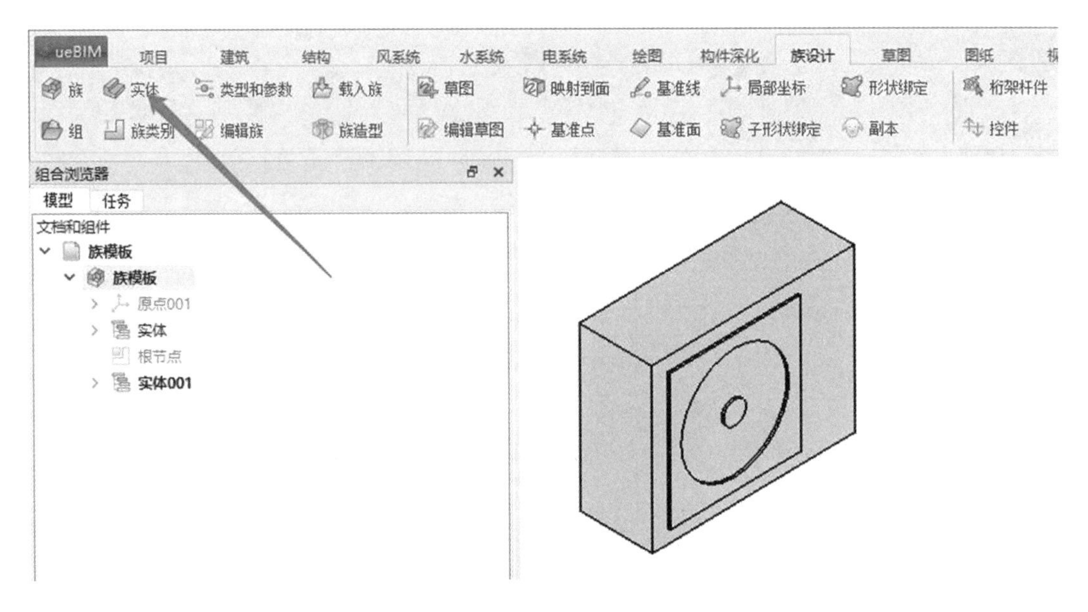

图 8-4-30 创建新实体

(29)选择“族设计”→“创建草图”命令，单击“XZ 平面为特征”创建草图。切换到“草图”→“辅助线”命令，绘制一条辅助线段(绘制出的辅助线颜色为蓝色)，绘制起点为坐标轴中心点，方向为“X”轴水平方向与一条坐标轴中心点为起点，“XZ”轴范围内为一条倾斜线段(图 8-4-31)。

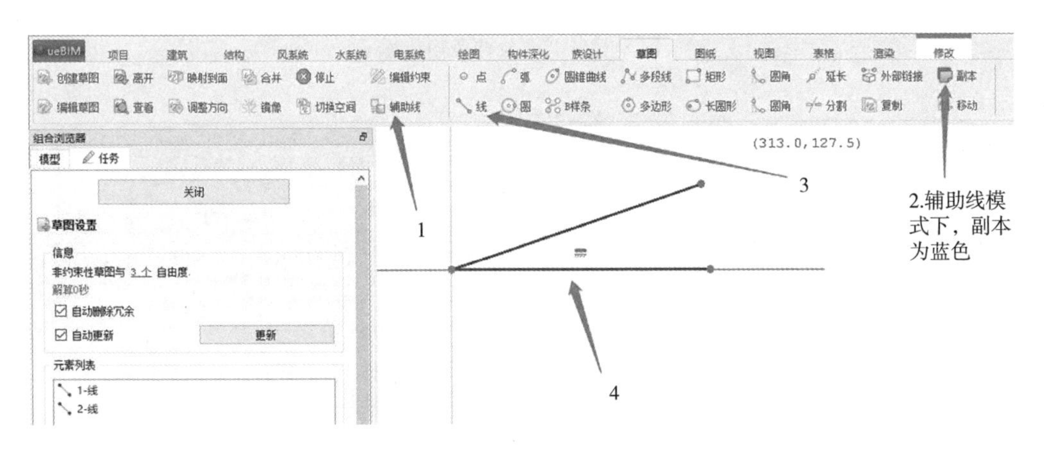

图 8-4-31 绘制辅助线段

(30)再次单击“辅助线”命令，将绘制模式切换至“草图线”模式。绘制两段圆心弧，并以坐标轴中心点为弧线圆中心点(图 8-4-32)。

(31)再绘制两条线段，起始位置为圆弧端点与辅助线路径相同。完成后在左侧“组合浏览器”中单击“关闭”，退出草图绘制(图 8-4-33)。

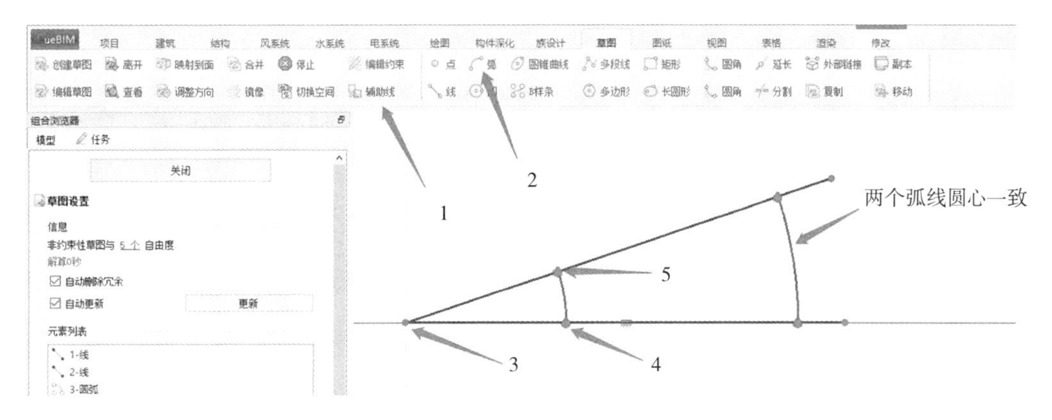

图 8-4-32 绘制两段圆心弧辅助线

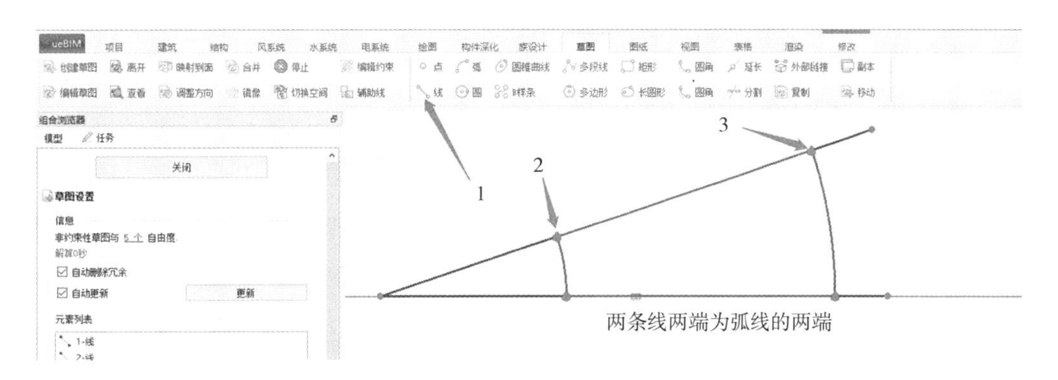

图 8-4-33 绘制两条线段

(32)再次单击“草图”→“编辑约束”命令(图 8-4-34)。给风扇草图添加约束,给两条辅助线添加“角度”约束,约束角度为“5°”(图 8-4-35)。

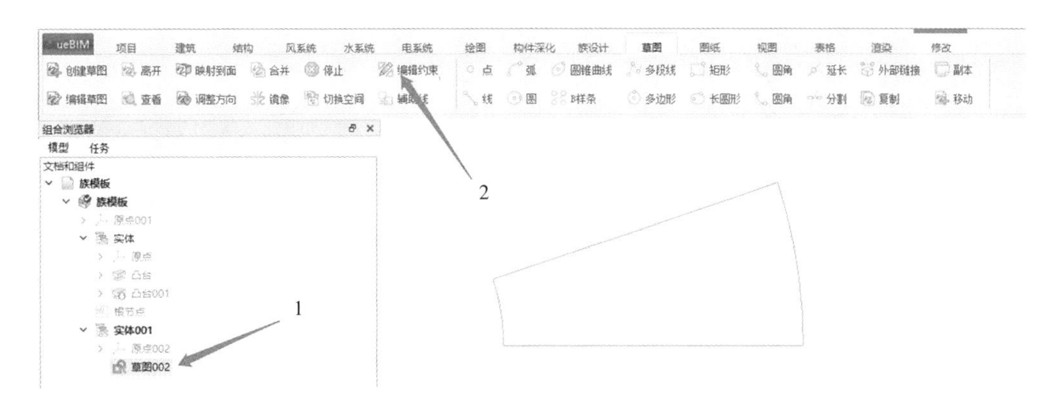

图 8-4-34 草图模块“编辑约束”命令

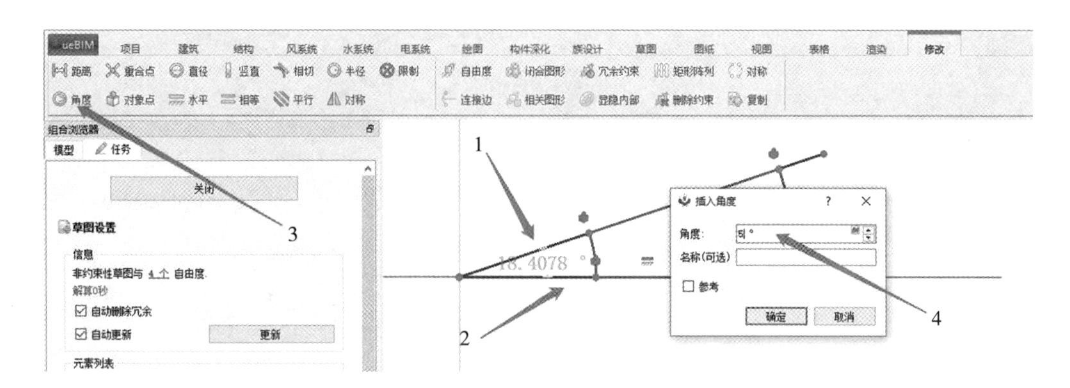

图 8-4-35　给辅助线添加“角度”约束

(33)为从左往右数第一个圆心弧半径约束为“root. 风扇内圆直径/2”(图 8-4-36),为第二个圆心弧半径约束为“root. 风扇外圆直径/2”(图 8-4-37)。

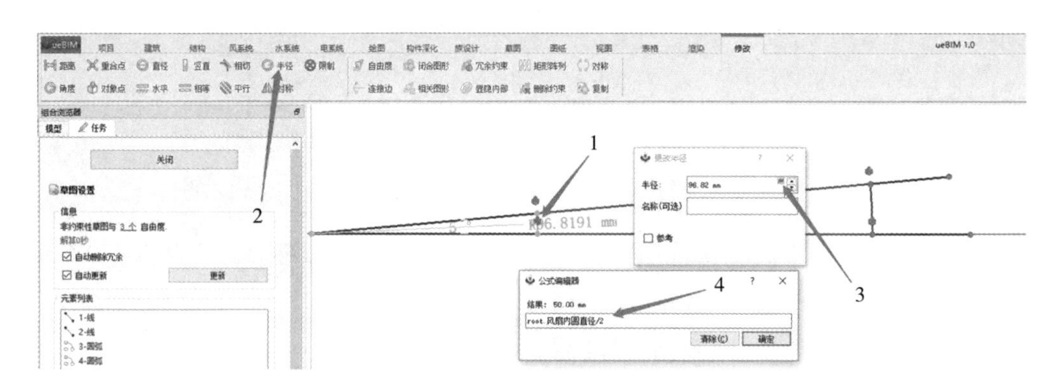

图 8-4-36　圆心弧一半径参数设置

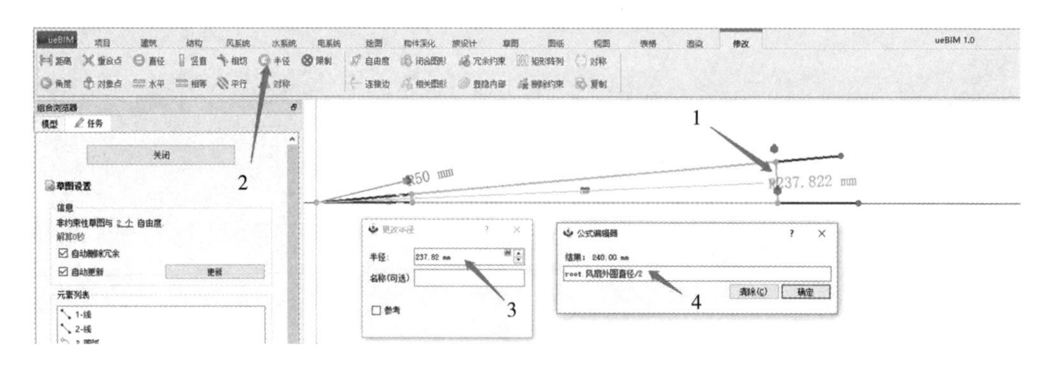

图 8-4-37　圆心弧二半径参数设置

(34)再将辅助线右侧端点与第二条圆心弧端点距离设定为“10 mm”,然后在左侧“组合浏览器”中单击“关闭”退出编辑约束命令(图 8-4-38)。退出之后,单击“族设计”→“族造型”命令,查看风扇族造型(图 8-4-39)。

(35)使用“拉伸”命令为风扇添加“尺寸”约束,约束为“root. 排风扇外框厚度/

2”(图 8－4－40)。

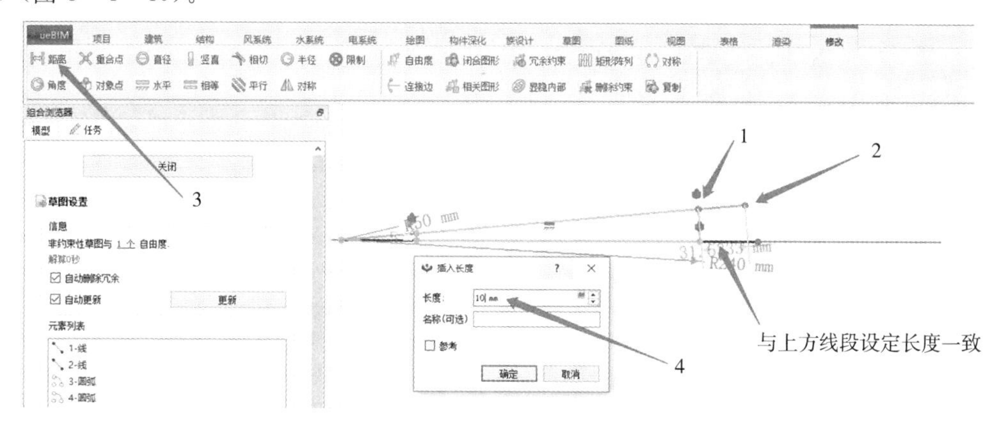

图 8－4－38　圆心弧二端点距离设定

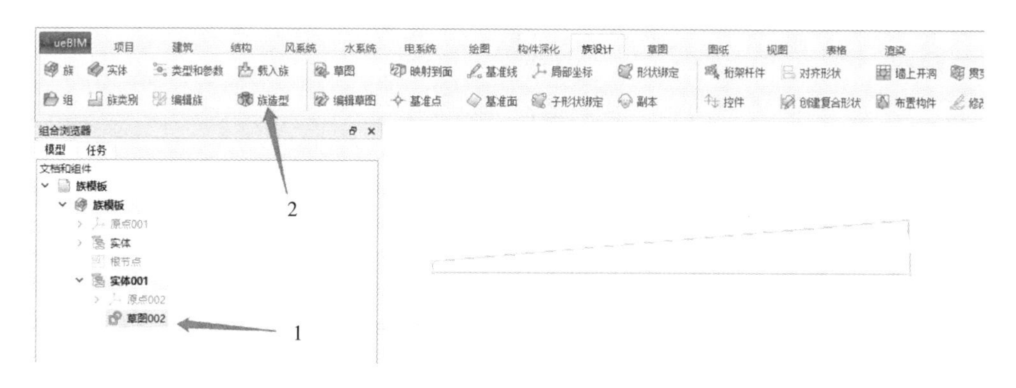

图 8－4－39　风扇族造型

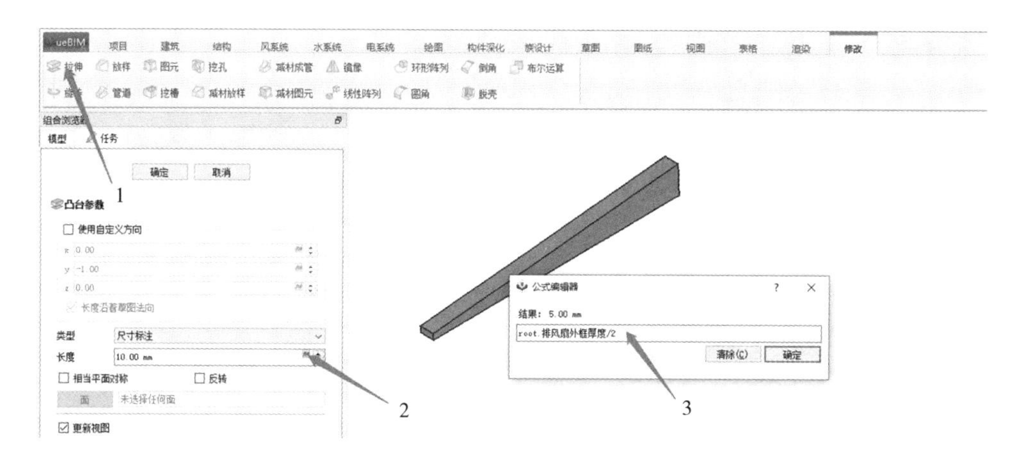

图 8－4－40　为风扇添加“尺寸”约束

(36)再给风扇添加一个环形阵列(图 8－4－41)。“角度”为“360.00°”,“出现次数”为“36”,单击左侧“组合浏览器”中的“确定”命令,完成族造型(图 8－4－42)。

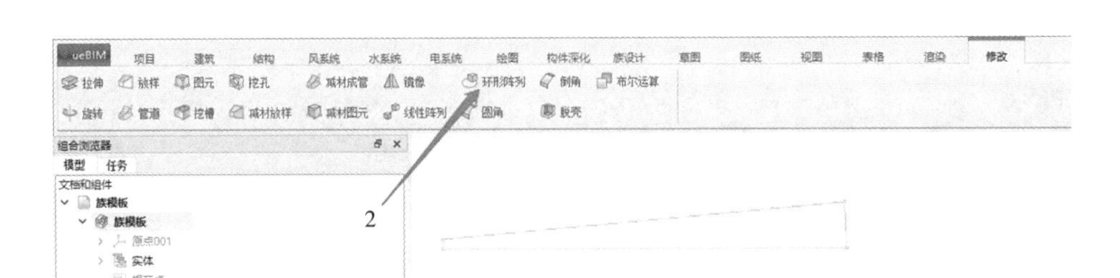

图 8-4-41　为风扇族库添加环形阵列

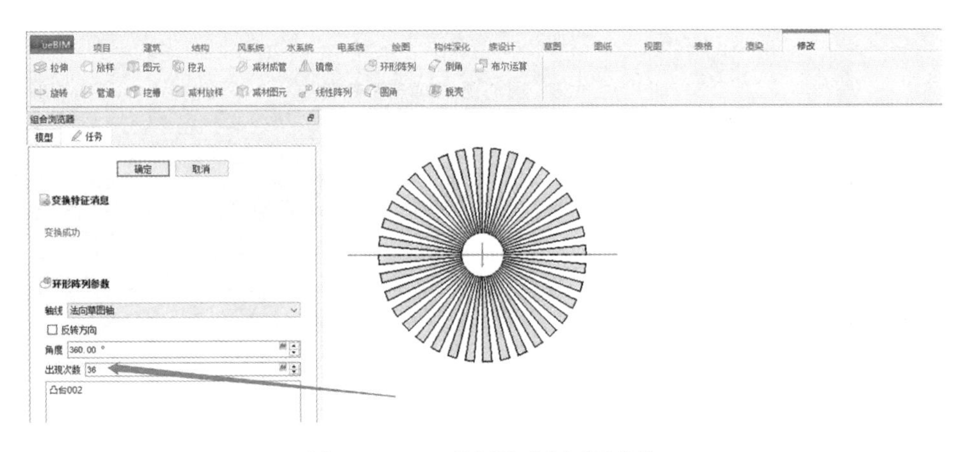

图 8-4-42　设置阵列“角度”参数

(37)让风扇模型实体(Body)中的定位点进行移动,“X”轴移动为“－root. 长/10”(图 8-4-43)。

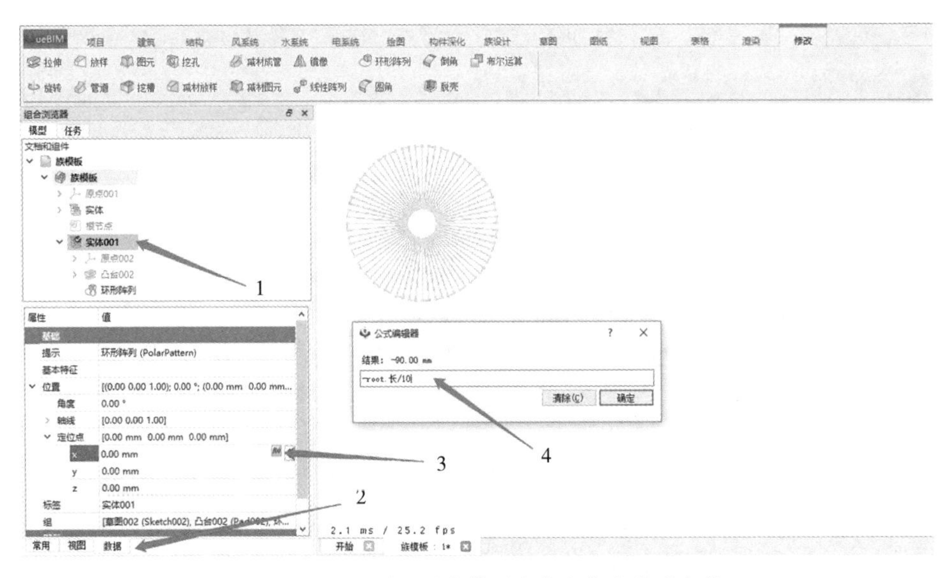

图 8-4-43　设置风扇模型实体定位点移动参数

(38) 定位点的“Y”轴移动为“－root. 宽/2－root. 排风扇外框厚度/2”(图 8－4－44)。

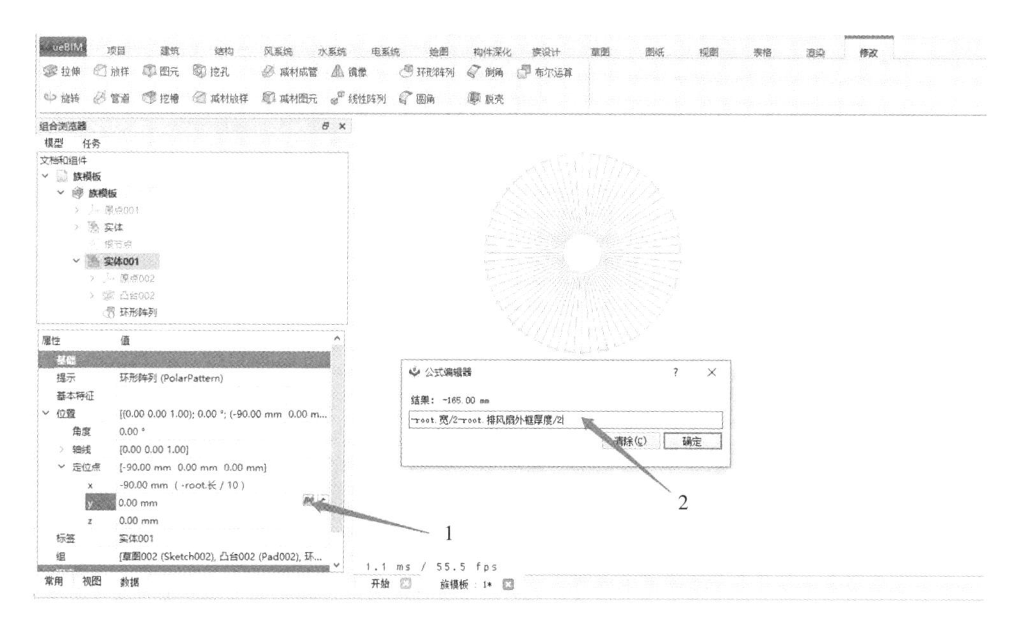

图 8－4－44 设置“Y”轴定位点偏移参数

(39)定位点的“Z”轴移动为“root. 高/2”(图 8－4－45)。

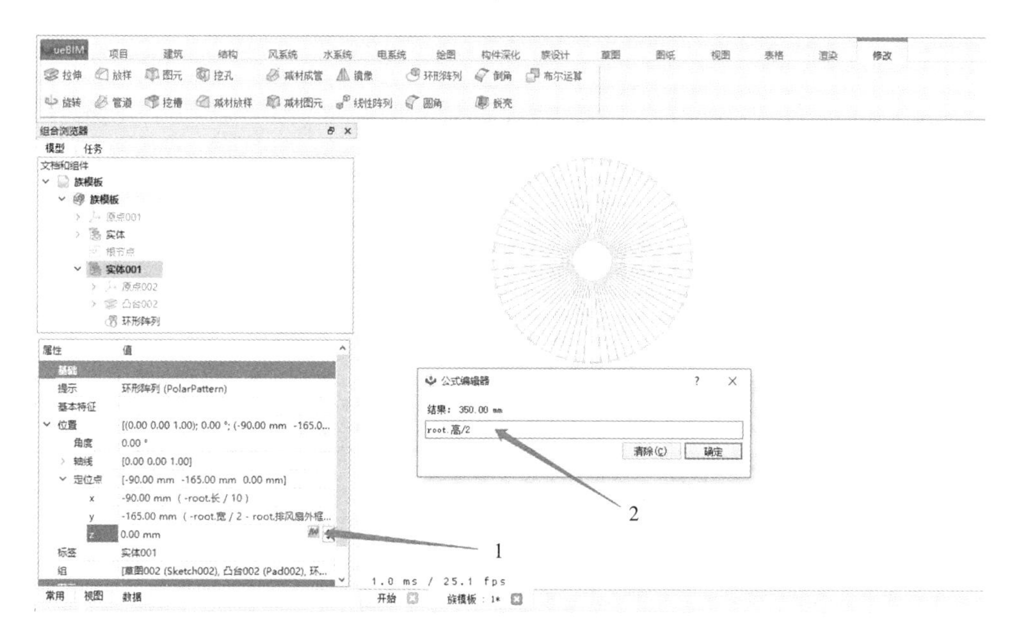

图 8－4－45 设置“Z”轴定位点偏移参数

(40)单击“族设计”→“控件”命令(图 8－4－46),为空调添加创建前后切换空间(图 8－4－47),再添加左右切换控件(图 8－4－48)。

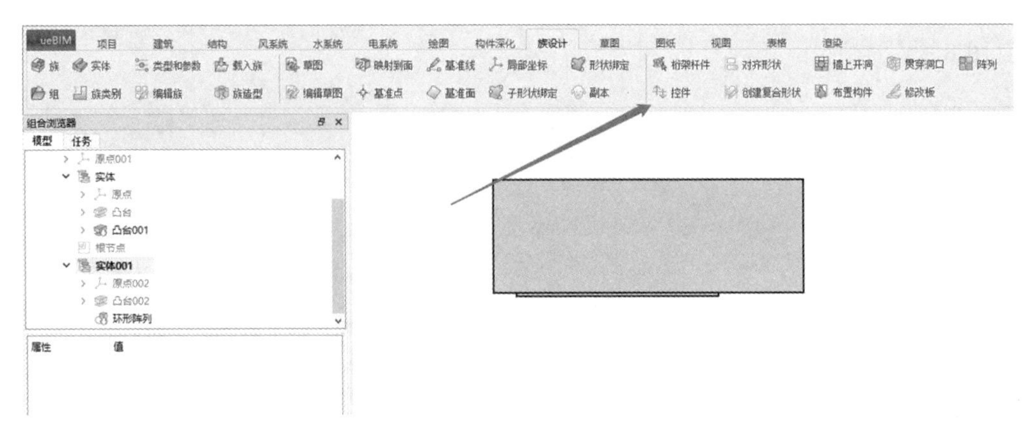

图 8-4-46 “控件”命令

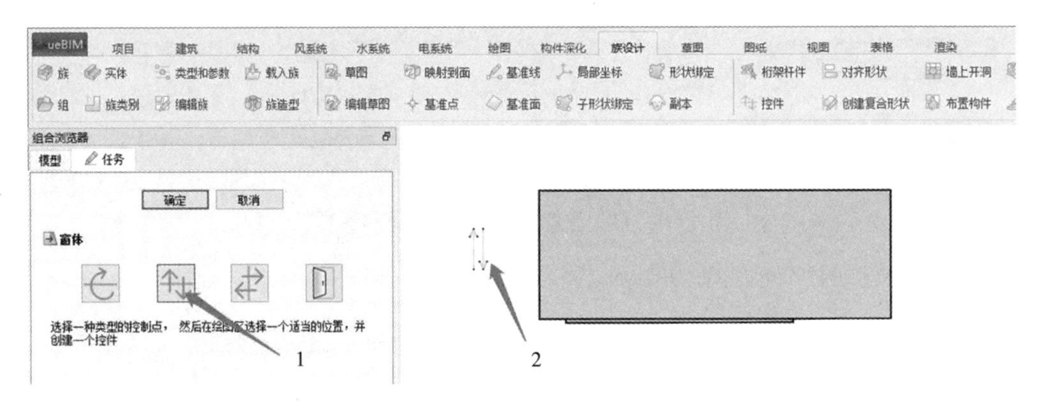

图 8-4-47 为空调添加创建前后切换空间

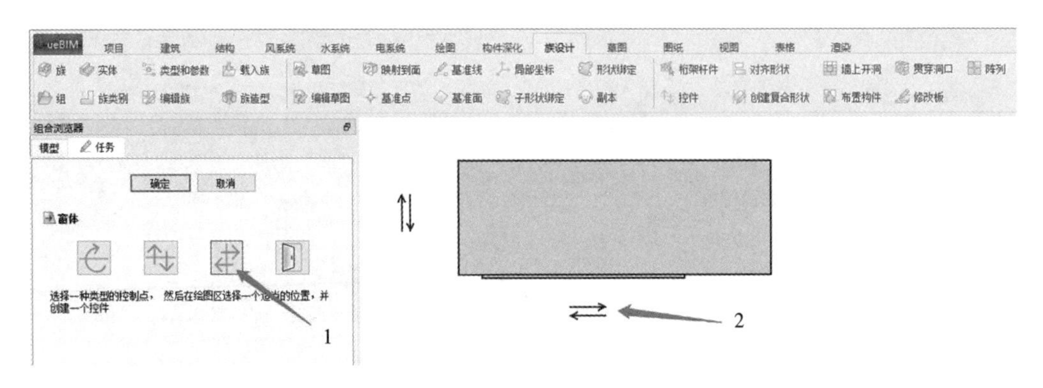

图 8-4-48 为空调添加左右切换控件

(41)单击“族设计”→“族类别”命令，设置族类别信息(图 8-4-49)。至此，空调设备族库设计完成，其三维模型如图 8-4-50 所示。

(42)最后将“族类别”修改为“机械设备”(图 8-4-51)。

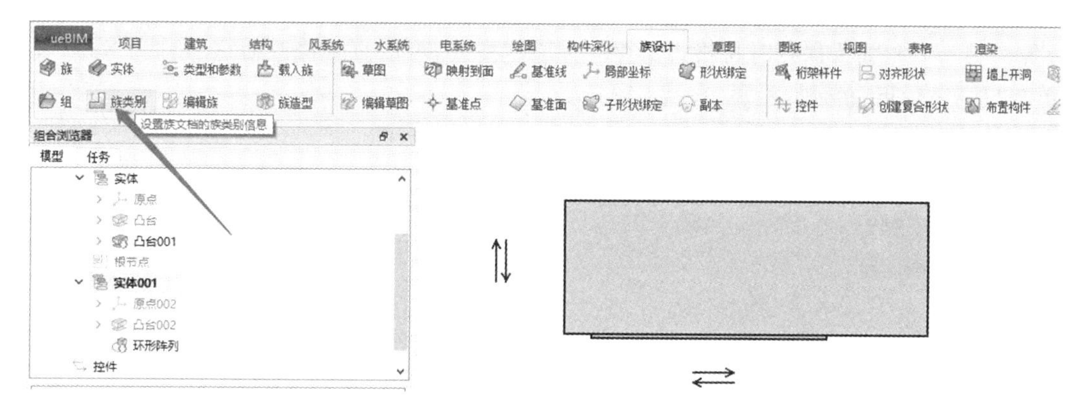

图 8-4-49　“族类别”命令

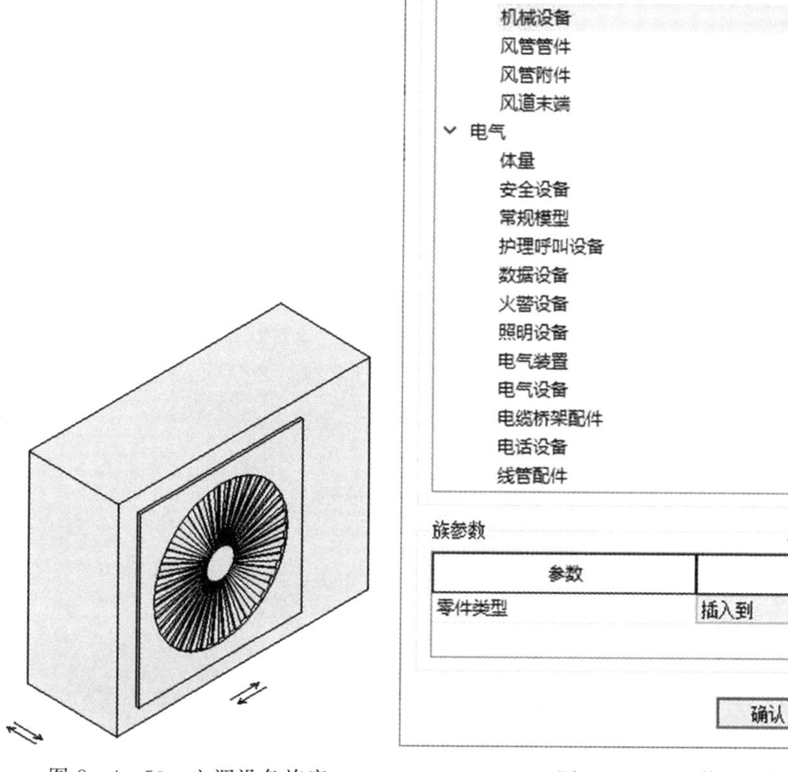

图 8-4-50　空调设备族库三维模型效果图

图 8-4-51　修改“族类别”

(43)将族另存到用户指定位置后，可以在保存路径中载入族到项目中使用(图 8-4-52)。如果保存时将格式保存为“.uzc”格式，可以直接修改后缀名称为“.uzf”，单击“是”之后可直接使用(图 8-4-53)。

图 8-4-52　族库另存目标文件夹

图 8-4-53　族库后缀文件修改

8.5　能力展示

一、理论知识应用题

扫码完成答题

二、实操应用题

根据图纸要求，完成模型的创建。

PDF 版图纸

第九章 ueBIM 软件数据交换

学习目标

掌握 ueBIM 导入、导出 IFC 文件基础设置;掌握 ueBIM 文件导入 SZ.IFC 基本操作;掌握 ueBIM 批量管理构件属性,维护设计交付标准信息等操作。

素养目标

在 BIM 软件数据交换过程中,需要团队成员之间紧密协作和有效沟通,培养学生的团队协作精神,提升其沟通能力和解决问题的能力。

在建筑信息模型的设计和施工过程中,需要遵循一定的职业道德规范,培养学生的职业道德意识和社会责任感。

9.1 IFC 导出

功能说明:导出 IFC 文件。

命令位置:"文件"→"导出"。

操作说明:单击"文件菜单"→"导出"命令,修改文件名为"科技楼-A-F01.ifc",选择保存类型为"SZ-IFC(*.ifc)",单击保存即可导出 IFC 文件(图 9-1-1、图 9-1-2)。

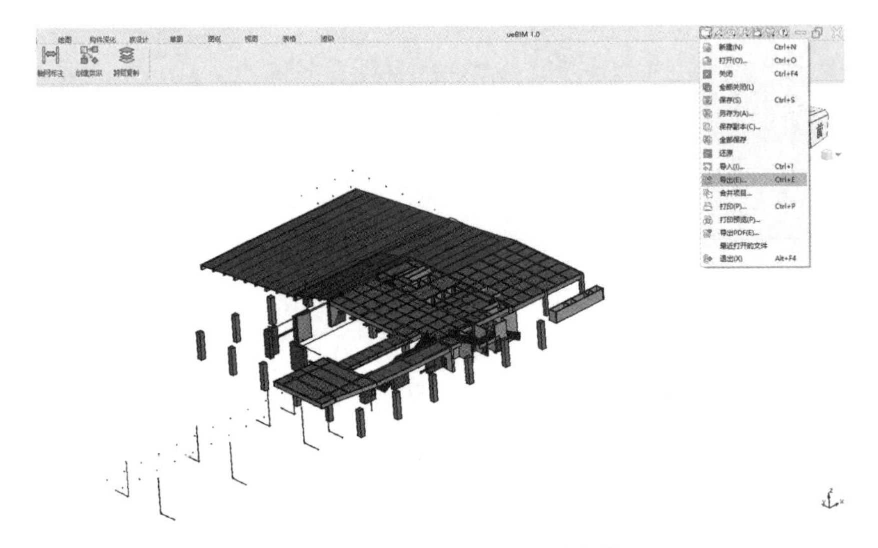

图 9-1-1 项目文件导出 IFC 格式操作界面

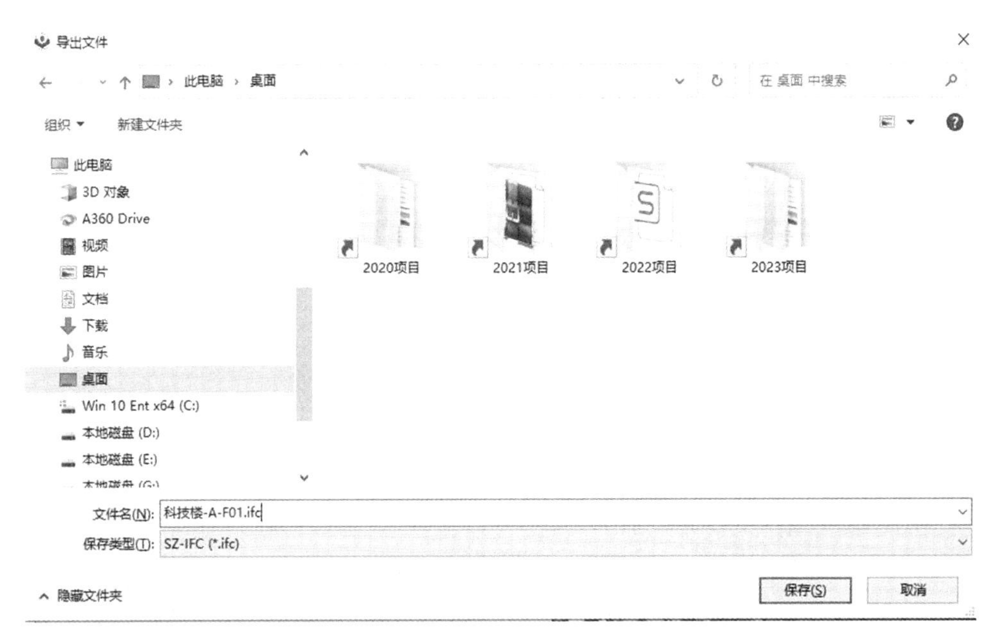

图 9-1-2　导出 IFC 格式

9.2　SZ.IFC 报建自检

功能说明：SZ.IFC 报建自检工具检测。

命令位置："打开"→"科技楼-A-F01.ifc"→"新建模型质量检查"。

操作说明：双击打开"SZ.IFC 报建自检工具"，单击打开命令，选择"科技楼-A-F01"文件，单击"新建模型质量检查"，选择质量检查规则文件，对各专业模型进行质量检测(图 9-2-1)。

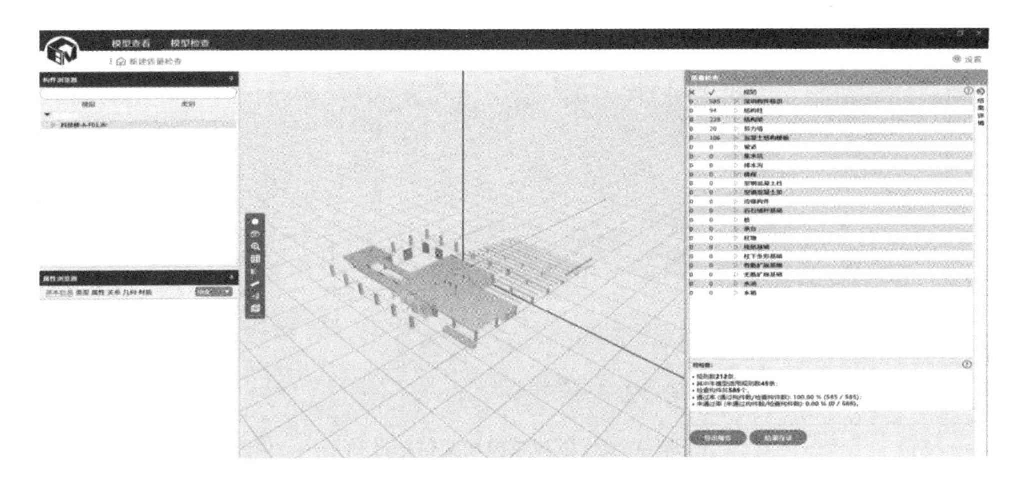

图 9-2-1　SZ.IFC 报建自检工具检测

9.3　设计交付标准信息维护

ueBIM提供强大的动态属性信息集成机制，容易实现属性信息添加、修改与访问。对深圳建筑信息模型设计交付标准有良好支持，已经内置了深圳建筑信息模型设计交付标准全部内容。

功能说明：深圳市建筑工程设计交付标准信息维护。

命令位置："工具"→"BIM属性管理器"。

操作说明：单击"工具"→"BIM属性管理器"命令，进入BIM属性管理器页面，选择"矩形柱：矩形柱-KZ4-900×900"，添加结构柱深圳市建筑工程设计交付标准信息（图9-3-1、图9-3-2）。

图9-3-1　"工具"菜单中的"BIM属性管理器"

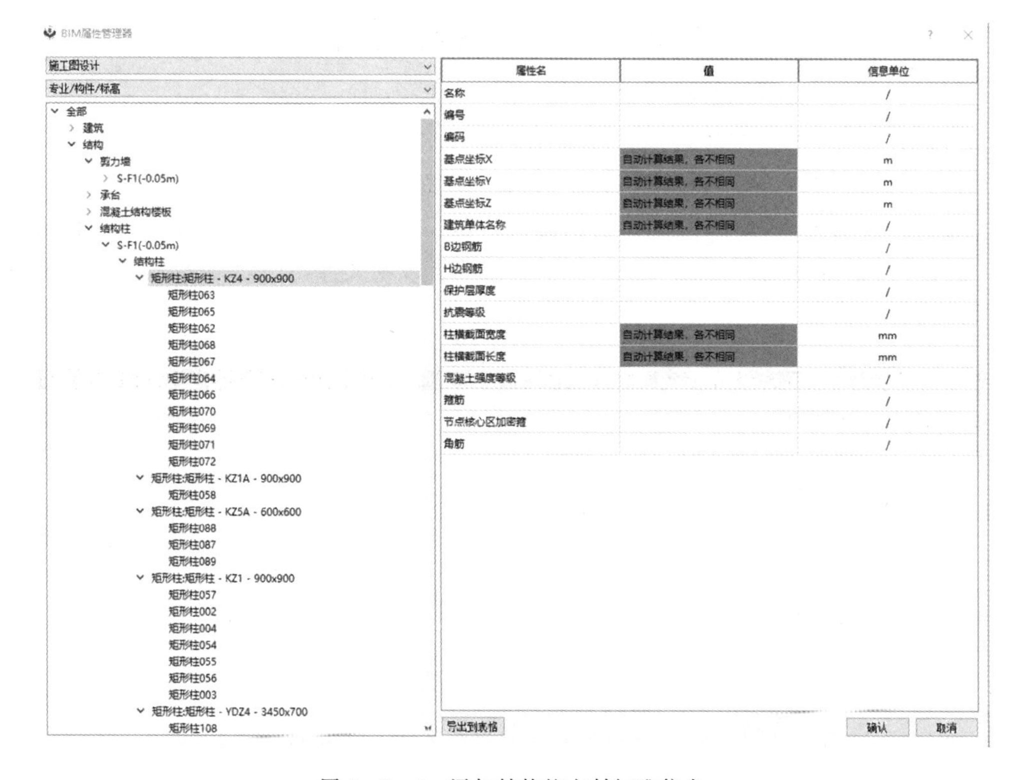

图9-3-2　添加结构柱交付标准信息

9.4 能力展示

一、理论知识应用题

扫码完成答题

二、实操应用题

以第三章的实操应用题为基础，根据需求完成数据交换。

PDF 版图纸

参考文献

[1] 罗志华,李刚.BIM技术应用实务[M].北京:机械工业出版社,2018.

[2] 李一叶.BIM设计软件与制图基于Revit的制图实践(第2版)[M].重庆:重庆大学出版社,2020.

[3] 华建民,杨阳,黄乐鹏,等.建筑信息模型及应用[M].重庆:重庆大学出版社,2022.

[4] 刘静,王刚,徐立丹,等.BIM技术施工应用[M].成都:西南交通大学出版社,2023.

附　　录

ueBIM 建模命名参考规范

专业	构件名称	构件命名	编码(国标)	备注
结构	柱下条形基础	TJ. 01	14. 20. 10. 03. 06	/
	筏形基础	FB. 500	14. 20. 10. 03. 09	/
	柱墩	ZD. 500×500	/	/
	承台	CT1\CT2a	/	/
	桩	Z. 600	14. 20. 10. 15	/
	岩石锚杆基础	/	/	/
	混凝土结构楼板	B. 120	14. 20. 20. 03	/
	剪力墙	Q2. 200	14. 20. 20. 15	/
	边缘构件	/	/	/
	结构梁	KL1(3). 300×500	14. 20. 20. 06	/
	结构柱	KZ1. 500×500	14. 20. 20. 09	/
	型钢混凝土梁	/	14. 20. 30. 06	/
	型钢混凝土柱	/	14. 20. 30. 03	/
	楼梯	LT. 01	14. 10. 20. 27	/
	排水沟	/	30. 33. 20. 20. 40	/
	集水坑	/	/	/
	坡道	PD. 01	14. 10. 20. 33	/
	水池、水箱	/	/	/
建筑	建筑外墙	WQ. 200	14. 10. 20. 03. 06	/
	建筑内墙	NQ. 200	14. 10. 20. 03. 03	/
	建筑柱	Z. 200×200	14. 10. 20. 06	/
	门	M1\M1021\FM 甲 1	14. 10. 20. 09	/
	窗	C1015	14. 10. 20. 12	/
	屋面	B. 50	14. 10. 20. 15	/

（续表）

专业	构件名称	构件命名	编码(国标)	备注
建筑	楼面	B. 50	14. 10. 20. 18. 06	/
	阳台、露台	/	14. 10. 20. 18. 09	/
	地面	/	14. 10. 20. 18. 03	/
	幕墙系统	MQ. 1	14. 10. 20. 21	/
	顶棚	/	14. 10. 30. 03. 21	/
	楼梯	/	14. 10. 20. 27	/
	运输系统(垂直电梯) 运输系统(自动扶梯)	DT1 FT1	14. 10. 20. 30. 03	/
	雨篷	YP. 120	/	/
	栏杆	LG. 01	14. 10. 20. 42	/
	坡道	/	14. 10. 20. 33	/
	台阶	TJ. 01	14. 10. 20. 36	/
	散水	/	/	/
	明沟	/	14. 10. 20. 39	/
	压顶	YD. 200×200	/	/
	变形缝	/	/	/
	设备安装孔洞	/	/	/
	设备基础	SJ. 1500×600	/	/
	室内绿化	/	/	/
	装饰设备	/	/	/
	灯具	/	/	/
	室内陈设	/	/	/
	活动家具	/	14. 10. 30. 12. 03	无需创建模型
	固定家具	/	14. 10. 30. 12. 06	/
	卫生洁具	/	30. 61. 10. 10. 40	/
	房间	/	/	/
	屋面绿化	/	/	/
	景观建(构)筑物	/	/	/
暖通	水冷电动压缩式冷水机组	图纸如没有编号，用名称替代	30. 40. 25. 10. 10	/
	溴化锂吸收式机组	图纸如没有编号，用名称替代	/	/

（续表）

专业	构件名称	构件命名	编码(国标)	备注
暖通	板式换热器	图纸如没有编号,用名称替代	/	/
	风冷热泵	图纸如没有编号,用名称替代	14.30.10.03.03	/
	冷却塔	图纸如没有编号,用名称替代	/	/
	水泵	图纸如没有编号,用名称替代	11.30.20.15.U3	/
	膨胀水箱	图纸如没有编号,用名称替代	30.42.10.10.10	/
	自动补水定压装置	图纸如没有编号,用名称替代	/	/
	水处理装置	图纸如没有编号,用名称替代	/	/
	分/集水器	/	/	/
	风机(离心式风机)	P(Y).B1.1(根据图纸填写)	30.43.10.10.10	/
	风机(轴流式风机)	P(Y).B1.1(根据图纸填写)	30.43.10.10.15	/
	换气扇	图纸如没有编号,用名称替代	30.43.10.40	/
	不带冷热源风幕	图纸如没有编号,用名称替代	30.43.10.45.09	/
	空调机组/新风机组	图纸如没有编号,用名称替代	30.44.10.20.10	/
	全热交换器	图纸如没有编号,用名称替代	/	/
	卧式风机盘管	FP.01	30.44.35.10	/
	卡式风机盘管	/	30.44.35.40	/
	多联机室内机	/	/	/
	多联机室外机	图纸如没有编号,用名称替代	/	/
	油烟净化器	图纸如没有编号,用名称替代	/	/
	冷媒管道	/	14.30.20.03.09	/
	冷凝水管	/	14.30.20.03.12	/
	冷冻水管	/	/	/
	风管(镀锌钢板)	/	30.43.15.10.20	/
	水机械阀门(法兰式蝶阀)	图纸如没有编号,用名称替代	30.31.35.04.10	/
	水机械阀门(截止阀)	图纸如没有编号,用名称替代	30.31.35.06	/
	水机械阀门(止回阀)	图纸如没有编号,用名称替代	30.31.35.16	/
	水电磁阀、电动阀(压差旁通阀)	图纸如没有编号,用名称替代	30.31.35.36.05	/
	水机械仪表(普通水表)	图纸如没有编号,用名称替代	30.31.40.10.05	/
	水机械仪表(流量计)	图纸如没有编号,用名称替代	30.31.40.15	/
	水电信号仪表(温度计)	图纸如没有编号,用名称替代	30.31.40.30	/
	水电信号仪表(压力表)	图纸如没有编号,用名称替代	30.31.40.20	/

（续表）

专业	构件名称	构件命名	编码（国标）	备注
暖通	水管补偿器	/	/	/
	Y型过滤器	图纸如没有编号，用名称替代	30.31.25.15.60	/
	风管机械阀门（风量调节阀）	图纸如没有编号，用名称替代	30.43.25.10	/
	风管机械阀门（定风量阀）	图纸如没有编号，用名称替代	30.43.25.15	/
	风管机械阀门（止回阀）	图纸如没有编号，用名称替代	30.43.25.20	/
	风管机械阀门（70℃防火阀）	图纸如没有编号，用名称替代	30.43.25.35.10.03	/
	风管机械阀门（280℃防火阀）	图纸如没有编号，用名称替代	30.43.25.35.10.09	/
	风管机械阀门（70℃防火调节阀）	图纸如没有编号，用名称替代	30.43.25.35.20.03	/
	风管机械阀门（280℃防火调节阀）	图纸如没有编号，用名称替代	30.43.25.35.20.06	/
	风管电动阀门（常开70℃电动防火阀）	图纸如没有编号，用名称替代	30.43.25.35.10.12	/
	风管电动阀门（常开280℃电动防火阀）	图纸如没有编号，用名称替代	30.43.25.35.10.18	/
	风管电动阀门（常闭70℃电动防火阀）	图纸如没有编号，用名称替代	30.43.25.35.10.21	/
	风管电动阀门（常闭280℃电动防火阀）	图纸如没有编号，用名称替代	30.43.25.35.10.27	/
	风管消声器（阻抗复合型消声器）	图纸如没有编号，用名称替代	30.46.10.30	/
	油网滤尘器、过滤吸收器	图纸如没有编号，用名称替代	/	/
	风口（百叶风口）	图纸如没有编号，用名称替代	30.43.20.10	/
	风口（散流器）	图纸如没有编号，用名称替代	30.43.20.15	/
	风口（旋流风口）	图纸如没有编号，用名称替代	30.43.20.30	/
	风口（排烟风口）	图纸如没有编号，用名称替代	30.43.20.45	/
电气	室外电缆井、人孔、手孔	/	/	/
	电缆导管/电线导管（≥D70）	/	/	/

（续表）

专业	构件名称	构件命名	编码（国标）	备注
电气	电缆导管/电线导管（≤D50）	/	/	/
	电力电缆	/	/	/
	电线	/	/	/
	路灯/庭院灯等室外灯具	图纸如没有编号，用名称替代	/	/
	室内普通灯具	图纸如没有编号，用名称替代	30.51.10.15.10	/
	室内应急灯具	图纸如没有编号，用名称替代	30.51.20.10.39	/
	高压开关柜	图纸如没有编号，用名称替代	30.50.10.10	/
	变压器	图纸如没有编号，用名称替代	/	/
	柴油发电机	图纸如没有编号，用名称替代	30.50.40.10.10	/
	直流电源屏	图纸如没有编号，用名称替代	/	/
	低压配电屏	图纸如没有编号，用名称替代	/	/
	无功补偿柜	图纸如没有编号，用名称替代	30.50.20.20	/
	配电柜/配电箱	图纸如没有编号，用名称替代	30.50.20.10.35	/
	普通母线槽	/	30.53.10.10	/
	耐火母线槽	/	30.53.10.10	/
	普通干线电缆桥架	/	30.53.20.10.10.05	/
	普通支线电缆桥架	/	30.53.20.10.10.05	/
	耐火干线电缆桥架	/	30.53.20.10.10.10	/
	耐火支线电缆桥架	/	30.53.20.10.10.10	/
	电源插座	图纸如没有编号，用名称替代	30.51.40.20.10	/
	翘板开关	图纸如没有编号，用名称替代	30.51.40.20.10	/
	等电位端子箱	图纸如没有编号，用名称替代	/	/
	火灾报警控制器	图纸如没有编号，用名称替代	/	/
	消防联动控制器	图纸如没有编号，用名称替代	/	/
	消防控制室图形显示装置	图纸如没有编号，用名称替代	/	/
	消防专用电话总机	图纸如没有编号，用名称替代	/	/
	消防应急广播主设备	图纸如没有编号，用名称替代	/	/
	应急照明灯	图纸如没有编号，用名称替代	30.51.20.10.39	/
	消防应急照明和疏散指示系统控制装置	图纸如没有编号，用名称替代	30.51.60	/

（续表）

专业	构件名称	构件命名	编码(国标)	备注
给排水	检查井	图纸如没有编号,用名称替代	30.32.25.35	/
	雨水口	图纸如没有编号,用名称替代	30.33.30.10.40	/
	雨水调蓄池	图纸如没有编号,用名称替代	30.33.30.20.40	/
	阀门井	图纸如没有编号,用名称替代	30.60.10.40.45	/
	水表井	图纸如没有编号,用名称替代	30.60.10.40.50	/
	室外消火栓	图纸如没有编号,用名称替代	30.30.10.10.20	/
	消防水泵接合器	图纸如没有编号,用名称替代	30.30.10.10.30	/
	化粪池	图纸如没有编号,用名称替代	30.32.25.05	/
	隔油池	图纸如没有编号,用名称替代	30.32.25.10	/
	室外重力流管道	/	/	/
	室外压力流管道	/	/	/
	室外排水沟、排水明渠	/	/	/
	生活给水泵	图纸如没有编号,用名称替代	30.31.15.10	/
	消防给水泵	图纸如没有编号,用名称替代	30.30.40	/
	排水泵	图纸如没有编号,用名称替代	30.32.15.10	/
	贮热式水加热器、燃气热水器	图纸如没有编号,用名称替代	30.31.30.10.20	/
	水器、热泵热水机	图纸如没有编号,用名称替代	30.31.30.15.10	/
	水箱、贮水池	图纸如没有编号,用名称替代	30.17.30.40.15	/
	气压罐	图纸如没有编号,用名称替代	30.31.15.30	/
	紫外线消毒器	图纸如没有编号,用名称替代	30.31.25.30.40	/
	一体式污水提升装置	图纸如没有编号,用名称替代	30.32.15.20	/
	一体式隔油装置	图纸如没有编号,用名称替代	30.32.20.20.30	/
	室内重力流管道	/	/	/
	室内压力流管道	/	/	/
	水机械阀门、水机械仪表	图纸如没有编号,用名称替代	30.31.35	/
	Y型过滤器	图纸如没有编号,用名称替代	30.31.25.15.60	/
	电磁阀 电动阀	图纸如没有编号,用名称替代	30.31.35.56 30.31.35.57	/
	电信号仪表	图纸如没有编号,用名称替代	30.31.40.10.10	/
	消火栓箱	图纸如没有编号,用名称替代	30.30.10.15.50	/
	灭火器箱	图纸如没有编号,用名称替代	30.30.60.20	/
	湿式报警阀	图纸如没有编号,用名称替代	30.30.10.22.05	/

图书在版编目(CIP)数据

ueBIM 技术应用/黄新耀，饶英凯主编．--合肥：合肥工业大学出版社，2024.
ISBN 978-7-5650-6819-5

Ⅰ. TU201.4

中国国家版本馆 CIP 数据核字第 202479RF49 号

ueBIM 技术应用

黄新耀　饶英凯　主编　　　　责任编辑　毛　羽

出　版	合肥工业大学出版社	版　次	2024 年 11 月第 1 版
地　址	合肥市屯溪路 193 号	印　次	2024 年 11 月第 1 次印刷
邮　编	230009	开　本	787 毫米×1092 毫米　1/16
电　话	基础与职业教育出版中心：0551-62903120	印　张	13.25
	营销与储运管理中心：0551-62903198	字　数	290 千字
网　址	press.hfut.edu.cn	印　刷	安徽联众印刷有限公司
E-mail	hfutpress@163.com	发　行	全国新华书店

ISBN 978-7-5650-6819-5　　　　定价：42.80 元